国外油气勘探开发新进展丛书
GUOWAIYOUQIKANTANKAIFAXINJINZHANCONGSHU

The Imperial College Lectures in PETROLEUM ENGINEERING

RESERVOIR ENGINEERING

油藏工程

【英】Martin J Blunt 著
侯建锋 刘 卓 胡亚斐 李军诗 译

U0272596

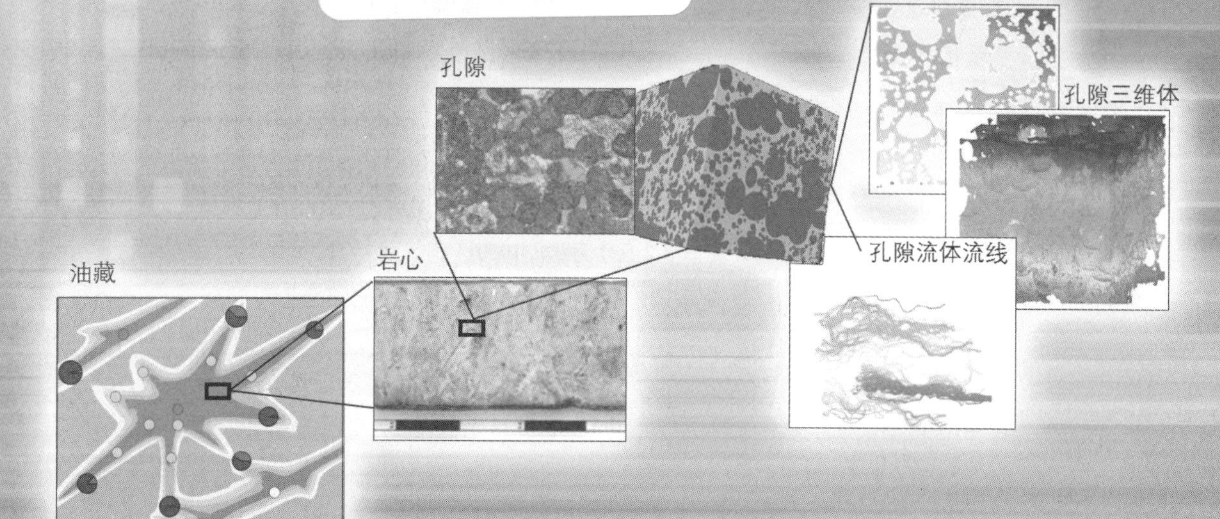

石油工業出版社

内 容 提 要

本书是帝国理工学院石油工程系研究生教材，包括19章课程内容、2章作业和往期试卷。书中除了经典油藏工程课程包含的相关知识外，还在相关章节中，穿插介绍了布伦特教授近年来在国际上引领的数字岩心分析技术方面的内容，是对国内油藏工程教材的重要补充。

全书结构严谨，内容详实，贴近实际应用，提纲挈领地反映了当前油藏工程领域的研究思路和主要技术手段。可供石油类高等学校本科生、研究生教学使用，对科研院所、现场操作人员，也是一本很好的参考书。

图书在版编目（CIP）数据

油藏工程 /（英）马丁 · 布伦特（Martin J Blunt）著；侯建锋等译. —北京：石油工业出版社，2022.7
（国外油气勘探开发新进展丛书. 二十）
ISBN 978 - 7 - 5183 - 5318 - 7

Ⅰ. ① 油… Ⅱ. ① 马… ② 侯… Ⅲ. ① 油藏工程
Ⅳ. ① TE34

中国版本图书馆 CIP 数据核字（2022）第 054736 号

The Imperial College Lectures in Petroleum Engineering
Volume 2: Reservoir Engineering
by Martin J Blunt
ISBN: 978 - 1 - 78634 - 209 - 6

Copyright © 2017 by World Scientific Publishing Europe Ltd.
All rights reserved. This book, or parts thereof, may not be reproduced in any form or by any means, electronic or mechanical, including photocopying, recording or any information storage and retrieval system now known or to be invented, without written permission from the Publisher.

Simplified Chinese translation arranged with World Scientific Publishing Europe Ltd.

本书经 World Scientific Publishing Europe Ltd. 授权石油工业出版社有限公司翻译出版。版权所有，侵权必究。

北京市版权局著作权合同登记号：01 - 2020 - 4577

出版发行：石油工业出版社
（北京安定门外安华里2区1号楼　100011）
网　址：www. petropub. com
编辑部：（010）64523537　图书营销中心：（010）64523633
经　销：全国新华书店
印　刷：北京中石油彩色印刷有限责任公司

2022年7月第1版　2022年7月第1次印刷
787 × 1092 毫米　开本：1/16　印张：15
字数：360 千字

定价：118.00 元
（如出现印装质量问题，我社图书营销中心负责调换）

版权所有，翻印必究

《国外油气勘探开发新进展丛书(二十)》

编　委　会

主　任：李鹭光

副主任：马新华　张卫国　郑新权
　　　　何海清　江同文

编　委：(按姓氏笔画排序)
　　　　万立夫　范文科　周川闽
　　　　周家尧　屈亚光　赵传峰
　　　　侯建锋　章卫兵

序

“他山之石，可以攻玉”。学习和借鉴国外油气勘探开发新理论、新技术和新工艺，对于提高国内油气勘探开发水平、丰富科研管理人员知识储备、增强公司科技创新能力和整体实力、推动提升勘探开发力度的实践具有重要的现实意义。鉴于此，中国石油勘探与生产分公司和石油工业出版社组织多方力量，本着先进、实用、有效的原则，对国外著名出版社和知名学者最新出版的、代表行业先进理论和技术水平的著作进行引进并翻译出版，形成涵盖油气勘探、开发、工程技术等上游较全面和系统的系列丛书——《国外油气勘探开发新进展丛书》。

自 2001 年丛书第一辑正式出版后，在持续跟踪国外油气勘探、开发新理论新技术发展的基础上，从国内科研、生产需求出发，截至目前，优中选优，共计翻译出版了十九辑 100 余种专著。这些译著发行后，受到了企业和科研院所广大科研人员和大学院校师生的欢迎，并在勘探开发实践中发挥了重要作用，达到了促进生产、更新知识、提高业务水平的目的。同时，集团公司也筛选了部分适合基层员工学习参考的图书，列入“千万图书下基层，百万员工品书香”书目，配发到中国石油所属的 4 万余个基层队站。该套系列丛书也获得了我国出版界的认可，先后四次获得由中国出版协会颁发的“引进版科技类优秀图书奖”，已形成规模品牌，获得了很好的社会效益。

此次在前十九辑出版的基础上，经过多次调研、筛选，又推选出了《石油地质概论》《油藏工程》《油藏管理》《钻井和储层评价》《渗流力学》《油气储层中的组分组成分异现象及其理论研究》等 6 本专著翻译出版，以飨读者。

在本套丛书的引进、翻译和出版过程中，中国石油勘探与生产分公司和石油工业出版社在图书选择、工作组织、质量保障方面发挥积极作用，聘请一批具有较高外语水平的知名专家、教授和有丰富实践经验的工程技术人员担任翻译和审校工作，使得该套丛书能以较高的质量正式出版，在此对他们的努力和付出表示衷心的感谢！希望该套丛书在相关企业、科研单位、院校的生产和科研中继续发挥应有的作用。

中国石油天然气股份有限公司副总裁 李鹭光

译 者 前 言

油气仍是当今世界能源最主要的类型，分布上表现为中东—俄罗斯等地区的常规油气和北美地区的非常规油气并举；支撑油田开发中的三个关键学科是地球物理、地质学和油藏工程，而油藏工程既是需求问题的提出者，又是解决方案的提交者，无论是常规油气面临的提高采收率问题，还是非常规油气面临的转变开发方式问题，最终都属于油藏工程的研究范畴。现有技术手段下，在实际应用中，将储层—流体各个方面大量的室内研究与现场应用连接起来的核心环节就是相渗曲线。布伦特教授及其带领的帝国理工学院研究团队采用的数字岩心技术解决方案，就是一种十分有益的探索。油藏工程在英文中对应于“reservoir engineering”，这也提示我们，水文、环境、甚至是“水库中游泳的鸭子”，都可以对我们的油藏研究工作提供有益的启示和借鉴，而本书中就穿插了相关学科的内容。

译者在近30年的油藏研究工作中体会到，油藏工程师不能两次研究同一个油藏。油藏工程研究既要踏实拉车，也需抬头看路，既要了解油藏的成藏史、开发史，更要把握油藏研究目标、生产动态的变化，技术方法的革新。本书内容丰富，覆盖全面，提纲挈领地对油藏工程的基础理论、最新研究进展和技术方法进行了介绍，可为国内油气田开发技术人员提供参考。

油田开发是系统工程，图书翻译也需要团队协作。这里，感谢朋友们为本书翻译提供的帮助和建议，感谢石油工业出版社编辑在图书引进、编校和出版方面的辛勤工作，感谢同事们对译者多年工作的指导和支持。

限于译者水平，仍有不妥之处，敬请读者指正。

前　言

人类21世纪最主要的挑战就是如何稳定和廉价地获得水、能源和食物。如何保护珍贵的水资源不被污染？如何尽可能多地采收剩余的常规油气？如何安全地采出页岩油气？如何捕集二氧化碳，并将其埋存在地下，从而避免向大气中排放，威胁气候变化？如何满足人口增长和经济发展带来的能源需求？这些挑战中都涉及孔隙介质中的油气水，以及污染物的多相流动。

研究孔隙介质中的多相流动，需包括其循环过程，而不仅仅只是简单应用其计算结果。因此需要发展对流体分布、流体运动的定量理解，同时还涉及对微尺度的成像问题。

本书将应用多孔介质中的多相流动概念来理解并设计油气藏的开发。这是前面提到问题的主要挑战之一，目前我们只能开采已发现油气量的三分之一。如何在现有条件下，使用最好的工程方法，将其提高到50%~60%，甚至更高呢？

本课程将介绍上述问题涉及的不同方法：

(1)评价油气藏的开发潜力；

(2)确定控制开发效果的驱替机理；

(3)预测采收率和原油的地质储量；

(4)了解油藏模拟方法；

(5)了解孔隙介质中的单相和多相流动。

这里假设你已经了解了油气的相态行为、油藏模拟，以及油藏驱替理论。除此，你还要知道达西公式、相对渗透率和分相流动方法，这些内容，本书中也有相关介绍。

本书的目标读者是石油工程领域的学生和从业者，但也可以为对上述挑战有兴趣的读者提供参考，比如CO_2埋存和污染物运移等。本书的素材来自伦敦帝国理工学院和米兰理工大学的石油工程专业硕士生课程。

本书的重点是通过基本概念学习基础理论。对于其他教材中提及的细节问题，或是并不密切相关的问题，这里将不再重复。同时，这里也不涉及油藏实践中的概念，这些概念将在项目工作中或是实际生产实习中介绍。本书不是油藏工程师的指导手册，而是建立基础知识的教学工具。

作者简介

Martin Blunt 在 1999 年 6 月成为帝国理工学院的石油工程教授。他同时还是米兰理工大学的客座教授。他在 2006 年到 2011 年担任地球科学和工程系的主任。在此之前,1992 年,他是加利福尼亚斯坦福大学的石油工程副教授。在进入斯坦福大学之前,他是位于 Sunbury – on – Thames 的 BP 公司的研发油藏工程师。

Blunt 教授的研究方向是多孔介质中的多相流动,主要涉及碳埋存、油气开采、污染物运移、污染水体净化等。在孔隙系统中的流动和运移方面,他开展过实验、理论和数值模拟研究,还包括驱替过程在孔隙尺度下的建模,在大尺度下基于流线的模拟等。

在 20 多年的时间里,他培养了世界多国数以千计的石油工程专业的学生和专业人员,并获得了斯坦福大学和帝国理工学院的教师资格证书。

目　　录

第1章　油藏工程介绍

本章的主要目的是理解油、气、水在地下深处的流动特征，以及如何将其应用于油气开发中。

1.1　三个主要概念：物质平衡，达西公式和数据集成

在介绍其他内容之前，有三个关键概念需要油藏工程师理解，后面所有的问题都将与这三个基本概念相关。

(1)物质平衡。质量是守恒的；离开油藏的部分(被生产的)减去注入油藏的部分，就是地下质量的变化。对于所有油田，任何条件下，油藏工程师都应推导物质平衡方程(最好能够亲手推导)，进而来理解和解释生产数据。这是进行初步产量分析的基本原理，也是推导用于流动特征预测的流动方程的核心。此外，还需要一个流动方程——就是下面的第二点。

(2)流体流动的达西法则。流体在压力梯度下流动。压力梯度(更普遍的是势能)与流速的线性关系就是达西法则。这是理解和预测流动的基础。

(3)审视所有数据，并形成对油田综合、一致性的认识。油藏工程师需要评估来自各方面的信息，包括地质解释、地震勘察、测井分析、岩心分析和流体属性等，这些都与生产数据(产量和压力)相关。所有这些数据需要综合到一个油藏模型中，从而预测未来动态并设计生产(方案)。这里提到的模型并非是一个孤立的与油藏相似的计算机实现，而更多的是一个对油藏的概念性的理解，这个模型包括流体类型、地质构造和生产机理。很多时候，人们总是耗费大量时间在低技术含量的操作油藏模拟软件的工作上，而不是努力对油藏从基本原理上进行认识；什么是认识油藏的关键不确定性，需要什么数据来去除或减小这些不确定性，目前的油藏情况是什么，什么控制了油藏的生产动态，不同的开发策略将表现出什么样的规律？好的油藏工程师本质上要集成数据，定义不确定性和描述生产机理，而不应卖弄复杂的计算机软件，来掩盖对油藏生产基本原理认识的缺乏。

1.2　什么是油藏和多孔介质

图1.1是一个油藏的示意图，其中还包含了气层和非渗透性的盖层。图示有一定意义，但忽视了油藏的深度。通常，油藏在地表数千米之下，而油柱高度通常小于100m。平面展布通常为几个平方千米；后面将讨论一些世界上比较大的油田，通常含油岩石的总体积大约为$10^9 m^3$，当然这个参数的变化范围很大。

油气在高温高压条件下赋存在岩石的孔隙空间里。可以通过已知的深度与地温梯度和压力梯度的关系对油藏的温压系统进行估计。一般地温梯度在30℃/km，因此几千米深的油藏，其温度就在100℃左右。

油气赋存在孔隙性岩石内。这意味着什么呢？土壤、砂石、砾石、沉积岩石和裂缝性岩石都有一些空间——比如土壤之间的孔隙，如图1.2所示。这些系统都是孔隙介质。如果这些

孔隙连通,即便形态扭曲,流体仍然有可能通过孔隙流过这个系统——即所谓的物质是有渗透性的。土壤、砂石、砾石是组成岩石的单个固体颗粒。固结的岩石常埋藏在地下深部,在那里单个的颗粒混杂在一起。火山岩在自然条件下通常不发育孔隙空间,但如果发育连续的裂缝通道,也可以具有渗透性。

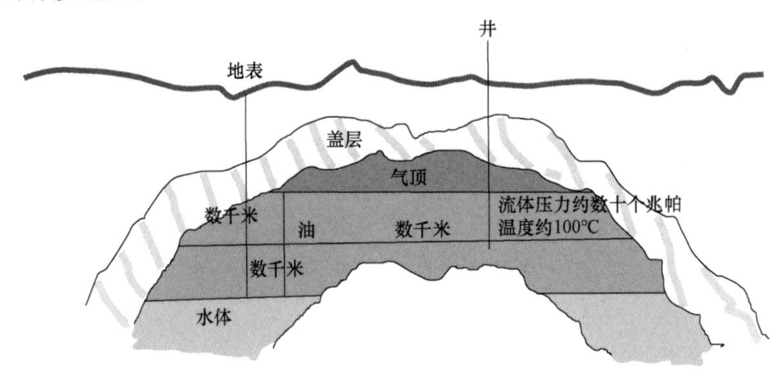

图 1.1　油藏模式示意图

油藏通常发育在地下数千米之下,油气水赋存在孔隙性岩石中

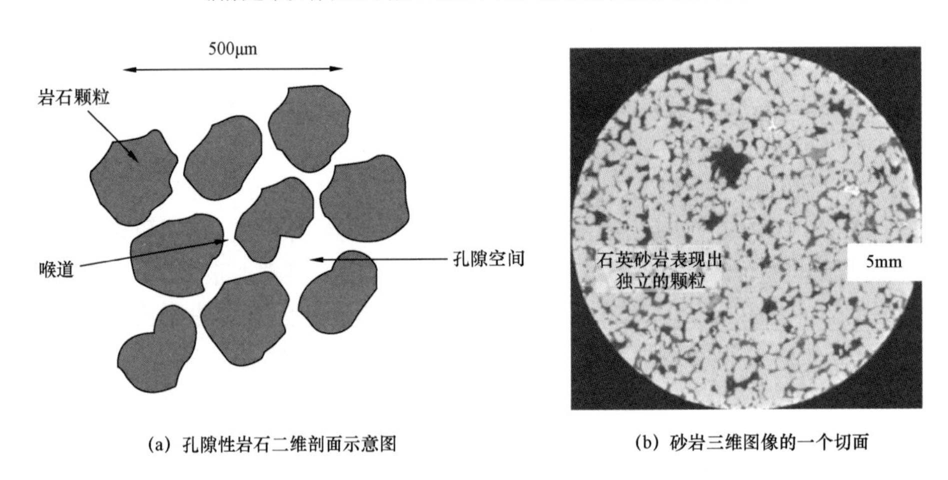

(a) 孔隙性岩石二维剖面示意图　　(b) 砂岩三维图像的一个切面

图 1.2　孔隙性岩石二维剖面示意图(a)。砂岩三维图像的一个切面(b)

岩石中约有四分之一的位置为孔隙空间。油藏工程中,孔隙介质中的孔隙空间会赋存油气水

1.3　流体压力

流体压力可以通过孔隙空间上部的流体重量进行估计,压力随深度增加而增加:

$$p = p_0 + \rho g h \tag{1.1}$$

式中　p——流体压力,MPa;

p_0——参考压力,MPa;

ρ——流体密度,kg/m³;

g——重力加速度,m/s²;

h——深度,m。

代入典型的深度和地层水密度值就可计算出压力值,通常约为数十个兆帕或数百个大气压。后面将会用到这个方程来确定油水界面和油气界面。

现代石油工程中,油藏可通过地震图像检测出来,地震图像就是发射震动波通过岩石,再经过反射检测出岩石声学性质的变化,还可检测出可能富集油气的圈闭范围。某些情况下也可以直接确定出油气赋存的情况。

之后,会钻一口探井。在钻井并产出油气之前,不能确定是否拥有了油田。地震图像有可能被错误地解释,也有可能油田含油气,但产量很低而没有经济性。钻井以后,流体和岩石样本可以被采集并带到地表做进一步分析。

1.4 油的原始地质储量

首先需要考虑的是地下有多少原油。这个量就被叫作(地面储罐条件下的)油的原始地质储量(STOOIP),可通过式(1.2)进行计算:

$$N = \phi S_o V / B_o \tag{1.2}$$

式中 N——原始地质储量,m^3;

ϕ——孔隙度;

S_o——原油饱和度;

V——岩石体积,m^3;

B_o——原油地层体积系数。

下面逐一讨论这些参数。可通过井来建立地震图像和油藏厚度(或含油岩石厚度)之间的联系,进而很好地推断油田的范围;即赋存原油的孔隙性岩石的体积,也就是所谓的岩石总体积 V。

1.4.1 确定孔隙度和饱和度

然而,油田并非是一个地下的湖泊,也不是一个装满油的洞穴。原油是赋存在孔隙性岩石中的,岩石中只有一部分是孔隙空间。

孔隙度 ϕ,是孔隙性介质中孔隙所占的体积。这意味着孔隙度就是孔隙体积除以岩石总体积(包括孔隙体积)。更严格的,是所谓的有效孔隙体积,是孔隙性介质中包含的可供流体通过的互相连通的孔隙的体积;这个概念去掉了孔隙体积中完全被固体物质所封闭的部分。对大部分土壤和未固结岩石,有效孔隙体积与孔隙部分的体积相同,但对于碳酸盐岩和高孔隙度土壤来说,二者不同。从这里开始,文中提到的孔隙度都指有效孔隙度。

海滩上砂岩的孔隙度为35%~40%,见表1.1,但地下岩石的孔隙度低得多,地下岩石处于高温高压条件下,颗粒混杂在一起。典型的孔隙度处于10%~15%之间。孔隙度可通过岩石样本测得(钻井过程中获得的数厘米的样本)或通过测井曲线估计,或通过井底测量得到。

进一步地,并非所有的孔隙空间都充满原油。一开始,岩石被(盐)水饱和。原油来自深埋的沉积物中的有机质(通常为浅海生物)通过化学转化生成,并在地质历史中向上缓慢运移而来。原油在不能逃散的圈闭中聚集,替代初始赋存在此处的水。但并非所有的水都能够被挤出岩石——总会留有一些成藏前便赋存在此的水。饱和度被定义为占据孔隙空间的指定相态物质的比例。

表 1.1 天然储层的孔隙通常都是固结的,孔隙度会较低,在 15%~30%之间

样本	孔隙度(%)
均匀的砂岩,疏松	46
均匀的砂岩,致密	34
仍处在冰川环境的,颗粒大小混杂	20
松软的冰川黏土	55
坚硬的冰川黏土	37
松软的有机质黏土	75
松软的膨润土	84

含水饱和度 S_w,是土壤孔隙空间中被水占据的比例。单位体积土壤或岩石中水的体积为 ϕS_w。ϕS_w 被称为湿度系数,在地下水领域的文章中用 θ 表示。然而,这里更关心的是赋存原油和天然气的系统。

含水饱和度也可以通过采集到的岩心样本测得,也可以通过电阻率测井曲线测得(水的导电能力远强于气和油)。通常在原始油藏中,水饱和度为 10%~40%。

在油藏储层中,孔隙空间包含水、油和气。含油饱和度是孔隙空间中被油占据的部分,含气饱和度是孔隙空间中被气占据的部分。所有相的总和为 1(这是为什么呢?)。

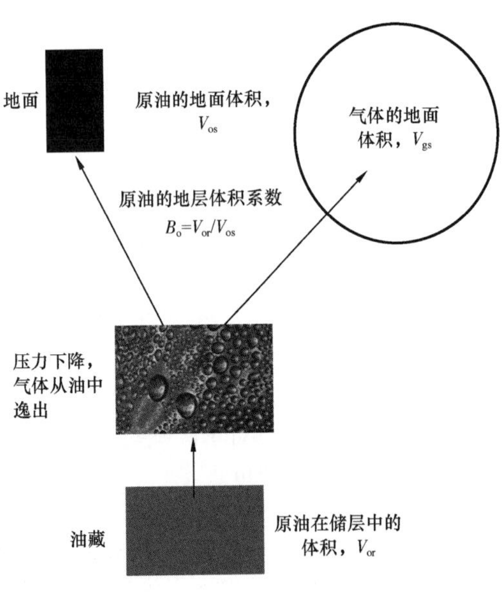

图 1.3 原油地层体积系数示意图

当油流到地面,压力下降,气泡从油中释放出来。在地面,油气同时产出。油在地面的体积小于地下的体积,因为气从油中释放出来了。油的地层体积系数是油在储层条件中的体积与油在地面条件下体积的比值

1.4.2 储层条件体积到地面条件体积的转换

现在可以计算出油藏中原油的体积,但当将其开采到地面——售卖的地方——其体积将发生变化。因此,在油藏工程中经常提及一个概念就是储罐条件。这是油气在常温(60℉或约 18℃)常压(大气压)条件下的体积。油藏体积与地面体积的比称为原油地层体积系数。这个比例系数通常在 1~2 之间。原油被开采到地面后会收缩。乍一看,这似乎与常识相悖,感觉上应该是流体体积随压力下降而增大。然而,如图 1.3 所解释的,原油中含有溶解气(后面将会讨论);压力下降将导致溶解气的逸散,这意味着原油中包含了更少的分子,从而总体上导致体积下降。原油地层体积系数 B_o,是通过从井中取得的流体样本测得的。

因此,现在就知道了地下有多少油——通过方程(1.2)的全部参数计算得到——那么,

接下来如何生产这些油气呢?

1.5 原油生产

原油生产过程包括,首先将井钻入油藏,再让原油通过井筒向上流到地面,并在地面收集起来。这个过程被称为一次采油,这是第一步,应用油藏自身能量——主要是岩石和流体压力——来排驱原油。应用这个方法生产存在两个问题。第一,一旦压力明显下降,油田将会停止生产,即便储层中还充满了原油,因此这是十分低效的。第二,与第一点相关,原油在高压高温条件下是数百种化学组分的混合物,而其中的一些——主要是气相组分如甲烷,乙烷,丙烷和丁烷——在原油开采过程中,压力下降时将会逸散出来。气体最开始从原油中逸散出来的压力称为泡点压力。气比油具有更小的黏度,因此其流动更容易;这将导致气首先被采出来,而把油留在了后面。因此,通常情况下,设计生产过程要保持压力在泡点之上。

如何采出更多的原油,同时阻止气被提前采出来呢?如果井,或井组只生产原油,那么压力将势必随着时间延长而下降。因此,需要采用所谓的二次采油方式,就是另一种流体——通常为气或水——通过注入井被注入油藏中。这个过程有两个目的,第一,帮助保持油藏压力(在泡点之上)并保持较高的驱动力,从而保证原油的流动;第二,用水(或气)替换岩石孔隙中的原油,从而获得——至少可以获得——较高的采收率。

油藏生产的最后过程是三次采油:将其他流体代替水注入油藏以替换更多的原油。有时表述为提高采收率。通常,这些提法表示注入其他物质,而不是单独注水,从而尽可能从油藏中采出更多的原油,而并非是严格的时间次序。理论上,提高采收率既可以是二次采油,也可以是三次采油过程。提高采收率包括注气(天然气和二氧化碳),注碱,注聚合物和表面活性剂,以及热力学方法,如注蒸汽,这时原油被加热,降低了黏度,增加了流动性。注入低矿化度水是另一个提高采收率的例子。

综上,一个复杂的技术组合将被应用于开发原油。然而,所需的巨量的流体和油价将对所采取的技术的经济性起到重要限制,油价在 2008 年至 2014 年达到历史最高的 100 美元/bbl,1bbl 大约为 160L,即每升原油大约 60 美分。

正如之前提到的,当油田废弃时,仍有大约 2/3 的油气被留在地下。随着技术的提高,现在基本上可预见到采收率可以提高到 50% 甚至更高,这要得益于对岩石更好的地震成像(包括地震图像随时间的变化),及水平井和大斜度井的应用,更好的模拟技术来模拟流体运动,以及对孔隙介质内流动的更深入的理解。

本书涉及对孔隙介质内流体流动的认识,其为世界范围内提高采收率提供了重要的基础。为了帮助表述这些认识,图 1.4 展示了一个现代模拟模型,其中用空间变化的属性描述了一个构造复杂的油藏(后续再定义孔隙度和渗透率)。后文会介绍贯穿于构建此类模型背后的基本概念和解决流体流动的相关方程。本书重点不是介绍如何运算模拟器或其他计算机代码——这些可以在工作中来学习。这里将学到的是基本的概念,这将使读者能够理解和解释复杂但有趣的油藏特征。

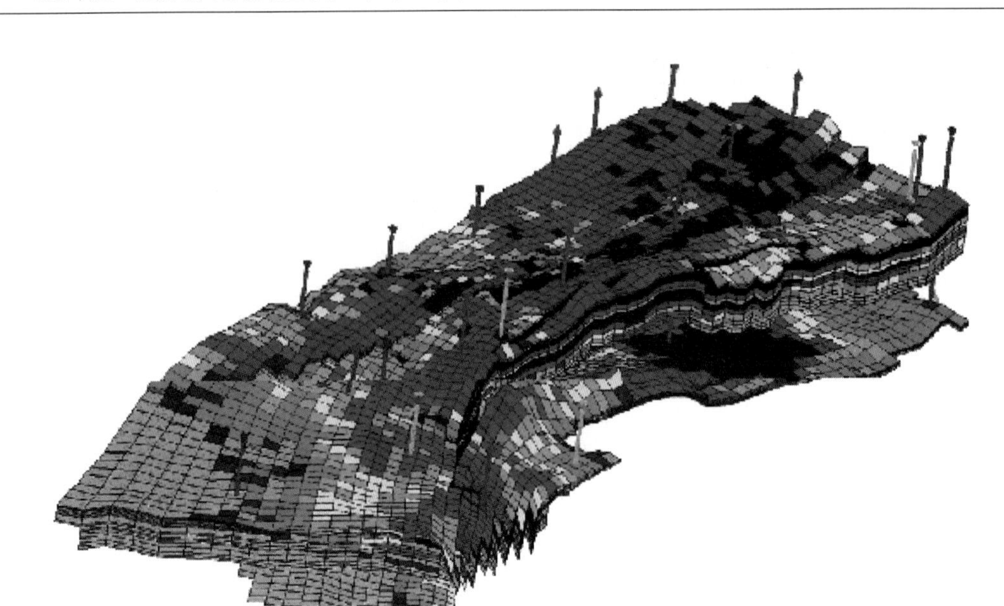

图 1.4 现代的油藏模拟模型示例

可以表现出油藏构造的复杂性和井的位置(包括生产井和注入井)。颜色表示孔隙度

1.6 世界上最大的几个油田

表 1.2 列出了世界上最大的几个油田(引自 Wikipadia)。在世界范围内勘探原油的时候——主要是安哥拉深海,巴西和墨西哥湾——世界上大型油田的主要成员已经在数十年前就被发现了。为了保持油气产量,甚至是需要提高产量,从而满足世界随人口的增长而增加的油气产量需求,这些增长的人口有权要求来分享那些被西方世界享有的未来财富,需要尽可能高效地从已发现的油田中开采原油。进一步地,还可以寻找新的资源,如页岩油(原油富集在页岩或烃源岩中),油页岩(未成熟烃源岩,其中有机质需通过加热才能够产出原油),或者是其他资源。目前每年生产大约 30×10^8bbl 原油,然而发现的新油田储量最多只有这个数值的一半。

世界最大的油田是沙特的 Ghawar——其正在实施世界最大的注水项目。该油田是一个巨型碳酸盐岩油田,发育裂缝和高渗透层(流体在其中快速流动)。第二大油田——Burgan——是一个砂岩油田,位于科威特。历史上,生产原油最多的国家是美国;但需注意,美国最大的油田——Prudhoe Bay——位于阿拉斯加北岸——由于某种原因而未在表中列出。目前,沙特和俄罗斯是两个最大的原油生产国,但美国快速赶上来了,这得益于新的勘探发现和页岩油产量。

可采储量是在目前技术条件下能够从油田中获取的原油量;地质储量通常(如上文提到的)大约是可采储量的 3 倍(或者更多)。如果考虑油价是 100 美元/bbl,那么 1×10^8bbl 可采储量的油田意味着 100 亿美元的价值。假设本书观点可以被应用,如果能对一个油田提高采收率 1%,这将是相当可观的收益。

表 1.2 储量大于 10×10^8bbl 的油田($160\times10^6m^3$)

油田名称	国家	发现年份	投产年份	可采储量(10^9bbl)	产量(10^6bbl/d)
Ghawar Field	沙特	1948	1951	75.0~83.0	5.000
Burgan Field	科威特	1937	1948	66.0~72.0	1.700
Ferdows/Mound/Zagheh Field	伊朗	2003		7.0~9.0 (38×10^9bbl 资源量)	
Sugar Loaf Field	巴西	2007		25.0~40.0	
Cantarell Field	墨西哥	1976	1981	18.0	0.408
Bolivar Coastal Field	委内瑞拉	1917	1922	30.0~32.0	2.600~3.000
Azadegan Field	伊朗	2004		9.0	
Lula Field	巴西	2007		5.0~8.0	
Safaniya – Khafji Field	沙特或中立区	1951		30.0	
Esfandiar Field	伊朗			30.0	
Rumaila Field	伊拉克	1953		17.0	1.300
Tengiz Field	哈萨克斯坦	1979	1993	26.0~40.0	0.530
Ahwaz Field	伊朗	1958		10.1	0.700
Kirkuk Field	伊拉克	1927	1934	8.5	0.480
Shaybah Field	沙特			15.0	
Agha Jari Field	伊朗	1937		8.7	0.200
Majnoon Field	伊拉克	1975		11.0~20.0	0.500
Samotlor Field	俄罗斯	1965	1969	14.0~16.0	0.844
Romashkino Field	俄罗斯	1948	1949	16.0~17.0	0.301(2006)
Prudhoe Bay	美国	1969		13.0	0.900
Sarir Field	利比亚	1961	1961	12.0 (66×10^8bbl 可采)	
Priobskoye Field	俄罗斯	1982	2000	13.0	0.680(2008)
Lyantorskoye Field	俄罗斯	1966	1979	13.0	0.168(2004)
Abqaiq Field	沙特			12.0	0.430
Chicontepec Field	墨西哥	1926		6.5	
Berri Field	沙特			12.0	
Zakum Field	阿联酋	1965	1967	12.0	
West Qurna Field	伊拉克	1973		15.0~21.0	0.180~0.250 (潜在的)
Manifa Field	沙特			11.0	
Fyodorovskoye Field	俄罗斯	1971	1974	11.0	1.900
East Baghdad Field	伊拉克	1976		8.0	0~0.050(潜在的)

续表

油田名称	国家	发现年份	投产年份	可采储量 (10^9bbl)	产量 (10^6bbl/d)
Faroozan - Marjan Field	沙特			10.0	
Marlim Field	巴西			10.0~14.0	
Awali	巴林			1.0	
Aghajari Field	伊朗			14.0	
Azadegan Field	伊朗	1999		5.2	
Gachsaran Field	伊朗	1927		15.0	
Marun Field	伊朗			16.0	
Mesopotamian Foredeep Basin	科威特			66.0~72.0	
Minagish	科威特			2.0	
Raudhatain	科威特			11.0	
Sabriya	科威特			3.8~4.0	
Yibal	阿曼			1.0	
Dukhan Field	卡塔尔			2.2	
Halfaya Field	伊拉克			4.1	
Az Zubayr Field	伊拉克			6.0	
Nahr Umr Field	伊拉克			6.0	
Abu - Sa'fah Field	沙特			6.1	
Hassi Messaoud	阿尔及利亚			9.0	
Kizomba Complex	阿尔及利亚			2.0	
Dalia (oil Field)	阿尔及利亚			1.0	
Belayim	阿尔及利亚			>1.0	
Zafiro	阿尔及利亚			1.0	
Zeltenoil Field	利比亚			2.5	
Agbami Field	尼日利亚			0.8~1.2	
Bonga Field	尼日利亚			1.4	
Azeri - Chirag - Guneshli	阿塞拜疆			5.4	
Karachaganak Field	哈萨克斯坦			2.5	
Kashagan Field	哈萨克斯坦			30.0	
Kurmangazy Field	哈萨克斯坦			6.0~7.0	
Darkhan Field	哈萨克斯坦			9.5	
Zhanazhol Field	哈萨克斯坦			3.0	
Uzen Field	哈萨克斯坦			7.0	
Kalamkas Field	哈萨克斯坦			3.2	
Zhetybay Field	哈萨克斯坦			2.1	

续表

油田名称	国家	发现年份	投产年份	可采储量(10^9bbl)	产量(10^6bbl/d)
Nursultan Field	哈萨克斯坦			4.5	
Ekofiskoil Field	挪威			3.3	
Troll Vest	挪威			1.4	
Statfjord	挪威			3.4	
Gullfaks	挪威			2.1	
Oseberg	挪威	1979	1988	2.2	3.780
Snorre	挪威			1.5	
Mamontovskoye Field	俄罗斯			8.0	
Russkoye Field	俄罗斯			2.5	
Kamennoe Field	俄罗斯			1.9	
Vankor Field	俄罗斯	1983	2009	3.8	
Vatyeganskoye Field	俄罗斯			1.4	
Tevlinsko – Russkinskoye Field	俄罗斯			1.3	
Sutorminskoye Field	俄罗斯			1.3	
Urengoy group	俄罗斯			1.0	
Ust – Balykskoe Field	俄罗斯			>1.0	
Tuymazinskoe Field	俄罗斯			3.0	
Arlanskoye Field	俄罗斯			>2.0	
South – Hilchuy Field	俄罗斯			3.1	
North – Dolginskoye Field	俄罗斯			2.2	
Nizhne – Chutinskoe Field	俄罗斯			1.7	
South – Dolginskoye Field	俄罗斯			1.6	
Prirazlomnoye Field	俄罗斯			1.4	
West – Matveevskoye Field	俄罗斯			1.1	
Sakhalin Islands	俄罗斯			14.0	
Odoptu	俄罗斯			1.0	
Arukutun – Dagi	俄罗斯			1.0	
Piltun – Astokhskoye Field	俄罗斯			1.0	
Ayash Field – East – Odoptu Field	俄罗斯			4.5	
Verhne – Chonskoye Field	俄罗斯			1.3	
Talakan Field	俄罗斯			1.3	
North – CaucasusBasin	俄罗斯			1.7	
Clairoil Field	英国	1977		1.8	

续表

油田名称	国家	发现年份	投产年份	可采储量(10^9bbl)	产量(10^6bbl/d)
Fortiesoil Field	英国	1970		5.0	
Jupiter Field	巴西			7.0	
Cupiagua/Cusiana	哥伦比亚			1.0	
Bosc´an Field, Venezuela	委内瑞拉			1.6	
Pembina	加拿大	1953	1953		
Swan Hills	加拿大				
Rainbow Lake	加拿大				
Hibernia	加拿大	1979	1997	3.0	
Terra Nova Field	加拿大	1984	2002	1.0	
Kelly - Snyder/ SACROC	美国			1.5	
Yates Oil Field	美国	1926	1926	3.0(20×10^8bbl 可采储量;剩余 10×10^8bbl)	
Kuparuk oil Field	美国	1969		6.0	
Alpine	美国			0.4~1.0	
East Texas Oil Field	美国	1930		6.0	
Spraberry Trend	美国	1943		10.0	
Wilmington Oil Field	美国	1932		3.0	
South Belridge Oil Field	美国	1911		2.0	
Coalinga Oil Field	美国	1887		1.0	
Elk Hills	美国	1911		1.5	
Kern River	美国	1899		2.5	
Midway - Sunset Field	美国	1894		3.4	
Thunder Horse Oil Field	美国			>1.0	
Kingfish	澳大利亚			1.2	
Halibut	澳大利亚			1.0	
Daqing Field	中国	1959	1960	16.0	

1.7 流体压力系统

地下储层中上覆流体质量随深度增加而增加,因此压力也随之增加,见式(1.1)。可以写成压力 p 对深度 z 求导数。

$$\frac{\partial p}{\partial z} = \rho g \tag{1.3}$$

水的压力随深度增加最快,其次是油,最后是气。

油田现场操作中,流体压力可通过重复地层测试(RFT)在井底测量。图 1.5 是压力作为深度函数的示意图。压力测量结果可用于确定油水界面和油气界面的位置,即便该位置没有被直接检测到。

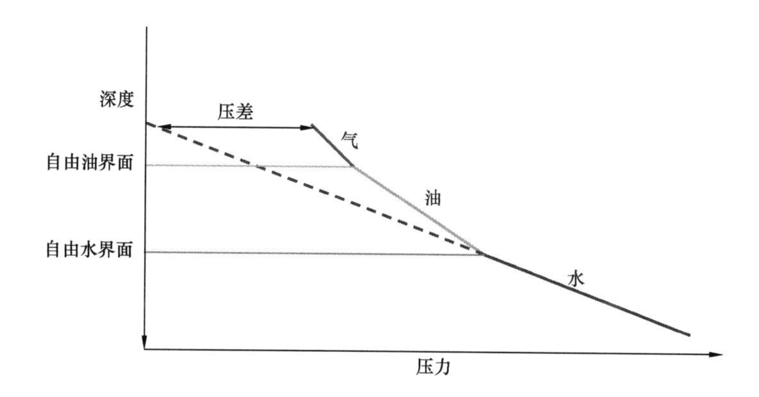

图 1.5 带气顶油藏压力随深度变化示意图

在自由水界面处,油水压力相等。在油藏顶部的压差表示气层的压力比周边水体的压力高

如果来自不同井的压力—深度趋势不重叠,就有可能表示存在非连通边界(泥岩或断层),指示了油藏分区。

如图 1.5 所示,含油区的压力高于周围水体的压力(饱和水的岩石)。这与压实无关,而是由于不同的流体密度造成的。水和油在自由水界面处有相同的压力;相比于水,油的压力随深度减小得慢,因此自由水界面之上,油藏压力高于水层压力。气柱也是如此。就如在泳池中的水下放一个气球——因为浮力的作用,需要将气球按在水下以防止其上升。这就等效于盖层施加于流体的作用,防止了油气向上逸散。

在相同深度上,油层较之于水层较高的压力也预示着钻井过程中的潜在风险。一个充满水的井筒,当钻遇油气层时水可能会喷出;较高压力的油气可能会进入井筒或失控喷至地面。这就是理论上应用钻井液的原因——高密度的流体与油水混合——保证井筒内的压力高于地层压力。钻井液也可以冷却和润滑钻头,并帮助将钻屑带至地面。

图 1.6 是一个相似的示意图,区别是指明了压力数据对应的深度位置。如果知道了流体密度(这可以通过井筒取样获得,或更简单的——通过压力与深度函数关系的斜线),就可以算出自由水界面的深度了。

将式(1.1)和式(1.3)联立,可分别得出气、油和水的压力:

$$p_g = p_1 + (z - z_1)\rho_g g \tag{1.4}$$

式中 p_g——气层压力,MPa;

p_1——气层测试点压力,MPa;

z——气层内任一点对应深度,m;

z_1——气层测试点对应深度,m;

ρ_g——气的密度,kg/m^3;

g——重力加速度,m/s^2。

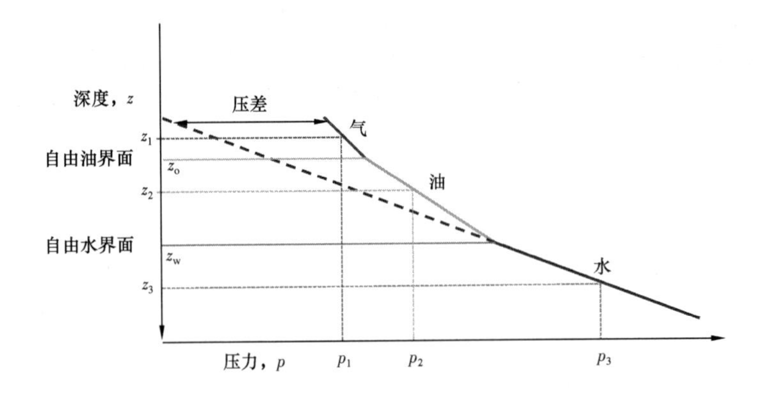

图 1.6　带气顶油藏压力随深度变化示意图

图中指出了在指定深度上测量的压力值，通过这些测量值，可以计算自由水界面和自由油界面

$$p_o = p_2 + (z - z_2)\rho_o g \tag{1.5}$$

式中　p_o——油层压力，MPa；

p_2——油层测试点压力，MPa；

z——油层内任一点对应深度，m；

z_2——油层测试点对应深度，m；

ρ_o——油的密度，kg/m^3。

$$p_w = p_3 + (z - z_3)\rho_w g \tag{1.6}$$

式中　p_w——水层压力，MPa；

p_3——水层测试点压力，MPa；

z——水层内任一点对应深度，m；

z_3——水层测试点对应深度，m；

ρ_w——水的密度，kg/m^3。

自由水界面——按照定义——就是油水层压力相同的时候的接触面。因此，通过式(1.5)和式(1.6)得到：

$$z_w = \frac{p_2 - p_3 + z_3\rho_w g - z_2\rho_o g}{(\rho_w - \rho_o)g} \tag{1.7}$$

式中　z_w——自由水界面位置，m。

相似地，对于油气压力相同的自由油界面：

$$z_o = \frac{p_1 - p_2 + z_2\rho_o g - z_1\rho_g g}{(\rho_o - \rho_g)g} \tag{1.8}$$

式中　z_o——自由油界面位置，m。

油柱高度——用于确定原油的地质储量——简单地就是 $z_w - z_o$。

另一种确定不同相界面和高度的方法是通过测井测量值中确定。通过井下电阻率(区分油水)和密度(区分油气)可用于确定接触面的深度。然而,实际工作中,井可能并未直接钻遇流体接触面,或者读值模糊不清,亦或有不同的解释。油藏工程的实质是综合考虑所有的数据——从来没有一种测试本质上就胜过其他测试——因此需认真评估所有的数据,并最终得到一致性的结论。

用压力得到的自由水界面和用测井得到的界面不同,差异来自毛细管压力因素。在一个原始水湿的油藏中,油水压力差是油在初次运移过程中进入油藏的必要条件。这意味着真正的油水界面——含油饱和度表现出明显差异的地方——一般都高于油水压力相同的位置——油水界面位置上油水压力差等于原油克服毛细管力进入孔隙的压力。通常对常规渗透性砂岩而言,这个差异小于1m,但在低渗透系统中,差异可能非常大。对这个问题充分理解需要毛细管压力方面的知识,这将在后面章节中讨论。

用一些定义来总结上述分析。

常压油藏。水层压力与深度呈常规关系——地层中的水通过连续的孔隙通道连通到地表。如果从潜水面或海面计算深度为z,则水层的压力为:

$$p_w = p_{atm} + z\rho_w g \tag{1.9}$$

式中 p_w——水层压力,MPa;

p_{atm}——大气压力,MPa;

z——测试点对应深度,m;

ρ_w——油的密度,kg/m^3;

g——重力加速度,m/s^2。

这里p_{atm}是大气压,并假设不同深度下水的密度相同。注意这里只考虑水的压力——油气的压力在同一深度比水层压力高,就如前文所讨论的。

超压油藏。这种油藏的压力比常规的偏高,即实际的水层压力比预期的正常压力偏高。这意味着油藏成藏以后被抬升了。注意这是一个与深度相关的数据,而不是绝对值。超压油藏生产速度可能比较快,但钻井过程中可能会发生井涌,因为油藏压力比井筒中钻井液的压力高。

欠压油藏。这是水层压力比正常压力低的油藏。油藏在地质历史时期发生了快速埋深——油藏成藏后被更多的沉积物覆盖了。

1.8 储层流体

前文已经定义了原油地层体积系数。在这部分,介绍其他做产量分析必要的参数。在图1.7中,将图1.3扩展为更一般的情况,油藏中既产油又产气——即油气存在于同一油藏中。

按照图1.8,变量很容易定义,但要用语言描述则需更加严谨。

原油地层体积系数B_o,是储层条件下原油体积与地面条件下原油体积的比值。

$$B_o = \frac{V_{or}}{V_{os}} \tag{1.10}$$

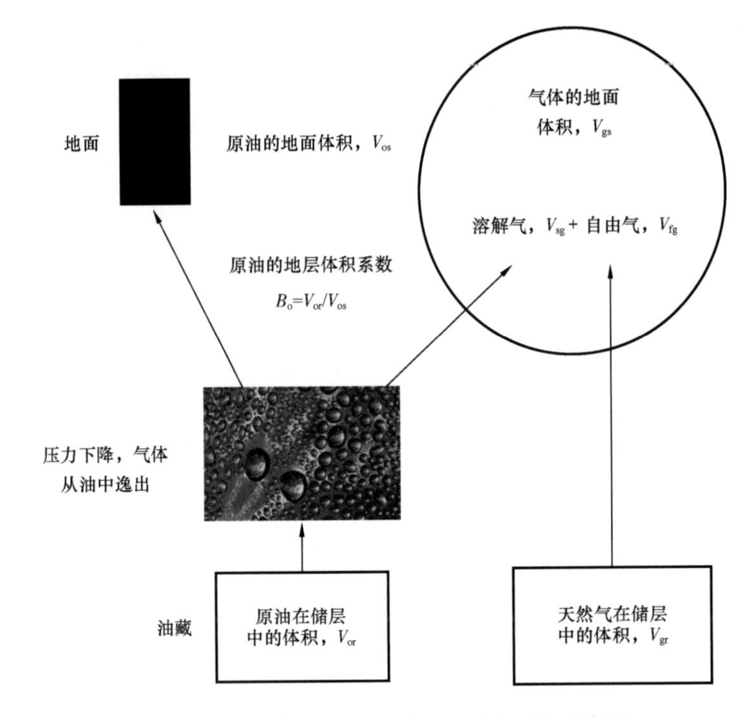

图 1.7 原油流至地面过程中的压力下降示意图

气泡从油中释放出来。在地面,油气同时产出。油在地面的体积小于地下的体积,因为气从油中释放出来了。油的地层体积系数是油在储层条件中的体积与油在地面条件下体积的比值

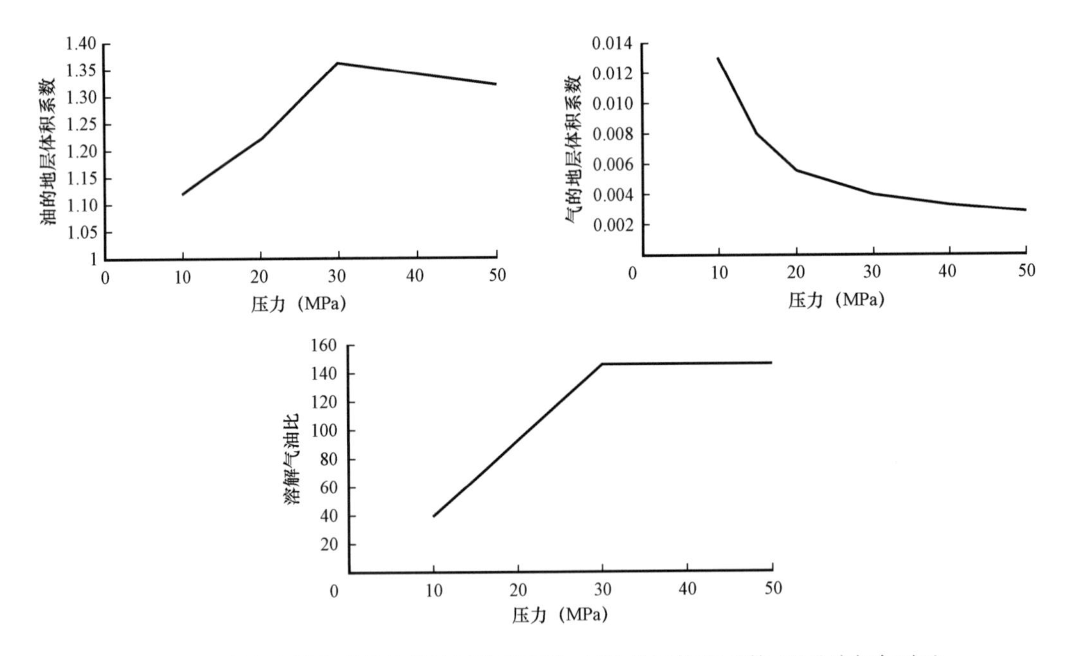

图 1.8 北海油藏典型的油的地层体积系数、气的地层体积系数,以及溶解气油比

在泡点压力下,油的地层体积系数最大,此时溶解的气量开始减少。

这些图中都是 SI 单位制,地层体积系数和溶解气油比单位为无量纲

式中 B_o——原油地层体积系数；

V_{or}——储层条件下的原油体积，bbl；

V_{os}——地面条件下的原油体积，bbl。

传统意义上，原油体积以桶为单位。为了强调转换的本质，地面原油体积被称为储罐桶数，而储层原油体积被称为储层桶数。因此一般 B_o 的单位严格意义上是无量纲的，是 bbl/bbl。一般取值 1（重油只有很少或没有气）到 2，如果是挥发油则会更高。

饱和油藏是不能再溶解更多气的油藏。这意味着原油在泡点压力或低于泡点压力时，气会逸散出来。随着压力降低，油藏体积减小。

非饱和油藏是能够溶解更多气的油藏。随压力下降，原油体积增大，直到达到泡点压力（原油变得饱和）。

饱和油藏和非饱和油藏的概念常常混淆。更清楚和可靠的表达就是高于或低于泡点压力。

气的地层体积系数 B_g，是储层条件下自由气的体积除以地面条件下自由气的体积（不包括溶解气）：

$$B_g = \frac{V_{gr}}{V_{gs}} \tag{1.11}$$

式中 B_g——原油体积系数；

V_{gr}——储层条件下的气体积，m^3；

V_{gs}——地面条件下的气体积，m^3。

这也是无量纲的，且事实上是国际单位制单位（m^3/m^3）；按照油田现场的使用习惯，气的体积系数单位有一点混乱。油藏条件下，油和气的体积单位是 bbl，而地面条件下，气的体积单位是立方英尺（ft^3）。因此 B_g 的单位一般是 bbl/ft^3。

R 是生产气油比，或者是总的气产量比油产量，都是地面条件下的体积：

$$R = \frac{V_{gs}}{V_{os}} = \frac{V_{sg} - V_{fg}}{V_{os}} \tag{1.12}$$

式中 R——生产气油比；

V_{fg}——地面条件下自由气的总产量，ft^3。

在现场 R 的单位是 ft^3/bbl。注意，严格上这是一个产量的比或体积的比——在一个确定的、较短的时间段里，比如一天时间。这不是一个累计产出量总体积的比——这个定义将在后面使用到。

R_s 是溶解气油比，即地面条件下单位体积的原油，在油藏条件时溶解的气的体积。

$$R_s = \frac{V_{sg}}{V_{os}} \tag{1.13}$$

对于气来说，经常不直接使用地层体积系数，而是使用气体法则。理想气体状态方程是：

$$pV = nRT \tag{1.14}$$

式中 p——压力,Pa;

V——体积,m^3;

T——温度,K;

n——物质的量,mol;

R——一般气体常数,取 8.314J/(K·mol)。

理想气体状态方程假设气体分子为彼此无相互作用的球状颗粒。在地面温度和压力条件(储罐条件)下这是个很好的近似。但在储层条件下气体的属性完全不同。在数百倍大气压条件下,气体像油一样有黏度,分子之间有明显的相互作用。事实上,此时气体和液体的差异不明显——严格意义上,当油藏中同时存在油气时,将气体视为低黏度相,油视为高黏度相。

这种情况下,应用非理想气体状态方程:

$$pV = ZnRT \tag{1.15}$$

式中 Z——气体压缩因子。

这里 Z 是一个经验参数,有时被称为压缩因子,是一个温度、压力和组分的函数。既可以通过气体样本在实验室直接测量,也可以通过拟合实际数据的相关性来估计。

应用方程(1.15)可以通过 Z 来计算 B_g。如果假设地面条件下(用下标 s 区分)$Z=1$,那么,因为气体从油藏到地面膨胀过程中摩尔数不变,便有:

$$\frac{p_s V_s}{T_s} = \frac{pV}{ZT} \tag{1.16}$$

因此应用方程(1.11)和方程(1.16)可得:

$$B_g = \frac{V}{V_s} = Z\frac{p_s V}{pT_s} \tag{1.17}$$

图 1.8 展示了北海油田一个典型表示压缩性的B_g,B_o,R_s随压力的变化趋势情况。

注意 B_o在泡点压力时达到最大值。在这个值之上,压力下降时原油膨胀(与常规液体一样),因此在压力下降时 B_o上升。在这个压力之下,由于气体逸散,压力下降导致原油收缩,对应的B_o下降。

不同油田 R_s的范围变化很大,从无限大(干气——在地表无液体的天然气)到 0(重油没有伴生气)。了解一个油田产油多还是产气多是非常重要的。从体积上看,气体占优势,因为在地面上气体密度比油小。这时使用现场那个溶解气油比的单位 ft^3/bbl(或者 $10^3 ft^3/bbl$)就会进一步造成干扰。因此,可以质量为基础考虑这个问题。假设气体主要是甲烷;用理想气体状态方程估计在标准状况下的密度,见式(1.14)。甲烷的分子质量 M 为 0.016kg/mol,对应其密度为:

$$\rho = \frac{nM}{V} = \frac{pM}{RT} \tag{1.18}$$

式中 ρ——气体密度,kg/m^3;

p——压力,Pa;

V——体积,m^3;

T——温度,K;

n——物质的量,mol;

R——一般气体常数,8.314J/(K·mol);

M——摩尔质量。

大气压约为 1.01×10^5 Pa,标准温度约为 288K,应用之前提到的 R 值,得到密度为 0.67kg/m³。这比水的密度小了 1000 倍,这也解释了为什么感觉上气体和液体差异很大,但在油藏条件下属性却非常相似。

用具有典型性的油的密度做比较(地面条件下),这里取 800kg/m³。

如果油田产出相同质量的油和气,那 R_s 是多少? 按照国际单位制是 800/0.67 = 1200m³/m³。按照现场单位,因为 1m³ = 6.2898bbl,1ft = 0.3048m,则 $1.2/(6.2898 \times 0.3048^3) = 6.7 \times 10^3 ft^3/bbl$。

因此,如果油田的 R_s 较大,如 $(6 \sim 7) \times 10^3 ft^3/bbl$ 则为偏气,如气油比较小,则偏油。在下一章,给出更严格的热力定义,但这里的概念也是有用的指导。湿气(在地面产出液体)的 R_s 通常在 $50 \times 10^3 ft^3/bbl$ 左右或更大;凝析气在 $(5 \sim 30) \times 10^3 ft^3/bbl$ 之间;挥发油为 $(2 \sim 3) \times 10^3 ft^3/bbl$;黑油(后面会对这些术语进行定义)为 $(0.1 \sim 2) \times 10^3 ft^3/bbl$。再重复一下,这只是简单粗略的估计,不能用于定义一个实际的油田。

1.9 相态

图 1.9 为不同的油气类型提供了一个严格的热力学定义,包括常规油藏和气藏。示意图展示了不同给定组分的相态,其是压力和温度的函数。当数据点处于相图包络线内时,油气同时存在;在包络线外部时只存在一种相态。

这个相图并不能事先就知道,而需要对来自油藏的流体样本进行测量后计算得到。通常,将测量结果与状态方程比照,然后确定相图;其他章节还会进一步讨论。

现在假设一个油田已经被发现了。原始压力很高;当油藏开发以后,压力下降了,会发生什么呢? 可以假设温度不变(温度只在注入了相当数量的流体后才会改变,包括热的蒸汽,冷的水,或是诱发了热反应,如原位氧化)。在一个气田里,流体在气田内膨胀不发生相的转化。定义一个气田,在地下条件下,压力下降,没有相的转变。现在,在地面条件(低温条件),可能会出现一些液体(原油,从气里凝析出来)。一个在地面产出液态原油的气田称为湿气田(这与产水无关),一个气田没有液体产出称为干气田。

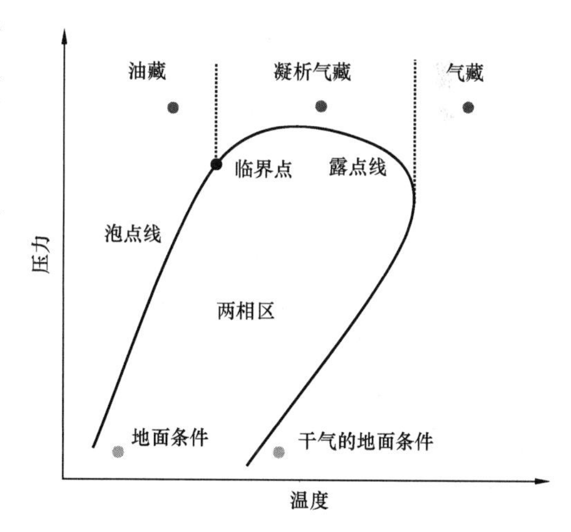

图 1.9 不同压力温度下油气混合物的相图

混合物分为两种相,油相和气相,如图中所示的区域。红点指示了不同油藏类型的原始油藏条件,绿色点指示了地面条件

凝析油田是指随着压力下降在油藏条件产出液态油的油田。如何区分这是一个气田,而非油出呢? 这里不使用R_s这样非正式的参数。当油藏中存在相态的转化,那么当第一个次生相出现时,如果次生相的密度比原生相大,就定义密度更大的相为油,密度较小的相为气,这个现象发生时的压力称为露点压力。需要记住,当处于高压条件时,油和气的密度是相似的。

在一个油藏里,压力下降时会产出气。当第一个气泡出现时,如果次生相比原生相轻,那么气泡出现时的压力就是泡点压力。

区分油田和凝析气田,以及区分油和气性质的临界点不太容易。在相图上,临界点向左就是油藏,向右就是气藏。

流体属性影响生产机理。气藏最好的开发方式是降压。气在地下膨胀时没有相态变化;如果将压力降到大气压,采收率可能为90%~95%。相反,在油藏里,压力下降到泡点以下,就会生成气。气比周围油的黏度低,一旦在孔隙空间连续起来,将比油更易于流动。这将导致只能产出气,而把更有价值的油滞留在了后面。甚至当压力降至大气压时,地下仍充满油,因为油的压缩性差,这将导致极低的采收率(一般为20%)。因此,对于油田,常通过注水来保持地层压力处于泡点之上。

凝析气藏更加复杂。如果井筒附近压力降至露点,便有油生成。极有价值的凝析气会被封堵在油藏里。进一步地,液体锁住了孔隙空间,降低了井的生产能力。此时有两个选择,一是保持压力,就像在油田里,减慢生产速度,但经济上花费巨大。第二种是一直降压直至回到单一气相,如图1.10所示,然后作为常规气藏开发。

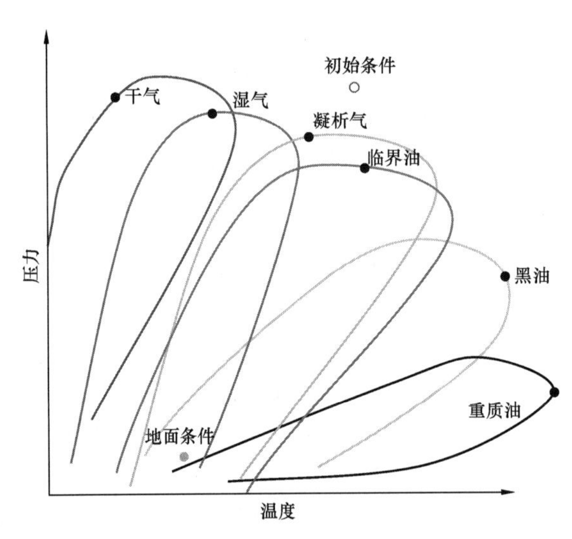

图1.10　不同油藏类型相图示意图

空心圈指示了油藏的初始条件,绿色圈指示了地面条件,黑色点指示不同油藏类型的临界点

相图常被用于描述不同类型的油田。黑油并非指颜色(事实上也是黑色的),而是热力学上的描述。大部分油田都有溶解气,并有溶解气油比R_s,这是温度和压力的函数。气和油的性质只随温度和压力发生变化。事实上,溶解气有不同的组分,这取决于温度、压力和生产过程——毕竟所有的油气组分都会发生变化,如果气比油优先被生产出来。大部分油田可以假设气具有固定的组分,而与开发过程没有关系。但对于温度接近临界温度的,就不那么准确了。这表明挥发油或近临界油藏,需要做更精细的组分表征。进一步地,对于注气,需要计算不同性质的组分的量——注入气通常不像析出气一样具有同一组分。相对应,重油中仅有很少或没有溶解气出现。

图1.9假设油藏中一个固定的油气组分,并考察不同初始温度情况下的表现。事实上,原始油藏温度的变化比组分的变化小得多——从纯甲烷到固态都是这样。

图1.10假设原始和地面条件固定,并展示了组分对相图的影响。图上有标注,且与之前

的介绍一致。注意，随着重质组分的增加，相图有向下、向右偏移的趋势。典型的，干气几乎全部是甲烷 C_1，湿气包含相当一部分 C_2—C_6；凝析气和近临界油包含较大范围种类的烃，包括大量 C_1—C_4 和一定的重组分，黑油主要由 C_6—C_{12}组成，重油主要为 C_{10}及以上部分。

这里只简单总结了一下油气相态，进一步可阅读该领域的经典文献"The properties of petroleum fluids by W. D. McCain, PenWell books, 2nd edition, (1990)"。本章讨论的内容已经为下一章，物质平衡做了充分的准备。

第2章 物质平衡

如前所述,物质平衡是油藏工程理论的基础之一:追踪质量的路径,并可简单地从地下条件转换到地面条件。在这一章中,将在多处遇到这个概念。这是使用生产数据预测采收率和确定主要油藏驱动机制的重要标准和强大的工具。这种方法主要用于一次采油的油田,能够并且也应该被用于分析所有正在开发的油田。

图2.1是一个模式图,对油田开发过程中发生的变化提供了一个框架性的概览。

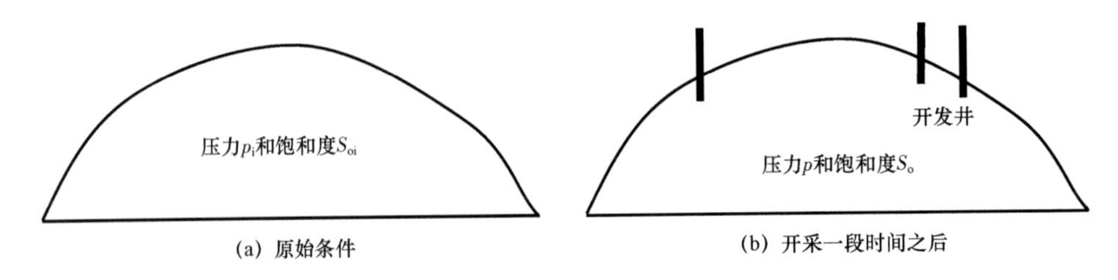

图2.1 油藏及开发过程示意图

油藏原始条件压力、饱和度和开采一段时间之后的压力、饱和度示意图。开采一段时间之后,油藏的压力和含油饱和度都会下降。图中的黑色实线代表生产井

在这个例子中,总的岩石体积是V,平均孔隙度是ϕ。初始条件下油的体积就是$VN_G\phi S_{oi}$。下标i表示原始条件。这里增加一个新的概念:或者说净毛比N_G。一般情况下,孔隙度和饱和度都是针对能够产出油气的净储层的定义。总岩石体积中,具有足够孔隙度、油气饱和度和渗透率,能够达到一定产量的那部分所占的比例称为净毛比。到底什么是足够的孔隙度或者其他参数呢?这通常靠岩石物理学家通过测井曲线和经验判断,这个解释也有不确定性。只是具体的讨论不在这部分范围内。

转换到地面条件,原始地质储量(STOIIP)为N,可扩展为公式(2.1):

$$N = \phi N_G S_{oi} V / B_{oi} \tag{2.1}$$

式中 N——原始地质储量,m^3;

ϕ——孔隙度;

N_G——净毛比;

S_{oi}——原始含油饱和度;

V——总岩石体积,m^3;

B_{oi}——原始原油地层体积系数。

生产过程中随着原油的产出,压力下降。进一步地,原油饱和度下降,同时伴随着气从溶解状态中析出,还伴随着水的注入或天然侵入。剩余油的体积在地面储罐条件下可按照式(2.2)给出:

$$N - N_p = \phi N_G S_o V / B_o \tag{2.2}$$

式中 N_p——累计产油量，m^3；

S_o——原始含油饱和度；

B_o——原油地层体积系数。

方程中N_p是累计产油量（在地面条件下测得）。$N-N_p$就是地下剩余油量。采出程度R_f是采出油量除以原始地质储量：

$$R_f = N_p/N \tag{2.3}$$

用式（2.2）除以式（2.1），得到：

$$1 - R_f = \frac{B_{oi}S_o}{B_o S_{oi}} \tag{2.4}$$

可推导出：

$$R_f = 1 - \frac{B_{oi}S_o}{B_o S_{oi}} \tag{2.5}$$

在任何开发阶段，希望在经济和工程限制下，得到尽可能高的采收率。如何实现这个目标呢？从式（2.5）可知，希望剩余油饱和度尽可能低——尽可能地从孔隙中将原油开采出来。通常，剩余油饱和度是流体类型和注入或吸入方式的函数，且与压力相关。压力的作用是什么呢？从式（2.5）中也可看出希望B_o尽可能地大。对于气田，很简单，只要降压到合适水平，从而使气体膨胀。但对于油田，情况就不同了。如前面解释的，B_o仅在泡点压力时最大；不考虑注入策略时，意味着降压时不能降至泡点压力之下。

这个例子还说明了简单计算体积时，综合了从油藏到地面的转换，这可帮助从业者在油藏管理中获得有用的、定量的认识。现在，将介绍更加复杂的物质平衡方程，既包括油田也包括气田。

2.1 气田的物质平衡

对于气藏来说，尤其是小型气藏，一般不采用数值模拟方法。这时，物质平衡就是主要的气藏工程方法。

假设一个干气藏——不产油，也没有水体运动。那么可以假设气藏饱和度不变；后面再修改这个假设。看一下图2.1和图2.2，稍微改动一下命名方法（用g代替o）即可。

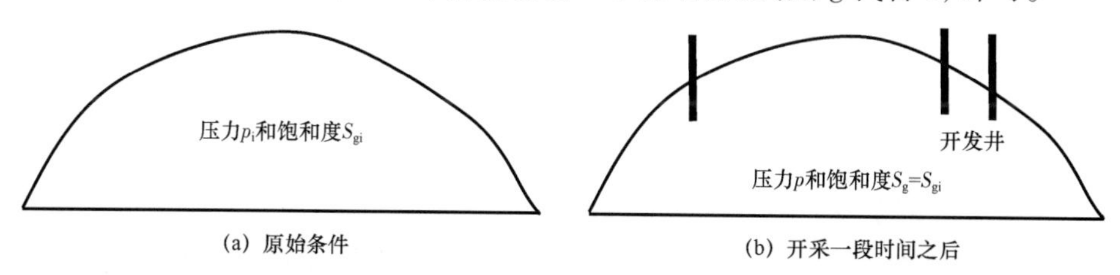

图2.2 气藏及开发过程示意图

气藏原始条件压力、饱和度和开采一段时间之后的压力、饱和度示意图。开采一段时间之后，气藏的压力和含油饱和度都会下降。假设该例子中没有水体，那么气藏的饱和度仍然保持不变可以很容易推导出与式(2.5)相似的物质平衡方程。一步步地练习直到能够熟练完成是很有必要的。如果能推导这些方程,而不是死记硬背,那么读者就有能力推导不同情况下的方程形式了(页岩气和凝析气)。

地表条件下的气的原始地质储量 G,可以表示为:

$$G = \phi N_G S_{gi} V/B_{gi} \tag{2.6}$$

式中 G——气的原始地质储量,m^3;

ϕ——孔隙度;

N_G——净毛比;

S_{gi}——原始含气饱和度;

V——总岩石体积,m^3;

B_{gi}——原始气的地层体积系数。

地表条件下的剩余气储量就是:

$$G - G_p = \phi N_G S_{gi} V/B_g \tag{2.7}$$

式中 G_p——累计产气量,m^3;

B_g——气的地层体积系数。

这里 G_p是累计产气量(地面条件下)。因此,地下的剩余气量就是 $G-G_p$,见式(2.7)。

在这种情况下,气的采出程度 R_f被定义为$R_f=G_p/G$。那么从式(2.6)和式(2.7)可以得到

$$R_f = \frac{G_p}{G} = 1 - \frac{B_{gi}}{B_g} \tag{2.8}$$

一般情况下,方程用 Z 因子表示。与式(1.7)相似:

$$R_f = \frac{G_p}{G} = 1 - \frac{pZ_i}{p_i Z} \tag{2.9}$$

式中 p——气藏的地层压力,MPa;

p_i——气藏的原始地层压力,MPa;

Z——气藏的压缩因子;

Z_i——气藏的原始压缩因子。

对于一个进入开发阶段的气田,希望能够知道气的原始地质储量(G)以及某个压力下的气的累计产量(G_p)。

“p/Z 图版”是一个气田分析的常规方法:按照式(2.9),斜率就是 GZ_i/p_i,当压力为 0 时就可以得到 G。

考虑一个简单的例子,$Z_i=0.8$,$p_i=200$atm。其他的生产数据列于表 2.1 中。

如图 2.3 所示,如何求出废弃压力为 50 个大气压,$Z=0.95$ 条件时的 G 和 G_p呢?

这个例子的机理很简单,但却是一个非常有用的分析,该分析可以基于生产数据对气藏规模做出估计,如此就可以签订气藏买卖合同了。存在的问题是如果想获得准确的估计,必须生产相当长一段时间。

表 2.1 $Z_i=0.8$ 和 $p_i=200$atm 时的生产数据

G_p(10^8ft^3)	p(atm)	Z	p/Z(atm)
0	200	0.80	250
1.53	180	0.85	212
2.56	160	0.86	186
3.78	140	0.90	156

在继续下面的介绍之前,有必要讨论一下数据的本质。

生产数据。G_p是一个气田的累计气产量,而不是单井产量。通常 p/Z 图版是逐井研究的,通过合理的近似,假设每口井都控制了油藏的一个相对独立的分区。但物质平衡方程也不仅仅能做这些,后面将会讨论物质平衡方程如何确定油藏分区。

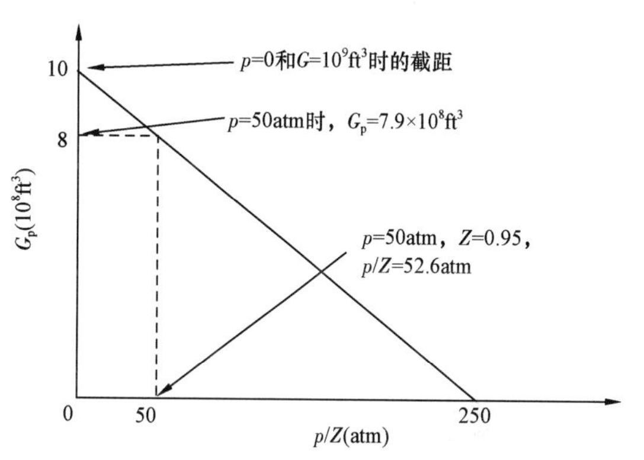

图 2.3 典型的气藏物质平衡 p/Z 图版,数据点来自表 2.1

压力。压力可在生产过程中,在井筒内测量。然而生产过程中,是井内压力最低的时候。严格地说,物质平衡中应用的压力是整个油藏的平均压力;是油藏在未生产时平衡时的压力。油藏平均压力通常在关井状态下,应用标准的试井分析流程来确定(比如应用流动模型将其作为无量纲时间的响应进行外推)。

废弃压力不是 1 个大气压。为什么是这样呢? 因为需要附加压力使气通过地面设备和管线流到处理站。这个压力还与生产速率的要求(或合同)相关。气可以加压,但需要附加的花费和能量,这就需要与增加产量的收益相权衡。

Z 因子。如之前提到的,Z 因子可以在实验室从气体样本测得。但更通常的是用测量的气体组分数据与图版数据进行比照。Z 因子还是气藏压力的函数。如果数据不可用,也可以通过之前的数据进行合理的外推来估计 Z(或 B_g)。

与其他数据的一致性。正像开始时提到的,一个好的油藏工程师的本质是评估不同来源的信息。如果有地震数据,那么理论上可以用来估计 G,通过测井确定气水界面,以及孔隙度、饱和度和净毛比。这需要与物质平衡获得的结果进行比较。如果两个结果在不确定性允许的范围内是一致的,就可以认为生产井控制了整个气田。如果地震数据解释的结果较大,通常指示了气藏中存在分区——比如生产井没有控制所有的可采气量——气田被分为了不同的区域。如果地震数据解释的结果较小,那么——假设地震数据是可靠的——指示了存在其他需要考虑的能量支撑了生产(如水体侵入)。这将在后面讨论。

2.1.1 束缚水和孔隙体积的压缩性

前述的分析忽略了孔隙内束缚水膨胀和岩石压缩对采收率的贡献。压缩性衡量的是单位压降下体积的变化比例。即便流体是膨胀的,技术上也称为“压缩性”。这有点像气球,如果释放压力,则气体会膨胀并从气嘴排出。压缩性大的流体在压降过程中排出,体积膨胀变大,从而产出更多的气体。在储层中,流体压力下降并膨胀,从岩石孔隙中排出油气到井筒中。岩石也是可压缩的,就像挤压海绵排出水一样,这也能够增加产量。但与海绵和空气不同,岩石和液体的压缩性低得多,因此体积的变化也相对较小。

图 2.4 是一个流体和岩石压缩性的示意图,以及这个过程如何贡献产量。当压力下降时,油气和水将会排出。岩石颗粒——由流体支撑而保持分离——开始聚到一起,导致孔隙度下降。

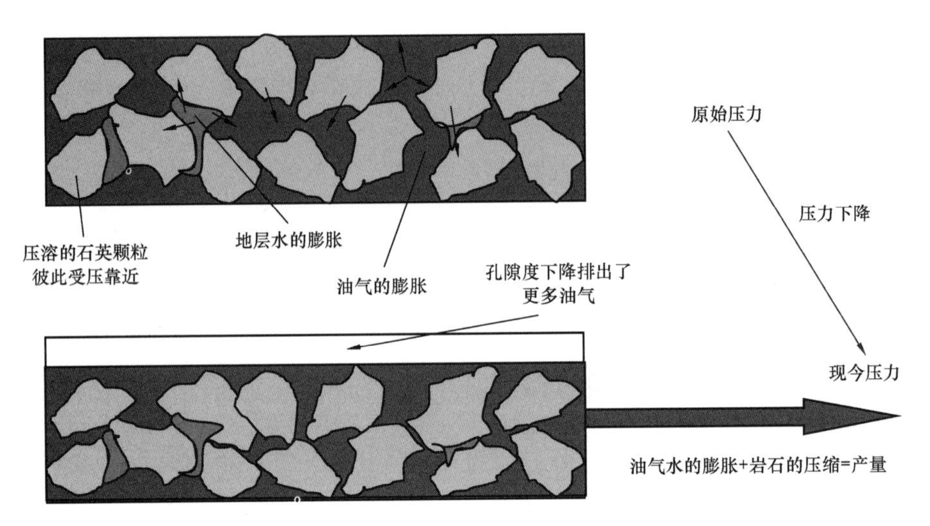

图 2.4 砂岩储层中的压实示意图

当油气的压力下降时,油水发生膨胀,而岩石被压缩。箭头指示了油气的膨胀、水的膨胀,以及岩石颗粒崩塌进入孔隙空间。为了表示清楚,这个影响被夸大了。所有这三个因素对产量作出贡献。体积的变化就等于产量

通过地层体积系数的应用,精确计算了油气的压缩性,将油藏体积转变为不同压力下的地层体积,但还需要计算由于水的膨胀和孔隙的减小导致的附加产量。

气所占的孔隙体积 V_g,如下:

$$V_g = (1 - S_{wc})\phi V \tag{2.10}$$

式中 V_g——气所占的孔隙体积,m^3;

S_{wc}——束缚水饱和度。

这里 S_{wc} 是束缚水饱和度(严格意义上是油藏条件下平均的原始含水饱和度,并且 $S_g = 1 - S_{wc}$)。V_g可以表示为 $V_g = V_p - V_w$,其中 V_g 是气所占的孔隙体积 ϕV,V_w是水的体积 $S_{wc}\phi V$。孔隙体积随着压力的变化包括两部分,地层的压缩性和水的压缩性。

$$\frac{\partial V_g}{\partial p} = \frac{\partial V_p}{\partial p} - \frac{\partial V_w}{\partial p} = V\frac{\partial \phi}{\partial p} - \frac{\partial V_w}{\partial p} \tag{2.11}$$

式中 V_g——气所占的孔隙体积,m^3;

V_p——总孔隙体积,m^3;

V_w——水的体积,m^3。

式(2.11)右侧第一项是岩石的压缩,第二项是水的膨胀。

通常,压缩系数 c 是体积随压力的微分方程:

$$c = -\frac{1}{V}\frac{\partial V}{\partial p} \tag{2.12}$$

式中 c——压缩系数,Pa^{-1}。

负号表示一般情况下,压力增加,体积减小。

水的压缩系数为:

$$c_{w} = -\frac{1}{V_{w}}\frac{\partial V_{w}}{\partial p} \tag{2.13}$$

式中 c_w——水的压缩系数,Pa^{-1}。

一般取值范围为 $5\times10^{-10}Pa^{-1}$。

对于固结岩石的压缩系数为:

$$c_{\phi} = \frac{1}{\phi}\frac{\partial \phi}{\partial p} \tag{2.14}$$

式中 c_ϕ——孔隙的压缩系数,Pa^{-1}。

注意,这里没有负号,因为压力下降,孔隙度下降,如图 2.4 所示。更准确地,就是孔隙压力下降导致孔隙度下降,只在垂直方向上发生了压缩。关于这一点的进一步讨论,笔者推荐著作“Compressibility of sandstones by R. W. Zimmerman, Elsevier Science Publishers, New York, NY, USA, ISBN 0444-88325-8(1991)”。

对于固结砂岩,岩石压缩系数与水相似,或比水更小,对非固结砂岩,可达 $10^{-7}Pa^{-1}$。

现在回到式(2.11),可将其表示为水和岩石的压缩系数:

$$\frac{1}{V_{g}}\frac{\partial V_{g}}{\partial p} = \frac{c_{\phi} + S_{wc}c_{w}}{1 - S_{wc}} \tag{2.15}$$

孔隙体积变化的比例受岩石压缩和水膨胀两个因素的影响,这与气田膨胀相比,都很小。

比如,$p_i = 300atm$,$S_{wc} = 0.2$,压降 100atm($\Delta p = 10^7 Pa$)。$c_w = 5\times10^{-10}Pa^{-1}$,$c_\phi = 10^{-9}Pa^{-1}$,假设各个压缩系数不随压力变化,那么根据式(2.15),体积的变化为:

$$\frac{\Delta V_{g}}{V_{g}} = \frac{c_{\phi} + S_{wc}c_{w}}{1 - S_{wc}}\Delta p \approx 1.4\% \tag{2.16}$$

对体积的变化,岩石的压缩约贡献 1%,原始水膨胀约贡献 0.1%,相对比例都很小。

另一个方法是将其视为非理想气体,见式(1.15)。从这角度结合式(2.12)对压缩系数的定义,可得:

$$c = -\frac{1}{V}\frac{\partial V}{\partial p} = \frac{1}{p} - \frac{1}{Z}\frac{\partial Z}{\partial p} \tag{2.17}$$

从式(2.17)中可以看出,气的压缩系数约为压力的倒数。因此,200atm 压力下的压缩系数就是 $5\times10^{-8}Pa^{-1}$,这比岩石大 50 倍,比水大 100 倍。

2.1.2 水驱气藏

现在忽略(通常很小)岩石和束缚水的压缩系数,考虑水体侵入的影响(图2.5)。

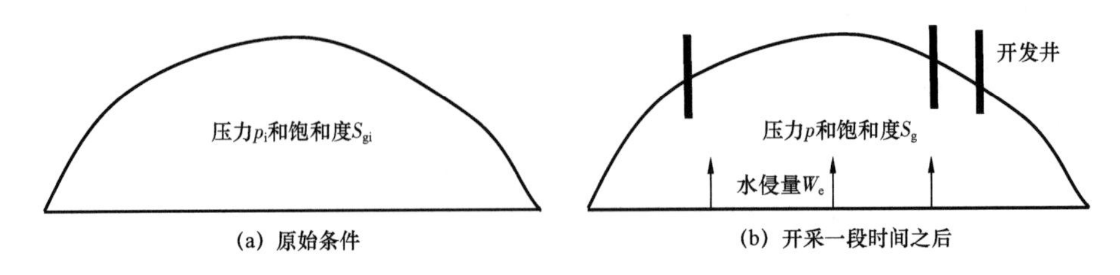

图2.5 气藏原始状态和开发过程示意图

气藏原始条件压力、饱和度和开采一段时间之后的压力、饱和度示意图。开采一段时间之后,气藏的压力和含油饱和度都会下降。该例子中假设有水侵入,图中用箭头指示

在介绍方程之前,有必要强调一下这一章采用的方法。首先,为什么忽略岩石压缩系数?如果考虑了岩石压缩系数真的会准确一些么?油藏工程师常被那些设计精巧的软件所迷惑,认为考虑更多变量和参数的模型比简单模型更好。然而,一个油藏的核心——生产机理和采收率的控制因素——常被大量的不深入的理解所掩盖。比如,在岩石压缩系数很小的时候,可以忽略,有时也会考虑岩石压缩系数,但需要对其影响有明确的认识。其次,在后面的完整物质平衡方程中将考虑岩石压缩系数。无论怎样,更主要的是理解其概念,而不是简单地应用复杂的方程或软件。

在这一部分,考虑水体的侵入。假设与气田连通的是一个巨大的水体。当气藏压力下降时,水体会流入气藏。此处只考虑一个简单的模型响应;还有许多其他水体模型可以应用,要了解其细节,笔者推荐其他课本。然而,需要再次强调,重要的是理解开发背后的解释和概念模式。

油藏工程花费大量时间在历史拟合上。这是为了让模型与生产历史吻合。虽然细节可能存在很大不同,但关键生产过程的概念数学模型都要与数据相一致;并找到与数据最匹配的模型属性。完成了这个,就可以做未来产量特征的预测了。在这一部分,就是要将水体侵入模型与生产数据保持一致。

定义 W_e是油藏条件下的水体侵入体积。如果有产出水,便需将其从地面条件转化为地下条件,再从 W_e中减去。

对于没有水窜的情况,水体补充了气在地下储层条件下减少的体积,对应的地面体积就是W_e/B_g。因此,代替式(2.7),剩余气体积就是:

$$G - G_p = \frac{\phi N_G S_{gi} V}{B_g} - \frac{W_e}{B_g} \tag{2.18}$$

式中 G——气的原始地质储量,m^3;

G_p——气的产量,m^3;

B_g——气的地层体积系数;

ϕ——孔隙度;

N_G——净毛比;

S_{gi}——原始含气饱和度；

V——总岩石体积，m^3；

W_e——水侵体积，m^3。

从式(2.6)得到

$$G_p = G\left(1 - \frac{B_{gi}}{B_g}\right) - \frac{W_e}{B_g} \tag{2.19}$$

注意，在一个给定的压降下，水侵量越大，对应的产气量应越大。

W_e/GB_{gi}是原始含气体积中被水侵入的体积比例，数值上总是小于1。

2.1.3 简单水体模型

如上面提到的，存在不同的水体侵入模型。最简单的是有限水体模型；假设气藏与水体相连，气藏压力下降，水体马上响应。这近似于相对慢的生产速度、较小的水体和很好的储层连通性。

简单假设水体侵入是由于饱和水的岩石和水体膨胀造成的。假设水体孔隙度是ϕ，水体对应的地下体积是V_a，那么水的体积就是$W = \phi V_a$（油藏条件下），类比式(2.11)，水体体积的变化，即水的侵入量或水体的减小量就是：

$$W_e = \Delta W + V_a \Delta\phi \tag{2.20}$$

式中 W_e——水的侵入量，m^3；

ΔW——水体中，水的体积变化，m^3；

V_a——水体对应的储层体积，m^3；

$\Delta\phi$——孔隙度的变化量。

第一项对应于水体的膨胀（是水体体积的变化），第二项对应于压力下降、孔隙体积减小，水从赋存水体储层中被挤出，侵入气藏中。两项都是负号，因为都是随着压力下降，水的侵入量增加。当水膨胀时，同时孔隙体积收缩，水一定要有去处——便会侵入了气层，造成了水的侵入。再应用定义压缩系数的式(2.13)和式(2.14)：

$$W_e = (c_w + c_\phi) W \Delta p \tag{2.21}$$

式中 p——地层压力，MPa；

c_ϕ——孔隙的压缩系数，Pa^{-1}；

c_w——水的压缩系数，Pa^{-1}。

注意符号$-\Delta p = (p_i - p)$是压力降（负号指示压力下降），但是，对孔隙度来说，孔隙度的下降导致孔隙体积下降，从而增加了水体的侵入。

可以简化方程，并用一个整体的压缩系数来表示：

$$W_e = (c_w + c_\phi) W \Delta p = Wc\Delta p \tag{2.22}$$

式中 c——岩石和水的总的压缩系数，Pa^{-1}。

随着水体的增大和岩石压缩系数的增大，可以看到在给定压降时，将会获得更大的产量。

2.1.4 水体拟合

应用水体模型,如果有足够的压力和生产数据,就可以预测气藏原始地质储量。对于有限水体模型,从式(2.19)和式(2.22)得到物质平衡方程为:

$$G_p = G\left(1 - \frac{B_{gi}}{B_g}\right) + \frac{Wc\Delta p}{B_g} \tag{2.23}$$

整理得式(2.24):

$$\frac{G_p}{1 - \dfrac{B_{gi}}{B_g}} = G + \frac{Wc\Delta p}{(B_g - B_{gi})} \tag{2.24}$$

这是一个线性方程,截距是 G,斜率是 Wc,式中的综合变量是未知的——也没有必要分别知道 W 和 c。

按照生产数据 G_p 是压力 p 的函数,在确定了 B_g 之后,就可以确定 G 和水体强度 Wc。用 $\dfrac{G_p}{1 - \dfrac{B_{gi}}{B_g}}$ 作 Y 轴,$\dfrac{\Delta p}{(B_g - B_{gi})}$ 作 X 轴,截距是 G,斜率是 Wc。

表 2.2 是一个简单的例子,黑体字是分析前需要知道的信息。另两列是从数据计算得到的,交会图如图 2.6 所示。

表 2.2 水体分析数据实例

$G_p(10^6 ft^3)$	p(MPa)	B_g(bbl/ft^3)	$x = \dfrac{\Delta p}{(B_g - B_{gi})}$	$y = \dfrac{G_p}{1 - \left(\dfrac{B_{gi}}{B_g}\right)}$
0	**34**	**0.00234**		
72	**33**	**0.00298**	1562.5	335.25
112	**32**	**0.00345**	1801.801802	348.1081081
129	**31**	**0.00354**	2500	380.55
155	**30**	**0.00399**	2424.242424	374.8181818

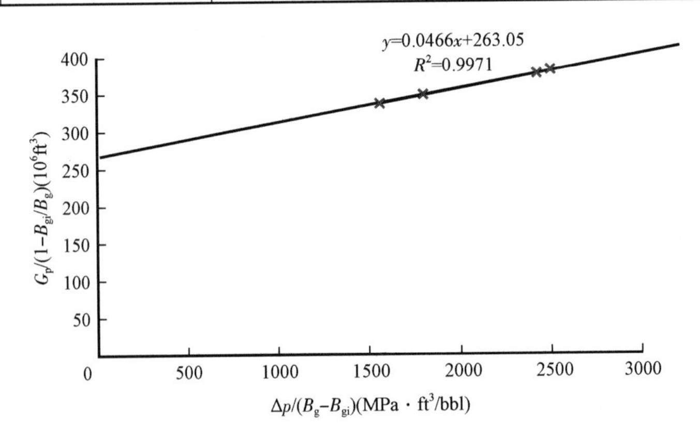

图 2.6 气藏水体分析交会图

使用表 2.2 数据绘制交会图。直线的斜率对应水体能量 Wc,截距对应气的原始地质储量 G。注意单位,并使用适当的数据精度从图 2.6 中可直接获得未知的参数——Excel 就可以自动给出一个最佳的线性拟合。然而，有两点需要注意。第一是单位，G 的单位是 10^6ft^3；Wc 的单位由 Y 轴的单位(10^6ft^3)除以 X 轴的单位(MPa · ft^3/bbl)得到。消掉后，留下的单位是 bbl/Pa。在每个例子中这都需要注意。

另外一个常见的错误是给结果确定一个荒唐的精度和隐含的准确性。这通常是由于在线性拟合中应用了较大的有效数字位数所导致的。对于实际油田数据，G 的误差约 10%，因此没必要对结果保留超过两位的有效数字。

因此，本例的最终结果就是 $G = 260 \times 10^6 ft^3$，$Wc = 0.047$(或 0.05)bbl/Pa。对油藏工程师来说，通常先作 p/Z 交会图，看看是否符合直线。偏离了直线说明有水体存在；这时就要用到水体模型进行拟合，并找到一个拟合最好的结果。但笔者并不建议这样做，相反，笔者建议直接用这个交会图，因为 p/Z 交汇图通常都不是直线，但油藏工程师常常有意忽略这一点；很容易让自己相信偏离直线的数据是噪声。如果没有水体，这个图就是水平线，有了倾斜就意味着有水体。

因此图 2.6 是分析气藏的有力工具，可以确定气的地质储量和水体能量。

2.1.5 残余气和最终采收率的影响

水侵的作用是，当发生一定的压降时，会有更多的产量——从而增加开发速度，减小泵的需求。缺点是一旦发生了水窜，将在孔隙中以小气滴的形式封闭残余气。这会在后面讨论。残余气增加将降低气的最终采收率，因此在高压下采气速度快，但总产气量通常较低。

残余气饱和度在初期是不清楚的，需要通过对储层中岩样开展岩心驱替实验获得。用 S_{gr} 表示残余气饱和度。

现在计算水驱扫整个气藏直至残余气的情况——对应着最大采收率；实际中，在达到该点前，将有大量的水产生。气藏原始饱和度 $S_{gi} = 1 - S_{wc}$ 将降至 S_{gr}。饱和度的变化是 $1 - S_w - S_{gr}$。气在储层条件下体积变化为 $V\phi(1 - S_w - S_{gr})$。这意味着水侵量是：

$$W_e = Wc\Delta p = V\phi(1 - S_w - S_{gr}) \tag{2.25}$$

式中 S_w——含水饱和度；

S_{gr}——残余气饱和度。

此外还知道 $V\phi(1 - S_{wc}) = GB_{gi}$，这就是在气藏条件下气的原始地质储量，因此：

$$Wc\Delta p = \frac{GB_{gi}(1 - S_{wc} - S_{gr})}{(1 - S_{wc})} \tag{2.26}$$

式中 S_{wc}——束缚水饱和度。

式(2.26)可用于计算最终压力下的水侵量。如果 $\Delta p = p_i - p_f$，这里 p_f 是最终压力，前文的分析已经确定了 G 和 W_c

$$p_f = p_i - \frac{GB_{gi}(1 - S_{wc} - S_{gr})}{Wc(1 - S_{wc})} \tag{2.27}$$

式中 p_f——气藏最终地层压力，MPa；

p_i——气藏原始地层压力，MPa。

知道了最终压力，就可以得到最终采收率，通过式(2.23)和式(2.26)得到：

$$R_{\mathrm{f}}=\frac{G_{\mathrm{p}}}{G}=\left(1-\frac{B_{\mathrm{gi}}}{B_{\mathrm{g}}}\right)+\frac{B_{\mathrm{gi}}(1-S_{\mathrm{wc}}-S_{\mathrm{gr}})}{B_{\mathrm{g}}(1-S_{\mathrm{wc}})}=1-\frac{B_{\mathrm{gi}}S_{\mathrm{gr}}}{B_{\mathrm{g}}(1-S_{\mathrm{wc}})} \tag{2.28}$$

式中 R_f——气藏采收率。

注意这个方程与式(2.5)有相同的形式——前文第一次介绍的物质平衡方程——如果用下标 g 代替 o,并且注意原始含气饱和度是 $1-S_{wc}$,最终含气饱和度是 S_{gr},那么方程就可以被简单快速地推导出来了,直接考虑地下和地面条件,现在就可以试着做一下。

这里有一个微妙的值 B_g,这里用到的 B_g对应式(2.27)计算的最终压力条件。

这里总结一下对气藏的讨论。物质平衡在这些条件下非常有用,因为有明显的压降,并且伴随气的非线性膨胀、这可以与有水体支撑的情况相区别。这些分析总是必须的,可以是对数值模拟的补充,也可以独立存在;不能偏好计算机分析而忽略了这些工作。

2.2 油藏的物质平衡

这里将推导和应用物质平衡方程,这些方程最早是由 Schilthuis 在 1936 年推导和应用的,并对其做一些简化。这是物质平衡方程的一般形式,考虑了油气水的膨胀、水体的侵入和岩石的压缩。本节将用其研究油藏,这些油藏可能有气顶,也可能没有。

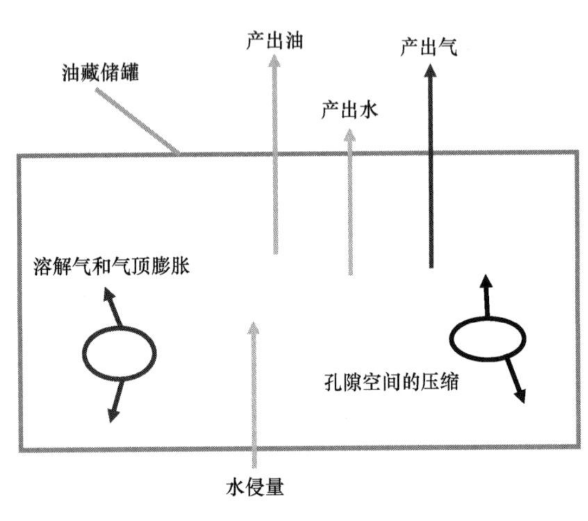

图 2.7 物质平衡示意图
将油藏按照均质储罐处理。岩石和流体的膨胀量与流体的产出量相等

概念图如图 2.7 所示。储层发育孔隙,其中装着油气水。储层表示为一个均质属性的储罐,仅压力发生变化。当压力下降时,流体膨胀,孔隙体积因岩石压缩而减小。这些体积的变化如何协调?流体将被产出。因此岩石和流体的体积变化等于油藏条件下产出流体的体积。逐一考虑每项的贡献构建物质平衡方程;原油体积的增加主要是因为膨胀。不必担忧生产过程——最后都会等同于产出的流体在油藏条件下的体积。

首先,定义标准条件下的油藏地质储量 N:

$$N=\frac{\phi V(1-S_{\mathrm{wc}})}{B_{\mathrm{oi}}} \tag{2.29}$$

式中 V——含油岩石的总体积。

定义 m 为油藏条件下,气顶体积与原油体积的比。

N_p是标准状况下,原油的总产量。

R_p是累计气油比,为标准状况下累计产气量除以累计采油量。注意与溶解气油比 R_s和生产气油比 R 不同(R 是产量的比,不是累计的)。

初期,按照这些定义,在油藏条件下,原油体积为 NB_{oi},气顶体积为 mNB_{oi}。地面体积是:

$$G = mNB_{oi}/B_{gi} \tag{2.30}$$

现在考虑膨胀——在油藏条件下——包括流体和岩石在生产一段时间以后的情形。

油和溶解气的膨胀，E_o。原油的膨胀等于目前的体积减去原始体积，即 $N(B_o - B_{oi})$。这一项可能是负号——因为溶解气逸出，原油体积收缩。但也有一部分贡献，就是溶解气逸出后膨胀。初始条件下，如果所有的油都被带到地面，溶解气的体积就是 NR_{si}。后期体积是 NR_s，如果降到泡点压力以下，这一项就会比较小，因为溶解气已经跑出来了。差异 $N(R_{si} - R_s)$ 是逸出溶解气的地面体积。用气的地层体积系数转化到地下，溶解气的膨胀量是 $NB_g(R_{si} - R_s)$。油和气的总的膨胀量就是：

$$NE_o = N[B_o - B_{oi} + B_g(R_{si} - R_s)] \tag{2.31}$$

这一项总是正的，因为油气在压力下降时膨胀。注意 E_o是体积变化的比例，体积本身需要乘以 N。

气顶膨胀比 E_g。气顶的原始地面体积是 G，由式(2.30)给出。因此原始地下体积是 GB_{gi}。一些时间之后，这个气的地面体积是不变的，还是 G(这时还没有生产)；地下体积是 GB_g。气的地下体积的改变与油相似，是 $G(B_g - B_{gi})$。应用式(2.30)可知：

$$mNE_g = mNB_{oi}\left(\frac{B_g}{B_{gi}} - 1\right) \tag{2.32}$$

注意 E_o，E_g都是比例，换算成体积需要乘 mN。

原始的水膨胀率和岩石压缩率，E_r。这些影响在气藏部分都已经考虑了。定义V_h为总的含油气的孔隙体积，V_t是气藏总的岩石体积——包括含油部分和气顶部分。油气的体积就是$V_h = V_t\phi(1 - S_{wc}) = V_t\phi - V_w$，这里$V_h$是油藏加气顶部分总的岩石体积，$V_w$是对应总的水的体积。那么与式(2.11)相对应，有：

$$\frac{\partial V_h}{\partial p} = V_t\frac{\partial \phi}{\partial p} - \frac{\partial V_m}{\partial p} \tag{2.33}$$

与前面一样，右侧第一项代表岩石的压缩性，第二项代表水的膨胀。用式(2.13)和式(2.14)分别定义的水和岩石的压缩系数可以发现，与式(2.15)相似的有：

$$\frac{1}{V_h}\frac{\partial V_h}{\partial p} = \frac{c_\phi + S_{wc}c_w}{1 - S_{wc}} \tag{2.34}$$

然后与前面一样用常数压缩系数，$\Delta p = p_i - p$(注意符号——还是以物理意义来确定)，有：

$$\Delta V_h = V_h\left(\frac{c_\phi + S_{wc}c_w}{1 - S_{wc}}\right)\Delta p = (1 + m)mNB_{oi}\left(\frac{c_\phi + S_{wc}c_w}{1 - S_{wc}}\right)\Delta p \tag{2.35}$$

引用前面的定义来表示$V_h = (1 + m)mNB_{oi}$。油气在地下体积的变化也对产量有贡献，从式(2.25)定义这个膨胀为：

$$(1 + m)NE_r = (1 + m)NB_{oi}\left(\frac{c_\phi + S_{wc}c_w}{1 - S_{wc}}\right)\Delta p \tag{2.36}$$

水侵量,W_e。这也在气藏部分讨论过了。通常,这一项就表示为 W_e。后面会假设不同的水体模型。这里只考虑有限水体模型 $W_e = Wc\Delta p$,见式(2.22)。

总产量,F。地面条件下产油、气和水。需要应用各自的地层体积系数换算为地下条件的产量。对于气,需要去掉溶解气的量R_sN_p,因此:

$$F = N_p[B_o + (R_p - R_s)B_g] + W_pB_w \tag{2.37}$$

注意引入了水的地层体积系数B_w。

这个值通常接近于1,但可能在地下条件,因为在卤水中有溶解气(如二氧化碳)而变大。

最终的物质平衡方程。物质平衡方程是建立在地下条件下的,流体的产出量和所有不同因素的膨胀量等式如下:

$$F = N[E_o + mE_g + (1+m)E_r] + W_e \times [B_o + (R_p - R_s)B_g] + W_pB_w = N[B_o - B_{oi} + B_g(R_{si} - R_s)] + mNB_{oi}\left(\frac{B_g}{B_{gi}} - 1\right) + (1+m)NB_{oi}\left(\frac{c_\phi + S_{wc}c_w}{1 - S_{wc}}\right)\Delta p + Wc\Delta p \tag{2.38}$$

物质平衡分析的优点是当只有作为压力函数的相特征和生产历史已知的时候,可简单、快速应用于实际油藏,可提供对油藏连通体积和生产过程有价值的信息。

主要的缺点是缺少时间概念,并且是油藏的平均性质。数值模拟对大型油藏更好,尤其是注水保持压力的情况。物质平衡在缺少生产历史的情况下通常效果较差或存在不确定性。

现在将用物质平衡研究不同开发机理油藏的采收率;物质平衡可以确定不同开发过程对采收率的贡献。理论上,可以应用完全的物质平衡,见式(2.38),并找到最佳吻合的三个位置量:N,m,Wc。也可以确定每一个膨胀因素对产量的贡献。应用软件只是个基本工作,因此,这里应用相对简单的处理,考虑一个机理即可。只有两个未知参数的情况,可通过直线回归交会图得到未知参数。

2.2.1 泡点压力以上的生产

这里假设没有气顶的情况。产量来自油和溶解气的膨胀,再加上水的侵入。

首先,为什么考虑没有气顶的情况?考虑原始油藏压力——尤其是油藏顶部的压力,如果有气顶,那么在油气界面处就是泡点压力;气层压力一定是露点压力。因为油气已经保持了数百万年的热力平衡。如果油藏压力低于泡点压力,则气会溶入原油,直到达到泡点压力。所有剩余的气都将进入气顶。类似地,气层是露点压力;如果压力更高,油将会析出并进入油层中。油气唯一的状态就是处于平衡状态。因此,远远高于泡点压力的油藏不会发育气顶——气同样不能与油接触。

什么是“远远高于”?首先考虑对泡点压力测量和预测的不确定性。其次,参考深度可能不是地层的顶,需要校正。如果考虑了这些以后仍不可能使油气界面处的压力为泡点压力,那么油藏就没有气顶了。如果油藏接近泡点压力,可能也没有气顶,也可能有这样的巧合。

第二个指示气顶的信息来自测井曲线的直接测量,就是气油界面检测,以及地震检测,这可以直接指示气顶的存在。一个好的油藏工程师可以综合信息并建立一个与所有数据一致的模型。试着用有气顶的模型拟合生产数据,因为这种情况更常见,并且如果其他证据证实了没有气顶,气结果的准确性对其也不敏感。

确定是否存在水体更难,因为大部分油藏下面都有水。当然,如果这不是个例子,假设一个没有水体的情况也没有意义。虽然如此,存在与油接触的水也不是工程意义上的存在水体。水体的大小和是否有足够的渗透性对产量的影响差异很大。只通过测井和地震明确地确定这个很难(甚至是不可能的)。用复杂的数值模拟模型也不行,因为一开始就没有输入水体,如果一开始的假设就没有水体,模型中也不会神奇地出现水体。类比可能是一种方法。最后,就是用物质平衡确定是否存在水体及其强度,如下面所说的。

在泡点压力以上,式(2.38)简化为:

$$F = E_o + E_r + W_e$$

$$N_p B_o + W_p B_w = N(B_o - B_{oi}) + NB_{oi}\left(\frac{c_\phi + S_{wc}c_w}{1 - S_{wc}}\right)\Delta p + Wc\Delta p \tag{2.39}$$

第一项——油的膨胀——可按式(1.12)用油的膨胀系数表示。$N(B_o - B_{oi})$是地下条件油的体积的变化。假设膨胀系数是常数,则有:

$$\frac{B_o - B_{oi}}{B_{oi}} = c_o\Delta p \tag{2.40}$$

式(2.39)可变为:

$$N_pB_o + W_pB_w = \left(c_o + \frac{c_\phi + S_{wc}c_w}{1 - S_{wc}} + \frac{W_c}{NB_{oi}}\right)\Delta p \tag{2.41}$$

这看起来有点复杂,物理方程式(2.41)表示产出流体的地下体积与压力下降成比例。因此产量可以用压力降来衡量。但比例的常数是多少? 这是油、水、岩石压缩系数和水体的加权平均,可以大致认为随压力变化是常数。岩石、水和油的压力系数可以测得,水体的相对贡献不能只通过这个分析获得,因为不能分别知道 N 和 W。因此,物质平衡不能区分这是一个大油藏伴随小水体还是一个小油藏伴随大水体。补充的数据——如地震上估计的 N——对了解其生产机理就很有必要了。这只是比较气的非线性膨胀和油、水的线性膨胀,使其生产过程可确定。

再次强调,理解概念比用软件得到一个拟合好但可信性低的结果更重要。

如果没有水体支持,可以忽略水的产量,那么式(2.41)可以进一步简化为:

$$N_p B_o = NB_{oi}c_e\Delta p \tag{2.42}$$

式中 c_e——有效压缩系数。

$$c_e = c_o + \frac{c_\phi + S_{wc}c_w}{1 - S_{wc}} \tag{2.43}$$

用之前例子中的数值 $c_w = 5\times10^{-10}\,\text{Pa}^{-1}$, $c_\phi = 10^{-9}\,\text{Pa}^{-1}$, $c_0 = 1.5\times10^{-9}\,\text{Pa}^{-1}$, $S_{wc} = 0.2$, $S_{oi} = 0.8$,可得有效压缩系数为 $c_e = 3\times10^{-9}\,\text{Pa}^{-1}$。

对于该例子来说,泡点压力条件下的采收率为:

$$R_f = \frac{N_p}{N} = \frac{B_{oi}}{B_o}c_e\Delta p \tag{2.44}$$

以一个原始油藏压力高于泡点压力 100atm 的油藏为例，假设 B_o 随压力的变化较小，则采收率约为 3%。

这个例子表明，没有气顶、水体较小的油藏，如果保持压力在泡点压力以上，要获得较高的采收率，必须注水保持压力生产。

通常物质平衡被认为要有生产数据才能分析，而实质上也可以在开发之前辅助注入设计。油藏开发的一个关键不确定性就是是否存在对产量有贡献的水体。不幸的是，投资决策常基于乐观的愿望和“相似”经验，这通常不对。应当考虑一个最悲观的情况——没有水体——在生产设施的设计上保持灵活性，以便在这种情况下可以采取注水。在注水之前压力能保持多长时间？确定不了可以作为托词，但物质平衡可以不依赖时间。但现在——与一些优秀的油藏工程师一样——附加的信息需要综合。通常，要依据生产速度确定设计设备，也就是产量 Q（bbl/d）。需要一个油的地质储量 N（最好也是一个范围）。那么达到泡点压力的时间就是 NR_f/Q(d)，R_f 由式(2.44)给出。通常速度是每年 0.2，那么时间就是 1~2 年。需要明确是否压力按照预期下降了，可能需要及时注水，或者限制速度，否则就会降到泡点压力以下，从而产生气，伤害储层。也可用同样的方式——下面所述——如果有水体的话，根据生产速度，预测压力下降多快，如果需要，是否有现成的压力保持方案。

2.2.2 溶解气驱

现在考虑将压力降至泡点以下。这时采收率由溶解气的膨胀决定——被叫作溶剂气驱。正如前面气驱部分所说的，气的压缩系数通常比岩石和水大数倍，为了简化处理，可以忽略岩石和束缚水的影响。如果数据质量好，或者压缩系数较高可以考虑。

假设没有水侵入（一般有快速压降的情况就是没有活跃水体存在），式(2.38)变为：

$$F = NE_o$$

$$N_p[B_o + (R_p - R_s)B_g] = N[B_o - B_{oi} + B_g(R_{si} - R_s)] \tag{2.45}$$

确定溶解气驱的方法是 F/E_o 不随压力变化——等于油的地质储量 N；后面介绍一个更好的分析方式，包括存在气顶的情况。采收率是：

$$R_f = \frac{N_p}{N} = \frac{B_o - B_{oi} + B_g(R_{si} - R_s)}{B_o + (R_p - R_s)B_g} \tag{2.46}$$

气的膨胀对采收率贡献很大，直到达到某个临界值 S_{gc}，这时气体在孔隙中成为连续相，先于油被采出来。多余的气被采出来，油田变为了气田，残留了大量的油在后面。理论上，S_{gc} 可以在实验室测得，虽然确定一个代表性的值有挑战；经常在模拟中，错误地假设一个较高的值，在这之下，气的相对渗透率为 0。借此允许压力降至泡点以上而没有气产出；事实上，气在很小饱和度下就能流动。只是在连续以后更加明显。需要一个更准确地气的相对渗透率模型，这很难通过对一个临界值简单赋值而获得。后面将会讨论相对渗透率。

一旦确定了 N，就可以估计平均含气饱和度了。气的地质储量是 NB_{oi}。一段时间以后，油的体积就是 $(N_p - N)B_o$。如果忽略岩石压缩和束缚水膨胀，那么体积的变化就是由气引起的。通过除以孔隙体积来获得气的饱和度。

$$S_g = \frac{NB_{oi} - (N - N_p)B_o}{NB_{oi}/(1 - S_{wc})} = \left[1 - \left(1 - \frac{N_p}{N}\right)\frac{B_o}{B_{oi}}\right](1 - S_{wc}) \tag{2.47}$$

通过饱和度可以确定采收率。

$$R_f = \frac{N_p}{N} = 1 - \frac{B_{oi}}{B_o}\frac{1 - S_{wc} - S_g}{1 - S_{wc}} \tag{2.48}$$

这个推导很复杂,但可直接通过物质平衡式(2.5)获得。

举一个典型的例子,$S_g = S_{gc} = 0.3$,$S_{wc} = 0.2$,$B_o/B_{oi} = 0.88$,$R_f = 29\%$。在大量产气之前,油田废弃时,溶解气驱的采收率为20%~30%。进一步地,很难再产油了。想要通过注水提高压力提高采收率,但水很容易压缩气,却很难提高油的采收率。

现代油藏工程中,溶解气驱只在三次采油时是一个不错的选择。初次采油到泡点压力,然后水驱保持压力,再然后压力下降,只有残余油。这是通过产油而不是注水的方式来简单的实现。油田按照其他来管理。对于轻质油,且有销售网络时是个很好的选择。这个概念最早由Shell在北海布伦特油田提出,现在经常在具有较好管线设备的成熟油田被考虑。

2.2.3 气顶驱

现在考虑气顶驱。忽略水的侵入,以及岩石和束缚水的膨胀。如前面提到的,油藏处于泡点压力,生产过程中,原始油藏压力降到泡点以下。结果是既有气顶膨胀,也有溶解气膨胀。物质平衡方程式(2.38)变为:

$$F = N(E_o + mE_g)\ N_p[B_o + (R_p - R_s)B_g] =$$

$$N\left[B_o - B_{oi} + B_g(R_{si} - R_s) + mNB_{oi}\left(\frac{B_g}{B_{gi}} - 1\right)\right] \tag{2.49}$$

这里简化式(2.49)为线性形式:

$$F/E_o = N + NmE_g/E_o \tag{2.50}$$

这里生产数据和流体属性是压力的函数。计算每个压力下的F,E_o,E_g。然后用F/E_o作Y轴,E_g/E_o作X轴。截距就是油的地质储量。数据点的倾斜指示存在气顶。斜率是Nm,这里可以简单确定相对气顶规模m。直接用油田的单位,不用转换,因为这里处理的是量的比值。N的单位是bbl,m无量纲。

为了更清楚,表2.3给出一个简单的例子。与气藏的一样,需要处理的数据用黑体表示。

表2.3 一个油藏物质平衡分析例子的相关数据表,油藏无水体,但存在气顶

N_p (10^6bbl)	G_p (10^6ft^3)	p (MPa)	R_s (ft^3/bbl)	B_o	B_g (bbl/ft^3)	F	E_o	E_g	$y=F/E_o$	$x=E_g/E_o$
0	**0**	**32**	**400**	**1.356**	**0.000187**					
1.41	**480**	**30**	**400**	**1.361**	**0.000199**	1.902294	0.005	0.087016	380.4588	17.40321
1.98	**1568**	**28**	**370**	**1.355**	**0.000213**	2.86084	0.00539	0.188535	530.7681	34.97862
3.41	**3016**	**26**	**345**	**1.349**	**0.000251**	5.061817	0.006805	0.464086	743.8379	68.19773
5.78	**6890**	**24**	**295**	**1.335**	**0.000302**	9.28214	0.01071	0.833904	866.6797	77.86216

如图 2.8 所示,最佳的拟合数据是 $N=250\times10^6$bbl,$mN=7.6\times10^6$bbl,或 $m=0.03$。这个例子中只有一个较小的气顶,但其膨胀量比油大得多。较小的气顶有较大的膨胀。注意总的采收率只有 2%,即实际的膨胀体积并不大。

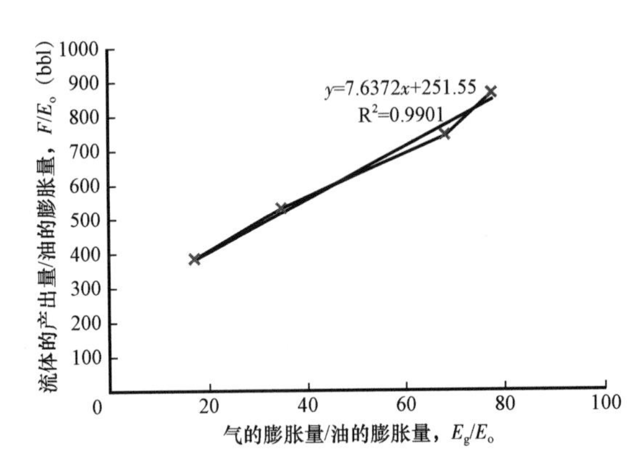

图 2.8 表 2.3 数据交会图

截距 N 为油的地质储量,斜率 mN 为气顶的相对体积

要想理解这一点,最好自己操作一下。书后有很多测试。一旦机理明白了,就可以用软件来做了,并且可以有信心做实际油藏。笔者建议即使不知道有没有气顶,也做一下,如果没有,则线为水平状。

如果有气顶,则采收率比单独为溶解气要高;气在上,膨胀时将油向下推。综合更合理的布井方式,产多余气的问题可能被改善,尽管速度快了容易引发锥进,增加气油比。一般采收率在 25%~35%,但如果速度慢,也能达到 70%,如果让气向下驱油,将会达到一个非常低的最终饱和度。这个泄油机理后面讨论。本节的例子中是一个非常小的气顶,压力下降很大,采收率也很小,因此主要是溶解气驱。

2.2.4 天然水驱

天然水驱或水体驱在气藏部分已经讨论了。这里简化处理,假设没有气顶,岩石和束缚水的压缩系数也很小。式(2.38)变为:

$$F = NE_o + Wc\Delta p$$

$$N_p[B_o + (R_p - R_s)B_g] + W_pB_w = N[B_o - B_{oi} + B_g(R_{si} - R_s)] + Wc\Delta p \quad (2.51)$$

这里假设一个简单的有限水体,虽然有的地方其他模型可能更准确。

再一次把方程表示为线性:

$$F/E_o = N + Wc\Delta p/E_o \quad (2.52)$$

与气顶驱一样,用 F/E_o作 Y 轴,用 $\Delta p/E_o$作 X 轴。N 就是截距,Wc 就是斜率。因此,也需要注意单位。E_o用 bbl/bbl。如果 Δp 用 psi,那么 Wc 就是 bbl/psi。最好的理解方法就是例子,但这里先不举实际例子了。

2.2.5 压实驱

最终的主要回收机制是压实驱,其中岩石的压缩性非常重要。委内瑞拉的 Bachaquero 油田是一个例子,这里 $c_\phi=15\times10^{-9}\text{Pa}^{-1}$,压实贡献采收率的 50%;岩石压缩很重要,墨西哥湾的差胶结和未胶结的砂岩也是一个例子。

在没有气顶的情况下,如果岩石压缩超过了水体支撑,那么:

$$F = N(E_o + E_r)$$

$$N_p[B_o + (R_p - R_s)B_g] + W_pB_w = N[B_o - B_{oi} + B_g(R_{si} - R_s)] + NB_{oi}c_\phi\Delta p/S_{oi} \quad (2.53)$$

这一阶段，用 F/E_o 做 Y 轴，$B_{oi}\Delta P/E_o$ 作 X 轴：

$$F/E_o = N + NB_{oi}c_\phi\Delta p/S_{oi}E_o \tag{2.54}$$

截距就是 N，斜率就是 Nc_ϕ/S_{oi}。当然，岩石压缩系数可以通过岩样测量，但可能无法代表全油藏。这个方法的优点是用生产数据降低了流动平均的压缩系数——也应该与测量值比值比较一致性，但从物质平衡中得到的数据更有说服力，因为这代表了全油藏开发过程中的平均特征。

这里总结一下用物质平衡分析初次采油不同阶段的开发机理。通常用商业软件进行分析，这很好，可以同时考虑多个开发机理，但不能够代替自身对开发的清晰理解。

2.2.6 速率的关联

物质平衡没有直接考虑速度——流体流动。其假设采收率对速度不敏感。这对溶解气驱和储层连通性好的强水驱油藏是合理的近似。

然而，泡点压力以上，弱水驱油藏对开发速度敏感。开发速度过快，水体来不及反应，则采收率比那些开发速度慢、水体有时间反应的油藏采收率低。

其他对开发速度敏感的生产过程还包括重力分异明显的油藏。快速生产导致流体无法分异，导致采收率偏低。较高的开发速度还导致更多水锥，增加了产水和产气量。

设计开发速度时，这些都需要记在脑子里。最后，还需要用数值模拟评估采收率对速度的敏感性。

2.2.7 物质平衡要点概述

对有实质性压力下降的油藏都要开展物质平衡分析，这对于小油藏初次采油和大部分气藏都是主要的分析方法。应用生产历史预测油、气储量和采收率。生产得越多，结果越准确。

方法在概念上与试井分析等油藏工程方法相似。第一步，也是最难的一步，确定油藏驱动类型。油藏工程师需要综合所有数据对开发机理做出合理评估。

在这一部分，介绍了如何交会数据从而使其呈直线，根据斜率和截距确定所需参数。为了加深理解，书后附加了一些作业。

第3章 递减分析

递减曲线分析是通过监测采油速度预测产量递减的一种经验方法;它也是物质平衡分析的一个简单补充,因为在物质平衡方法中未考虑速率的因素。

递减曲线分析法对于项目经济性非常重要。递减速率取决于井筒状况、井距、地面设施、孔隙度、渗透率、油层厚度、裂缝、相对渗透率、储层破坏(程度)、驱动方式、压缩系数及产气情况等。事实上这一系列问题在后面的章节中也会提到,理想状态下,生产数据应该与基于实物(物理意义)的流动模型(解析的或数值的)相匹配。这里只是简要介绍一下术语和一些递减类型实例,但并不是取代流动模拟的更为严格的方式。

这里所展示的大多数方程,都是在油藏模拟和现代方法研究流动过程出现之前,由 Arps (1956)第一次提出来的。因此,尽管它提供了一种对产量简单分析的方法,但其预测是极其不可靠的,除非与恰当的流体模型相结合。递减曲线分析目前应用于解释和预测页岩油和气藏的开发行为,这通常是流动过程未被充分理解的一个反映,而且这样的分析是不准确的,需要扎根于对流动过程的理解。

递减分析假定达到了一定的生产能力,低于这一产能,不会出现任何递减(稳产阶段)。

名义的递减率定义如下:

$$b = -\frac{1}{Q}\frac{\mathrm{d}Q}{\mathrm{d}t} \tag{3.1}$$

式中 Q——可用于递减分析的整个油田或单井采油速度,bbl/d;

b——递减率。

3.1 指数递减

这是最简单的递减类型,这里假设 b 是常数。产量表示为:

$$Q(t) = Q_o \mathrm{e}^{-bt} \tag{3.2}$$

式中 Q_o——在 $t=0$ 时的初始产量。

如何确定是否为指数递减?可以通过式(3.1)绘制时间和递减率的交会图确定,更好的办法是考察 $\ln Q$ 与时间 t(可以不用计算导数)是否为线性关系。如果是,那么斜率就是 b。

累计产量如下:

$$N_p = \int_0^t Q\mathrm{d}t = \int_0^t \frac{\mathrm{d}Q}{b} = \frac{Q_0 - Q}{b} \tag{3.3}$$

累计产量与流速呈线性关系,这是另一确定指数递减的方法。

在均质介质中,可以将解析解和不同的递减类型联系起来。这类递减发生在泡点之上,没有强水体的油藏;溶解气驱油藏;以及后面采收率部分将提到的裂缝性油藏和页岩气。

3.2 双曲递减

对于某个常数 a,递减率与产量的指数相关:

$$b = -\frac{1}{Q}\frac{\mathrm{d}Q}{t} = cQ^{1/a} \tag{3.4}$$

分析有点繁琐,通常简化处理为常数,或者假设为相关流动方程的解析解。

通常写为:

$$ct = -\int Q^{-\frac{1}{a}-1}\mathrm{d}Q \tag{3.5}$$

因此

$$ct = aQ^{-1/a} + C \tag{3.6}$$

常数 C 通过 $t=0$ 时,$Q_0=Q$ 得到。

$$ct = a(Q^{-1/a} - Q_0^{-1/a}) = aQ_0^{-1/a}\left[\left(\frac{Q}{Q_0}\right)^{-1/a} - 1\right] \tag{3.7}$$

$$\left(\frac{Q}{Q_0}\right)^{-1/a} = \frac{ct}{a}Q_0^{-1/a} + 1 \tag{3.8}$$

$$Q = \frac{Q_0}{\left(\frac{ct}{a}Q_0^{-1/a} + 1\right)^a} = \frac{Q_0}{\left(\frac{b_0 t}{a} + 1\right)^a} \tag{3.9}$$

式中 b_0——初始递减率。

累计产量为:

$$N_\mathrm{p} = \int_0^t Q\mathrm{d}t = \int_0^t \frac{Q_0}{\left(\frac{b_0 t}{a} + 1\right)^a}\mathrm{d}t \tag{3.10}$$

可以计算为:

$$N_\mathrm{p} = \frac{a}{a-1}\frac{Q_0}{b}\left[1 - \left(\frac{b_0 t}{a} + 1\right)^{1-a}\right] = \frac{a}{(a-1)b}\left[Q_0 - Q\left(\frac{b_0 t}{a} + 1\right)\right] \tag{3.11}$$

严格的双曲递减,在重力驱油和气藏中,$a=2$。在页岩气和裂缝油藏开发早期,$a=1/2$。

$a=1$ 时的特殊情况是调和递减。在高黏油的水驱中常见。也可在高水油比、稳定产量的油藏中看到,比如热采工程和蒸汽吞吐。

式(3.9)可以写为:

$$Q = \frac{Q_0}{b_0 t + 1} \tag{3.12}$$

$$N_p = \frac{Q_0}{b_0}\ln(1 + b_0 t) \tag{3.13}$$

这里介绍的递减曲线分析很简略;这是一个经验方法,应该让数值模拟和解析解一致。然而,还需要了解流体流动过程,这将在后面介绍。

第4章　多相平衡

现在将注意力从油藏和采收率转移到微观孔隙尺度,流体是如何流动的。这需要对多相流体——油气水——如何在孔隙中配置并流动进行研究。

从基础方程开始,包括控制流体和固体界面,以及流体之间的新月形界面的方程。

4.1　Young - Laplace 方程

如果在孔隙中有多相流,那么在两种相的界面处会存在压差。压差用 Young - Laplace 方程表达:

$$p_c = \sigma\left(\frac{1}{r_1} + \frac{1}{r_2}\right) \tag{4.1}$$

式中　p_c——毛细管压力,Pa;

r_1, r_2——流体界面理论上的曲率半径,m;

σ——界面张力,N/m 或 J/m^2。

非润湿相有较高的界面张力。

可以用应力理论或能量平衡推导这个公式,但有时候比较复杂,因为当考虑截面的三维几何结构的时候,常会带来复杂的数学结果。但是,可以相对简化地推导出一些特殊情形。下面将考虑圆形毛细管中两种相的压差。但这里还是要指出,Young - Laplace 方程是可用的。

第二个概念是接触角,Young - Laplace 方程考虑了界面处的压力,但没有指出在固体表面接触面如何相互作用。

4.2　接触面上的平衡

考虑一种润湿性流体附着于固体表面,并被非润湿性流体包围,如图 4.1 所示。

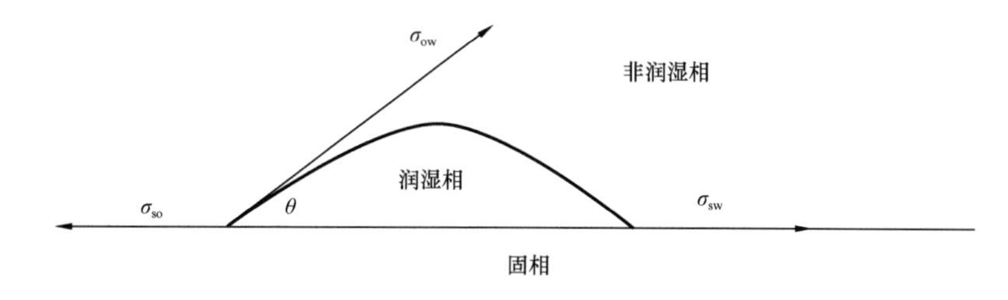

图 4.1　通过高密度相测量的两相接触角 θ

水平应力平衡如下:

$$\sigma_{so} = \sigma_{sw} + \sigma_{ow}\cos\theta \tag{4.2}$$

这就是 Young 方程,接触角为:

$$\cos\theta = \frac{\sigma_{so} - \sigma_{sw}}{\sigma_{ow}} \tag{4.3}$$

式中　θ——接触角,(°);

σ_{sw}——固体和水的界面张力,N/m;

σ_{so}——固体和油的界面张力,N/m;

σ_{ow}——油和水的界面张力,N/m。

垂直的应力平衡是什么样子的?固体分子间的应力抵消了垂直应力,因此固体很难被扰动。

ThomasYoung,如图4.2所示,19世纪早期的英国物理学家,是个全才,研究领域从破译密码到光的波动理论。杨氏模量和双缝实验认识只是他众多科学贡献中的两个。

Pierre－Simon Laplace是天才的法国数学家和物理学家。他的贡献包括天文、统计和Laplace变换。Laplace方程通常被表示为$\nabla^2\phi=0$;式(4.1)有时也被叫作Laplace方程,常常混淆。式(4.2),Young－Laplace方程表达了Young对这项工作的贡献。

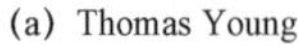

(a) Thomas Young　　(b) Pierre-Simon Laplace

图4.2　一位是有洞察力的英国物理学家,另一位是杰出的法国数学家

4.3　扩散系数

定义一个扩散系数:

$$C_s = \sigma_{so} - \sigma_{sw} - \sigma_{ow} \tag{4.4}$$

如果$\sigma_{so} > \sigma_{sw} + \sigma_{ow}$,或$C_s > 0$,那么方程无解;水在固体表面散开。此时发生完全润湿,$\theta = 0$。

4.4　毛细管中的两相流

考虑半径为r的毛细管中的两相流,如图4.3所示。

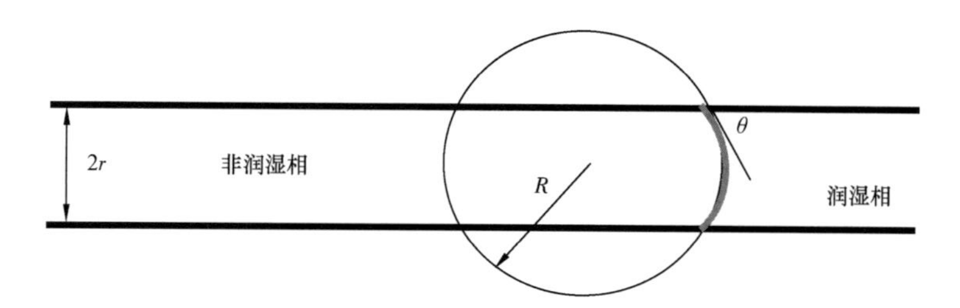

图 4.3 圆管中的两相流体平衡

蓝色弧是润湿相与非润湿相的接触面

曲率半径为 $R = r/\cos\theta$。

因此：

$$p_c = p_{nw} - p_w = \frac{2\sigma}{r}\cos\theta \tag{4.5}$$

设想一下现在水在毛细管中上升，如图 4.4 所示。

$$\rho gh = \frac{2\sigma}{r}\cos\theta \tag{4.6}$$

如果换成水银和气会怎样？交界面将比自由界面低，这里水银是非润湿相。

式(4.6)可由 Young－Laplace 方程应用能量平衡推导。水在细管中上升是能量有利的；水附着在固体表面的能量比空气低。当水克服重力上升时，可被势能平衡。因此，水一直上升，直到界面能与势能平衡为止。

假设接触面的高度发生了微小变化，如果这降低了能量，那么接触面将移动，直到达到平衡位置。当势能与界面能相等时——达到平衡时，就达到了平衡高度。

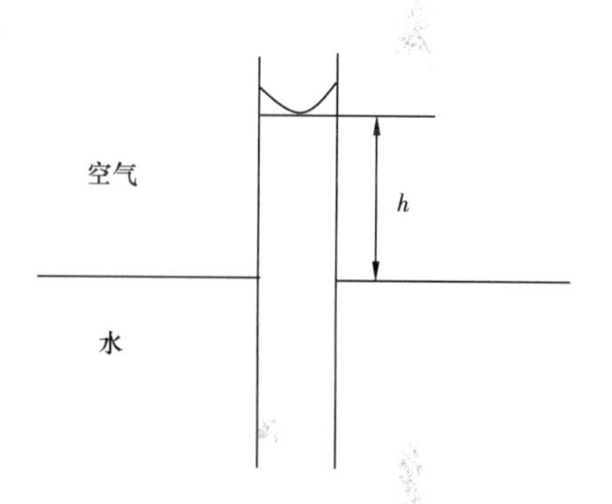

图 4.4 细管中的毛细管提升

水是润湿相

质量 m 在高度 h 下的重力势能是 mgh。从 h 到 Δh 段，水在细管中的质量是 $A\rho\mathrm{d}h$，A 是面积(πr^2)。高度从 h 变到 $h+\mathrm{d}h$ 时，重力势能的变化是：

$$\Delta E_p = \pi r^2 \rho gh\mathrm{d}h \tag{4.7}$$

这要与水在毛细管中上升时获得的能量相等。考虑σ_{sa}是固体和空气接触面单位面积上的能量单元(界面张力)，σ_{sw}是固体和水接触面单位面积上的能量单元。水从 h 到 $h+\mathrm{d}h$ 的能量变化是：

$$\Delta E_s = 2\pi(\sigma_{sa} - \sigma_{sw})\mathrm{d}h = 2\pi r\sigma\cos\theta\mathrm{d}h \tag{4.8}$$

因为 $2\pi rh$ 是润湿的固体面，见式(4.2)。能量守恒意味着式(4.7)和式(4.8)相等，直接导出式(4.6)：

$$\Delta E_s = \Delta E_p$$

$$2\pi r\sigma\cos\theta\mathrm{d}h = \pi r^2\rho gh\mathrm{d}h$$

$$2\sigma\cos\theta = r\rho gh$$

$$\frac{2\sigma\cos\theta}{r} = \rho gh \tag{4.9}$$

4.5 润湿性

润湿角的测量从密度大的相开始。

如果 $\theta = 0$,则为完全润湿相。

如果 $\theta < 90°$,则为润湿相。

如果 $\theta \approx 90°$,则为中性润湿相。

如果 $\theta > 90°$,则为非润湿相。

4.5.1 润湿变换

干净的岩石矿物表面通常是水湿的,因为固体界面——石英或钙——与水的相互作用很强,导致水的界面张力比油气小,油气与岩石表面的相互作用弱。

那为什么大部分岩石不是完全润湿的?当油与固体界面接触时,油的活性组分——高分子量的极性分子——附着在固体表面使其减小了水湿性。没有与油接触的表面仍保持水湿。因此大部分储层是混合润湿或者部分润湿——孔隙的不同位置具有不同的润湿性。这个重要的概念后面将会介绍。润湿性或润湿角不是常数,与界面上的矿物、界面粗糙性、油和水的组成、油藏的温度和压力相关。

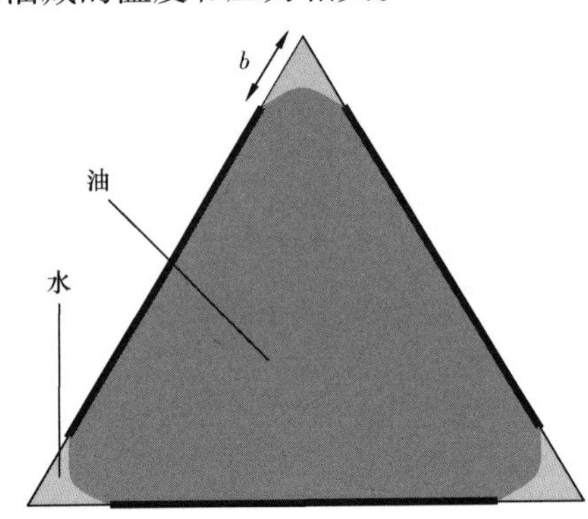

图 4.5 三角形孔隙中,初次排驱后的油水状态与油直接接触的区域,润湿性变为亲油性,仍由水占据的角落保持亲水性。b 是亲水界面的长度

在其他位置——水体和土壤——主要是原始矿物,部分表面活性剂和附着在土壤上的其他组分——这些是选择性润湿的。总之,接触角是由流体和岩石间表面应力微妙的平衡所控制的。

润湿变换通常需要 1000h 完成,因此油在油藏中经历地质时代,有充分的时间使润湿变化发生。土壤中的大部分污染物,也有足够的时间发生变化。

图 4.5 是在一个理想三角形孔隙的截面,发生润湿变换现象的示意图;与油直接接触的面的位置,发生了润湿性的变化,在角落的位置,仍然是水湿的。

4.5.2 接触角滞后

接触角也通常因流动方向的不同而变化,如图 4.6 所示。静态接触角、前进接触角和后退接触角也不一样。

这个润湿的变化有三个原因(上文提到了),包括化学上的非均质性和面上小尺度的粗糙程度。

驱替——一种相推动另一种相的运动——总是在不同的运动阶段被阻碍。这是一个非常重要的概念,将在这一章节反复提到。因此,如果假设一个界面存在化学非均质性,有的地方亲油,有的地方亲水,那么水将快速侵入亲水部分,并在亲油部分被阻碍。水侵入所需的最高压力将与完全亲油的系统一样,因此这个系统看起来似乎是油湿的。现在考虑相反的情况,油侵入。这时,通过亲油部分就容易,但在亲水部分将被阻碍。因此,油侵入时看起来像是水湿的。对于接触角,前进角大于90°,后退角小于90°;会看到明显的润湿滞后。

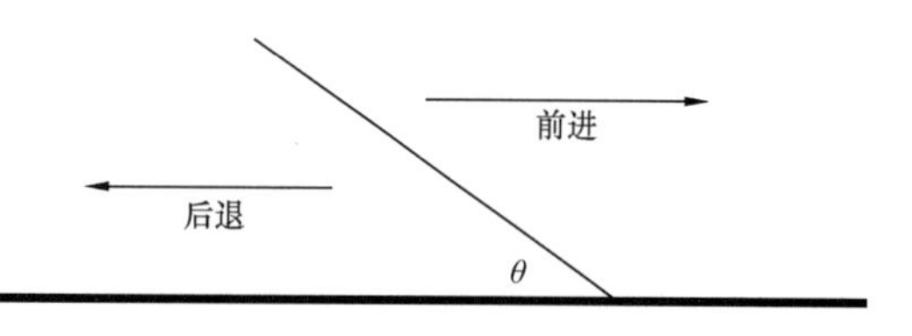

图4.6 前进和后退接触角

在孔隙介质中主要的影响是界面的粗糙度。图4.7所示是在粗糙面上前进角和后退角的差异,粗糙面的影响如图4.8所示。在分子尺度上,这个值可能是固定的,表现出的角度是在较大尺度上被看到——这个角度将控制影响驱替的毛细管压力——这非常复杂。如前面提到的,驱替被驱替相从静止到运动所需的最高压力阻碍;因此排驱的角度与渗吸的角度不同。在前进相压力最大处,界面被阻碍——需要捕捉这个点,从而校正驱替过程中的毛细管压力。

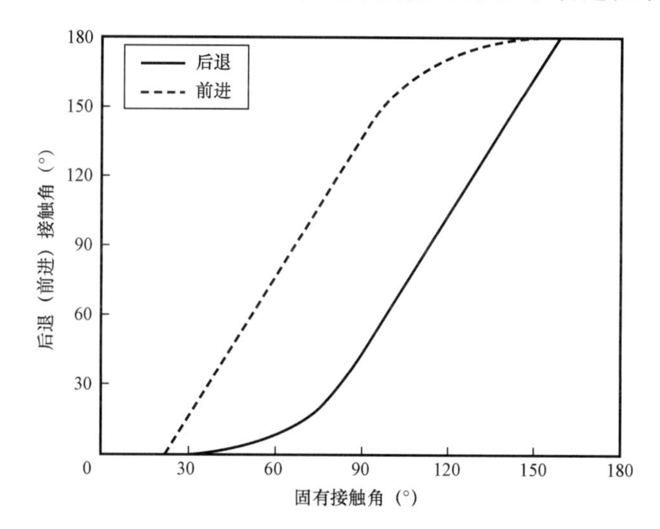

图4.7 前进(后退)接触角与固有接触角的关系,引自Morrow(1975)的测量结果

接触角的滞后源于孔隙介质界面的粗糙性,固体的界面不是平滑的

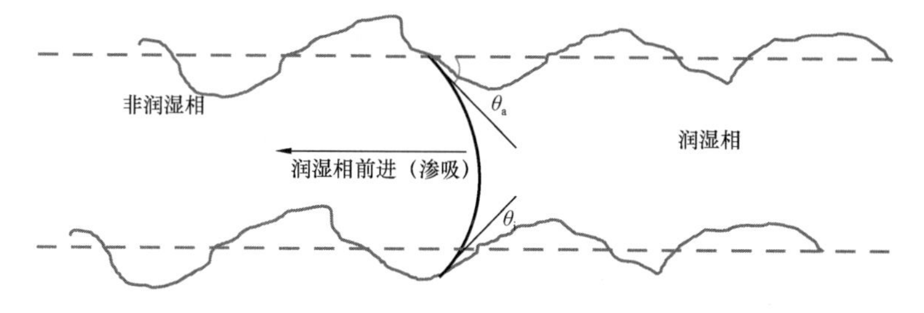

图4.8 界面粗糙性对接触角的影响示意图(固体界面使用不规则线表示)

θ_i是流体与固体界面之间的固有润湿角;在这个例子中,该角度近似为零,表示强水湿系统。但是,渗吸的有效润湿角θ_a较大,这个润湿角给出了Young-Laplace方程中的正确曲率,是在较大尺度上,在近似光滑的固体界面(用虚线表示)上观察到的润湿角。粗糙面阻碍了渗吸过程,在粗糙面上需要更大的润湿相压力才能发生渗吸。对于排驱过程,表现出接触角比θ_i小,粗糙面在相反方向阻碍排驱的进行

第 5 章　孔 隙 介 质

现在应该介绍孔隙介质中的多相流体了。在介绍宏观描述、平均属性之前，将先用一些示意性的例子，以便提供一些孔隙尺度下驱替和流体配置的认识。这一章的重点是提供孔隙尺度下，对孔隙复杂性的认识和理解。

5.1　X 光图像

近些年，在应用 X 光看清岩石孔隙结构方面已经取得了革命性的进展。现代成像方法的进展依赖于通过不同角度二维图像对三维进行重建；样品被旋转，并记录不同方向 X 光的吸收，然后用于构建一个岩石和流体的三维实现。在 20 世纪 80 年代，这个方法在实验室中应用，在土壤科学中，测量两相或三相流体的饱和度，在石油领域用于 2～3mm 分辨率的研究。第一张岩石的微 CT 图像由 Flannery 和其在 Exxon 研究中心的同事在实验室中获得。在同步加速器中，将一束单色 X 光照过一个小的岩样。一些研究中还将分辨率降至 3μm。Dunsmuir 等人扩展这个工作用于表征孔隙空间的拓扑结构和砂岩中储层的连通性。

继续发展这项技术的一个领先者是澳大利亚国家大学和新南威尔士大学的联合团队。他们定制了实验室设备，用于更大岩样成像，以及预测流体属性；这个工作现在也提供商业服务。基础图像是三维的 X 光吸收图像；通过阈值区分矿物和黏土，理论上还可区分颗粒和孔隙。

使用 CT 描述设备是岩石孔隙成像的新方法。本书封面就是帝国理工学院 CT 设备得到的岩石图像，另外还包括一个圆形的岩心夹持器。

在微 CT 扫描仪中，X 光是彩色的，并且光束不是平行的——图像的分辨率主要取决于岩样与光源的接近程度。这个设备的优点是既可以使用中心同步加速器也可以由用户自定义，对获取图像的时间没有限制——进而可以提高信噪比。缺点是 X 光的强度不如同步加速器，光线的发散和波长的范围会导致图像的假象。

图 5.1 展示了 8 个代表性样品的二维切面和三维图像：几个碳酸盐岩的，其中包括油藏样品，一个砂岩的，一个砂堆的，还有一个样品的三维图像。这些图像有的从同步加速器光线得到，有的从微 CT 设备得到。

图 5.2 展示了三个碳酸盐岩样品孔隙的图像。Ketton 由典型的鲕粒白云岩组成，鲕粒几乎都为大的、球状颗粒，孔隙连通性好。Estaillades 具有非常复杂的结构，存在一些非常细小的特征，图像中很难完全捕捉到。Mount Gambier 具有非常不规则孔隙空间，但连通性好，渗透率高。但是，几个微米的分辨率可以从渗透性砂岩和碳酸盐岩中分辨其孔隙空间，但很多碳酸盐岩和非常规资源，如泥岩，包括小于一个微米的不能分辨的孔隙。

对于微 CT 设备，典型的 X 光能量在 30～160keV——对应波长为 0.04～0.01nm——但同步加速器具有不同能量的光束，那些小于 30keV 的光束对成像很重要。分辨率由样品尺寸、光束质量和检测规格决定；对于圆锥光束设备，也由样品和光束的距离决定。检测装置具有足够的分辨率。目前微 CT 扫描图像可达 1000^3～2000^3 个体元。为了生成有代表性的图像，岩样通常为几个毫米，对应分辨率几个微米；亚微米分辨率可通过特殊设计的设备和更小的岩相获得。同步加速可得到更大的图像，目前大部分的图像从分辨率到岩样，约可分为1000个级次。

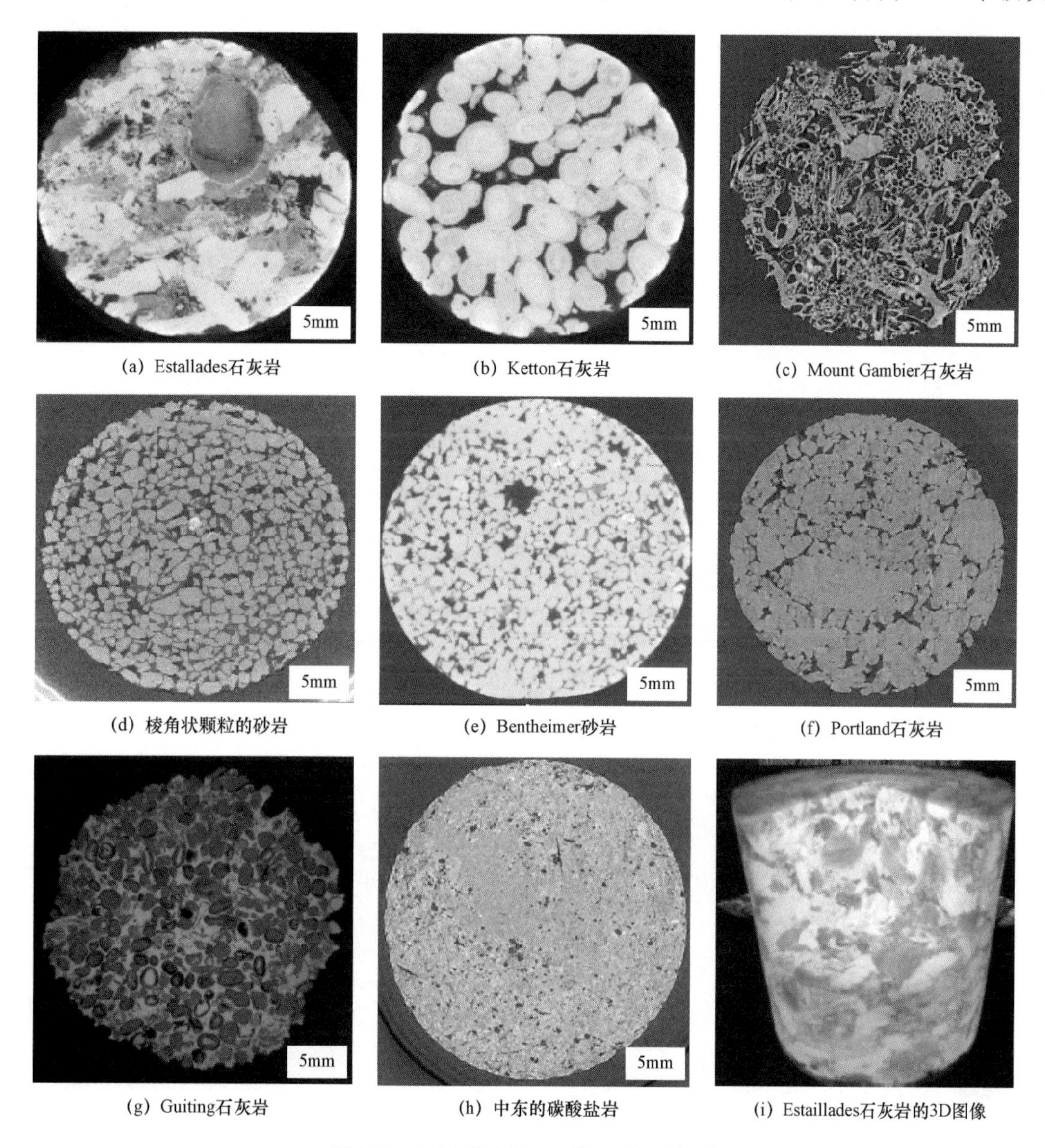

(a) Estallades石灰岩 (b) Ketton石灰岩 (c) Mount Gambier石灰岩
(d) 棱角状颗粒的砂岩 (e) Bentheimer砂岩 (f) Portland石灰岩
(g) Guiting石灰岩 (h) 中东的碳酸盐岩 (i) Estaillades石灰岩的3D图像

图5.1 不同样品的3D微CT扫描切片

这是灰度图像，其中孔隙是深色的。(a)Estallades石灰岩。孔隙空间极不规则，很可能是由于微孔隙难以识别。(b)Ketton石灰岩，侏罗纪的鲕粒灰岩。颗粒是光滑的球状，孔隙空间较大。颗粒内包含微孔，难以识别。(c)Mount Gambier石灰岩，澳大利亚的渐新统石灰岩。高孔高渗，孔隙空间连通极好。(d)棱角状颗粒的砂岩堆积。(e)Bentheimer砂岩，建筑用石料，包括纽约的自由女神基座也使用的这种石材。(f)Portland石灰岩。另一种侏罗系的鲕粒灰岩，强胶结，并可见贝壳碎片。这也是一种建筑材料。(g)Guiting石灰岩，也是一种侏罗纪石灰岩，孔隙空间中包含大量贝壳碎片，可见溶解和化学沉淀。(h)中东深层高矿化度水体中的碳酸盐岩。(i)Estaillades石灰岩的3D图像

(a) Estallades

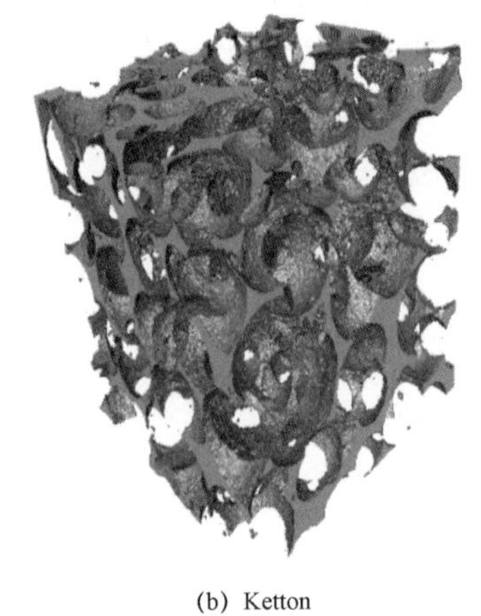
(b) Ketton

(c) Mount Gambier

图 5.2　岩石样品的孔隙空间成像

展示的图像的剖面如图 5.1(a)~(c)所示,图像被划分为孔隙和颗粒。图像分别提取了 1000^3(Estallades 和 Ketton)像元和 350^3(Mount Gambier)像元。图像中只展示了孔隙空间

5.2　电子显微镜对微孔成像

微孔隙——大颗粒之间一个微米或更小的孔隙——可通过电子显微镜获得。图 5.3 展示了 Ketton 和 Indiana 小于一个微米的小孔隙的图像,这通常小于微 CT 的分辨率,但对岩石孔隙的连通性有重要贡献。

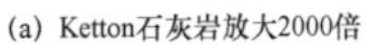
(a) Ketton石灰岩放大2000倍

(b) Indiana石灰岩放大4000倍

图 5.3　Ketton 石灰岩放大 2000 倍和 Indiana 石灰岩放大 4000 倍的扫描电子显微镜图像

可看到其中的微孔隙、大孔隙中的小孔隙。两张图中的黑色线表示 10μm 的长度

5.3　代表性的拓扑网络

最后一步是将孔隙结构描述成一个网络。这是一个拓扑学的表征,颗粒之间大的空间是孔隙,孔隙之间窄的连接是喉道。孔隙和喉道实际情况下,剖面上是复杂的形状,但将其作为三角形简化处理。这允许润湿相占据角落,而非润湿相占据中间。这个观察岩石的方法使研究人员能够理解多相流动,并对流动和传导性进行预测。此处不介绍具体如何抽取这个网

络——有很多不同的方法;只简单介绍一些例子。

图 5.4 展示了 Berea 砂岩的孔隙空间和网络,一个被用于很多实验和模拟研究的基础程序。

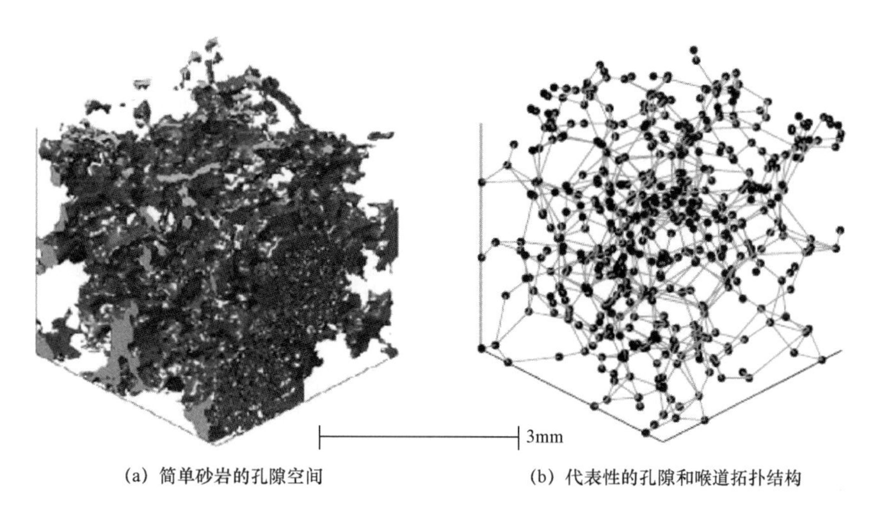

图 5.4　简单砂岩(Berea)的孔隙空间和代表性的孔隙和喉道拓扑结构

图 5.5 展示了碳酸盐岩更复杂的网络——是给予图 5.2 的图像的。

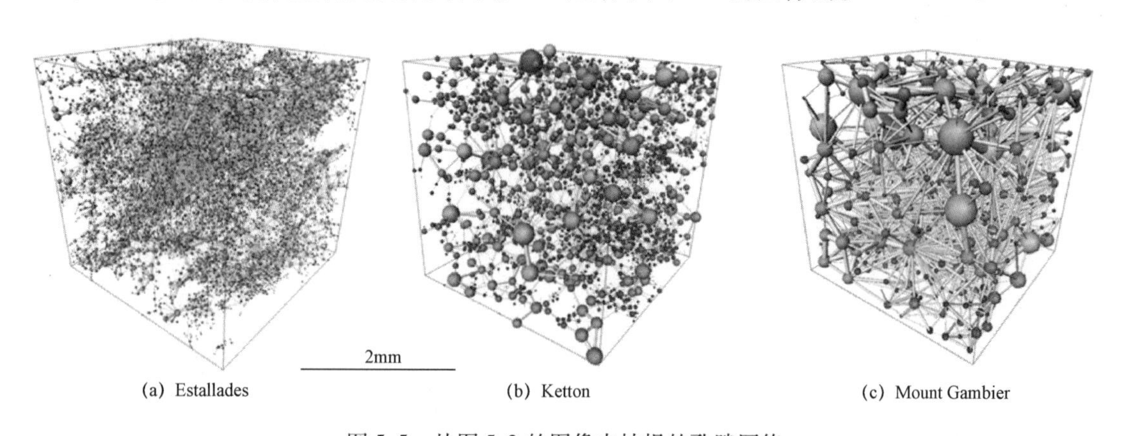

图 5.5　从图 5.2 的图像中抽提的孔隙网络

为了看起来清晰,只显示了 Mount Gambier 样品的一部分网络。较大的孔隙用小球表示,孔隙之间较窄的喉道用圆柱表示。孔隙和喉道的尺寸表示内切的半径。孔隙和喉道在剖面上通常表现为不等边三角形,可使用孔隙图片上的面积与周长的比表示

第6章　初次排驱

现在考虑一个孔隙介质初始饱和水，并且是水湿的情况。然后非润湿相油注入孔隙介质。假设这个过程很慢，油层中的压力降与毛细管压力相比很小。这个过程叫作初次排驱，就是原油从烃源岩中排出进入油藏中。也是在储水层中，注入二氧化碳排水的过程。

如果回到 Young - Laplace 方程，式(4.1)中，那么非润湿相将完全占据大孔隙，这里曲率半径大，毛细管压力小。较低的毛细管压力意味着在给定润湿相压力条件下，非润湿相注入时需要较小的压力。当非润湿相压力增加时，孔隙空间中较小的区域也会被占据。结果就是，初次排驱就是非润湿相充注的过程，逐步进入小孔隙。在网络模型中，孔隙的充注较容易，因为孔隙比喉道大。因此，非润湿相的注入受喉道限制。非润湿相会优先充注较大半径的喉道，这些喉道连接的孔隙已被非润湿相所充注。大喉道和其连接的孔隙首先被充注，之后是小半径的喉道被充注。这在技术上被叫作侵入渗透过程：孔隙网络按照尺寸逐次充满，当然要求注入相要与注入端连通。这里与封闭润湿相有一个微妙的关系，但这仍是一个好的初次排驱和运动模型，也是为什么孔隙网络模型对理解流体驱替是有帮助的。

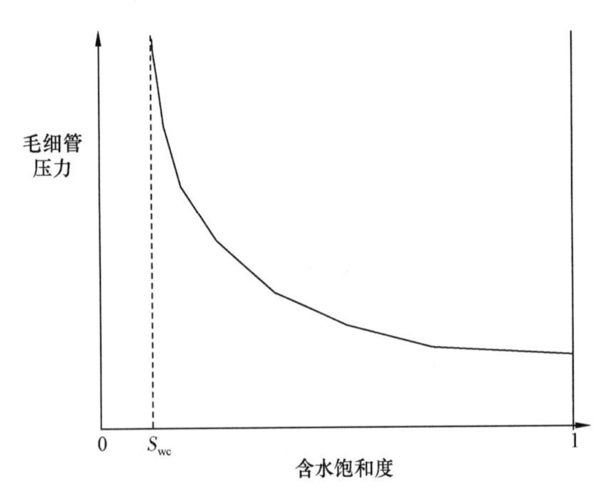

图6.1　初次排驱毛细管压力示意图

实验的样品将在后面展示。S_{wc}是束缚水饱和度

在宏观尺度，如果将数百万的独立孔喉作用平均，便可绘制含水饱和度与毛细管压力的曲线，如图6.1所示。与前期讨论的接触角相似，这个过程被最难的一步，或是最高的毛细管压力所限制。理论上，在混合流速的缓慢驱替过程，毛细管压力在大孔隙处下降，由大喉道连接的孔隙将被充满。但通常，毛细管压力都是简单的递增，被充入的孔隙空间数量和压力被记录下来。

原油逐次进入更小的孔隙空间，当达到束缚水饱和度时，继续增大压力只导致很小的含水饱和度上升。在这个时候，水或者在颗粒表面形成润湿相环，或者被限制在粗糙的凹槽和孔隙角落里。理论上，这些水也可以被驱替，但将经历很长时间和一个非常高的毛细管压力。

经历初次排驱以后，孔隙空间中与油直接接触的区域将变为油湿，如前面所述那样。

6.1　典型的毛细管压力

大部分砂岩储层，孔隙半径为1～100μm，图5.3所示。$p_c \approx 2\sigma/R$。烷烃和水的界面张力$\sigma_{ow} \approx 50$mN/m。p_c约为0.1/R，在$10^3 \sim 10^5$Pa。这是水银和气的十分之一左右，水银和气的界面张力更大(约480mN/m)。

图 6.2 指示了非均质性和渗透率对毛细管压力的影响：较小的渗透率常反应较小的孔喉尺寸和较大的毛细管压力，较强的非均质结构导致更宽的毛细管压力范围，更多的孔隙空间被侵入。

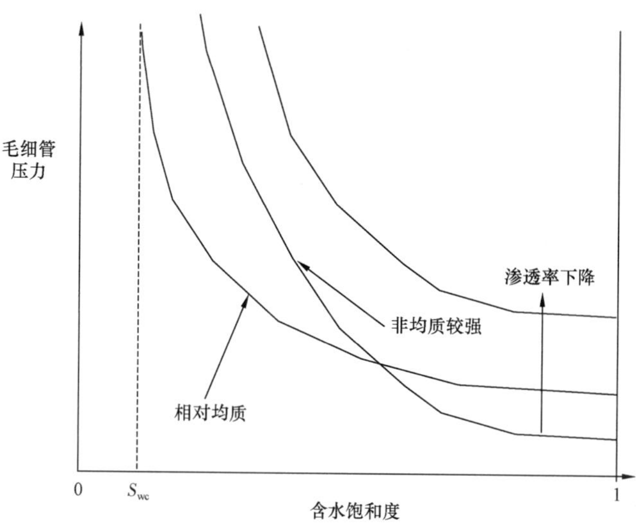

图 6.2　初次排驱毛细管压力曲线示意图
表示了渗透率和孔隙尺寸非均质性的影响

6.2　如何测量毛细管压力

常规的测量初次排驱毛细管压力的方法是压汞法。用小的干岩样——约 5mm 长——置于真空中，然后注入汞，作为非润湿相。汞的注入量被记录为注入压力的函数。这里看不到束缚的饱和度，因此，理论上汞可以进入所有连通的孔隙空间。

也可能用两种流体测量毛细管压力——如油和水——虽然这样更困难。后面将介绍一些不同岩样中的压汞曲线，也将介绍一些毛细管压力曲线，这些岩心初始饱和卤水，然后注入油，然后记录压力和注入体积。在一端有一个孔隙性的平台——一个具有非常高毛细管压力的孔隙性的瓷盘——排斥所有非润湿相流体。

为了帮助理解这个结果，图 6.4 展示了一个由分辨率 7μm 的 X 光研究的岩样图片，其孔隙空间清晰可见。之前已经看过这个岩样了。测得的初次泄油的毛细管压力如图 6.5 所示；测试装置如图 6.3 所示。注意有一个相对低压的区间，紧接着压力快速上升，这里越来越小的孔隙和喉道被侵入。曲线的量级和形状指示了孔隙的尺寸和结构。

表 6.1　图 6.4 中岩石样品的物性

样品来源	孔隙度	K_{brine}（m^2）	K_{brine}（mD）
Berea	0.2188	4.600×10^{-13}	460
Doddington	0.2140	1.565×10^{-13}	1565
Ketton	0.2337	2.810×10^{-13}	2809
Indiana	0.1966	2.400×10^{-13}	244

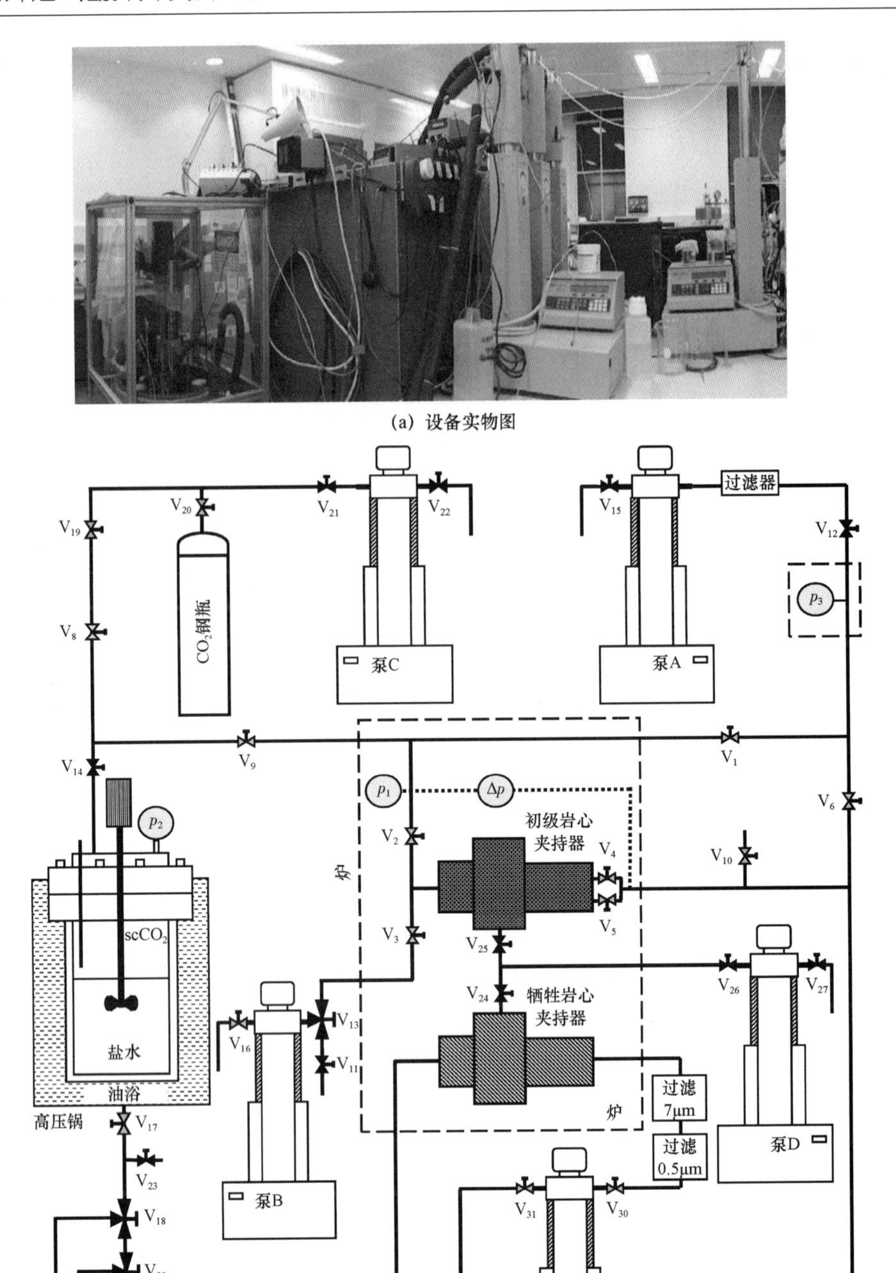

(a) 设备实物图

(b) 设备工作原理图

图 6.3 测量岩心样品驱替和毛细管压力的设备

该设备专门用于研究包括 CO_2 的驱替。图(a)是帝国理工学院的设备图片,图(b)是设备流程图片。可以看到实验的复杂性,通过泵来控制流动,每个驱替循环都将持续数天,从而再现油藏中的缓慢流动(Rehab El - Maghraby,2013)

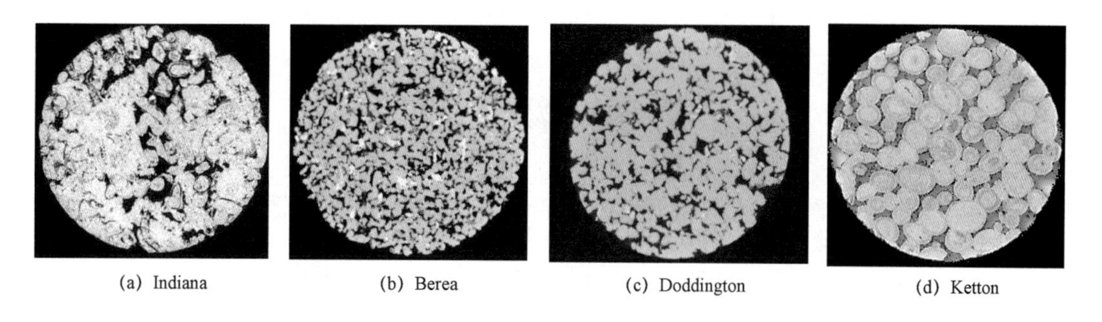

图 6.4 4 块岩心样品的微 CT 图像

样品分别来自(a)Indiana,(b)Berea,(c)Doddington,(d)Ketton。同时测量了每块样品的毛细管压力。可以看到渗透率与颗粒尺寸的关系(表 6.1),所有样品的尺寸都是 5mm

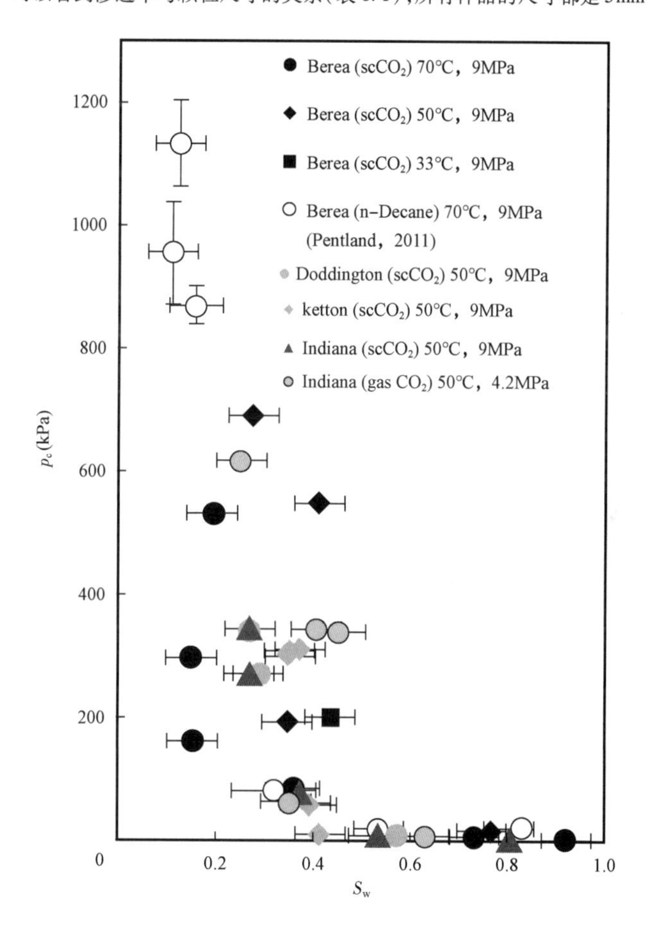

图 6.5 Indiana 石灰岩的初次排驱毛细管压力

可以看到压力的量级与微 CT 图像上得到的孔隙尺寸相关

第7章　渗　　吸

渗吸是排驱的逆向过程，是润湿相流体侵入包含非润湿相流体的孔隙介质中。一般只考虑二次渗吸，是润湿相流体在非润湿相流体初次排驱之后的侵入；不是那些润湿性流体一开始就占据孔隙介质的情况。这个过程发生在注水驱油过程，或是水体在开发过程中侵入气藏，亦或是当二氧化碳在水体中增加时，卤水驱替储层中的二氧化碳。

渗吸的毛细管压力总是比初次排驱时候低，原因有三个：

(1)封闭了非润湿相流体；

(2)接触角滞后；

(3)孔隙尺度不同的驱替机理。

驱替过程中，非润湿相流体优先向活塞一样通过孔隙介质；如果旁边区域被非润湿相流体占据，那这个地方就只能被非润湿相流体充满。润湿相和非润湿相连在一起。渗吸过程与排驱过程不同，如下面所述。

7.1　孔隙尺度的驱替，非润湿相的捕获和截断

在渗吸过程中，润湿相流体可能会通过捕获或截断的方式封闭非润湿相流体。捕获就是注入的流体包围并形成了一个非润湿相流体的堵截；这可能是因为孔隙结构的局部非均质性造成的。截断，是更重要的过程，水流过润湿层，并超过润湿前缘，充满孔隙空间中较窄的区域。这是非润湿相被包围和封闭的机理。

图7.1和图7.2是孔隙尺度驱替的示意图。当润湿相压力增加时，润湿层增厚。将会有一个点，在这个点，湿相与非湿相之间的半月形界面与固体分开——在孔隙空间中不可能再接触。在这里，喉道被润湿相填满。

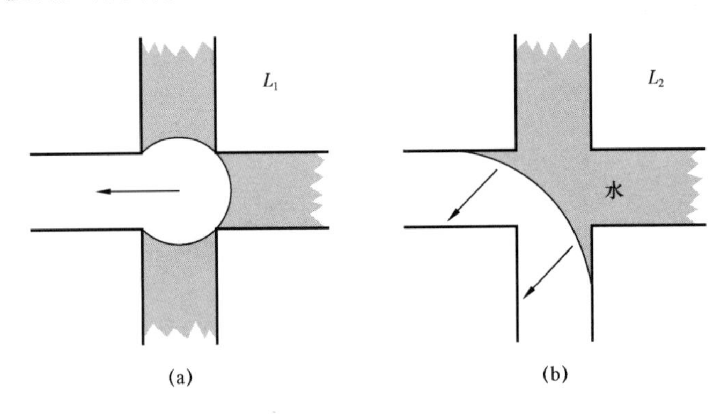

图7.1　亲水孔隙注水过程

(a)I_1，当所有喉道都充满水，只剩一条喉道为油的情况。此时最有利于驱替。

(b)I_2，两条喉道初始饱含油。此时毛细管压力降低，驱替变差，发生这种侵入时，相界面的曲率变大

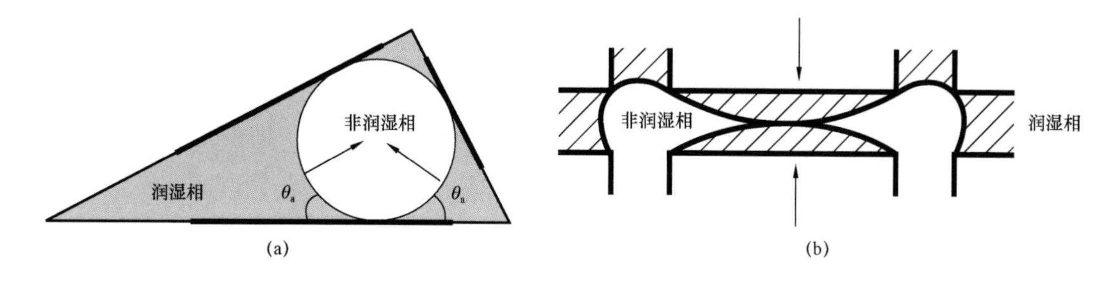

图 7.2 脱模过程

这里，水沿着(a)图所示的喉道的角落流动，当角落中的润湿层与界面脱离时，进一步增加水的压力就会导致水向喉道中间流动。(b)图是非润湿相沿着喉道被截断的示意图(Lenormand and Zarcone, 1984)

在渗吸过程中，活塞前缘倾向于窄喉道，而被宽孔隙阻碍。微妙的是，如果孔隙周边的喉道都充满水，那孔隙也容易被润湿相充满。如图 7.1 所示，Rolan Lenormand 发表了一系列经典文献，用 I_n 描述这个渗吸过程，这里 n 代表被非润湿相充满的连通的喉道数量；I_1 比 I_2 更容易发生渗吸，以此类推 I_3。这导致在孔隙尺度，润湿前缘趋于平直，会充满那些局部被非润湿相充满的通道。这将抑制封闭。因此，如果没有截断——后面会详细讨论——大部分的非润湿相会从孔隙介质中采出来。

在截断过程中，随着湿相压力增加，在孔隙角落里的润湿层膨胀。这些层有可能膨胀得足够厚导致非润湿相与固体不再接触。这总是在孔隙最窄的地方出现——最小的喉道。

这形成了一个不稳定的配置，润湿相快速充满喉道。这个过程只发生在慢速条件——需要有足够的时间使润湿相形成润湿层，以及低接触角和尖锐角落的地方(这允许润湿层首先膨胀)。因此，所有窄喉道的孔隙——岩石的所有位置——都被充满。如果将孔隙周边的所有喉道充满，那孔隙中的非润湿相流体将被捕获——不能出来了。这就是残余油的原因，一个多相流中非常重要的概念，将在后面深入讨论。

如上面提到的，截断多发生在低接触角，而连接超覆捕获情况的接触角较大(仍然小于 90°，这里只考虑水湿系统)。式(4.5)给出了半径为 r 的圆形喉道发生超覆捕获时的毛细管压力。比较一下哪个过程更易发生——截断和超覆捕获。对于截断来说，需要有一个孔隙角落。如果在剖面上孔隙是方的，那么很容易计算接触面脱离固体表面的临界曲率半径。这里给出一个临界毛细管压力：

$$p_c = \frac{\sigma}{r}\cos\theta(1 - \tan\theta) \tag{7.1}$$

这里 r 是喉道的内切半径。相同喉道下，截断型和超覆捕获型的毛细管压力比是：

$$\frac{p_{c,\mathrm{snap-off}}}{p_{c,\mathrm{piston}}} = \frac{1}{2}(1 - \tan\theta) \tag{7.2}$$

这通常小于 1；从机理上讲，这是因为超覆捕获中，通常是两个方向——半球形的接触面——但在截断中，只有一个与喉道长度相关的曲率。

这个在最高毛细管压力条件下发生的过程，更易于在渗吸条件下发生，因此，如果可能，超覆捕获将比截断更容易发生。然而,这要求周边的孔隙都饱和润湿相流体,这很难实现。因此,当孔隙尺寸变化较大时,截断的情况就会发生。这意味着,当孔隙和喉道尺寸变化较大的时候,孔隙介质中将看到大量的截断和捕获,而当孔隙介质的尺寸相近的时候,截断变少,湿相超覆变多。进一步地,式(7.2)指出,当接触角增加的时候,截断变弱。即便是受到了孔隙空间差异,及其与之协调的孔隙充注情况下,也是如此;当接触角增加的时候,截断减少,剩余油饱和度减小。

渗吸过程中,水的压力增加,意味着毛细管压力减小。渗吸在饱和度为 $1 - S_{or}$ 时终止,这里 S_{or} 是残余油饱和度。这个残余油非常重要,这决定了有多少油被采出来。对二氧化碳储集也很重要,因为这些被封闭的残余油不能流动,因此也不能被采出,返回地面。

7.2 封闭相的孔隙成像

可以通过微 CT 对残余油饱和度进行成像。图 7.3 展示了 Doddington 砂岩中的封闭区(非润湿相是高温高压条件下的高浓度二氧化碳)。如前面提到的,控制剩余量的主要过程是捕获作用。

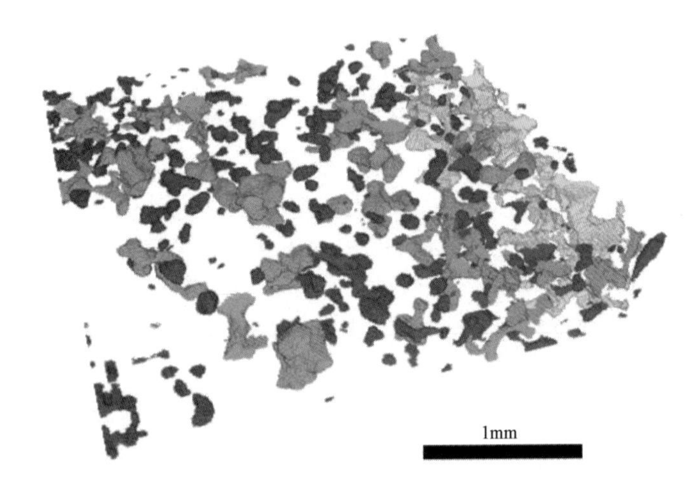

图 7.3 Doddington 砂岩的微 CT 图像,显示了残余的 CO_2

颜色表示了圈闭集合的尺寸。图像的分辨率约为 10μm,水和岩石都没有显示。整体的饱和度为 25%(Iglauer et al.,2011)

图 7.5 和图 7.6 展示了初次排驱和卤水注入后的二氧化碳饱和度分布——Ketton 石灰岩,其孔隙空间前面展示过。最后,图 7.7 展示了不同岩石的图像。在所有的例子中,大约原始饱和度的三分之二被封闭在孔隙中。

这些图片展示了许多尺度的节点都被封闭了,从单个孔隙到一束孔隙,几乎涵盖整个系统。事实上,读者看到了近似渗流理论上的孔隙尺寸的幂分布,这表明,正如预期那样,孔隙空间按照孔隙尺寸依次充注,小孔隙先被水充注,将非润湿相封闭于大孔隙中。

图 7.4 展示了如何处理微 CT 图像,并定义非润湿相封闭。分析包括四个步骤:过滤原始图像,修剪图像到要求尺寸;定义不同相的截断种子;把种子置于两种相截然分开的像素位置;再用截断算法计算。

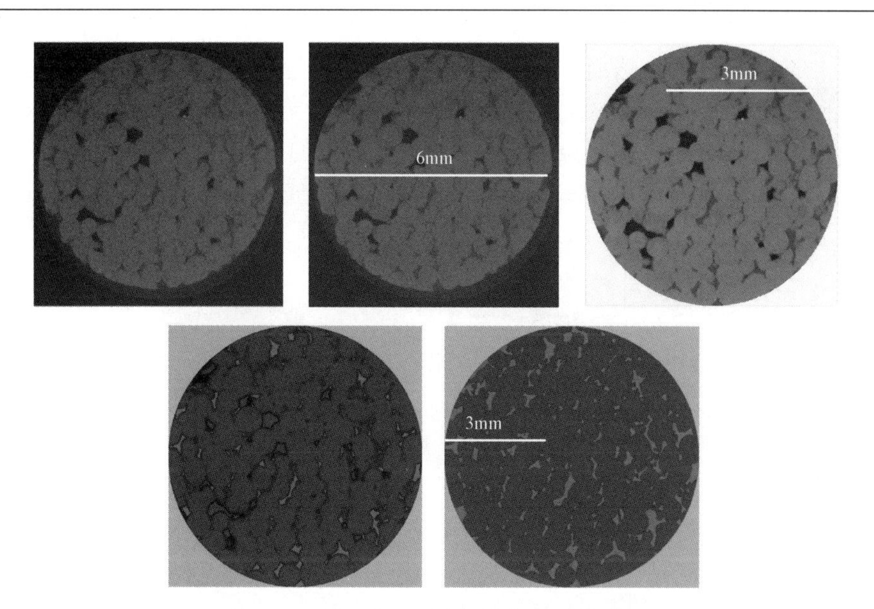

图 7.4 处理微 CT 图像来确定非润湿相

左上的原始图像展示了超临界二氧化碳，$scCO_2$（颜色最深的相），地层水（中等颜色深度的相），以及岩石颗粒（颜色最浅的相）。岩石颗粒约 700μm。处理后的图像中，岩石颗粒为深蓝色，地层水为绿色，非润湿相 CO_2 为红色（Andrew et al.，2013）。这里是 3D 图像的 2D 切片

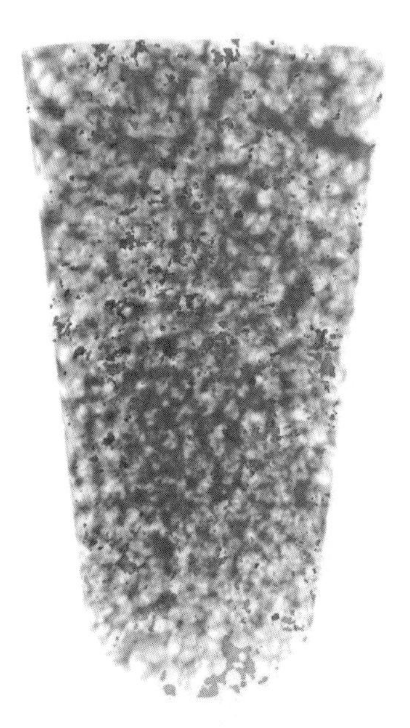

图 7.5 Ketton 石灰岩初次排驱结束时，流体在孔隙内的分布

浅蓝色代表连通的非润湿相（CO_2，表现为浓密的超临界状态，这是在高温高压深层水体中埋存的典型状态）。其他的颜色代表 CO_2 较小的连通体（Andrew et al.，2013）

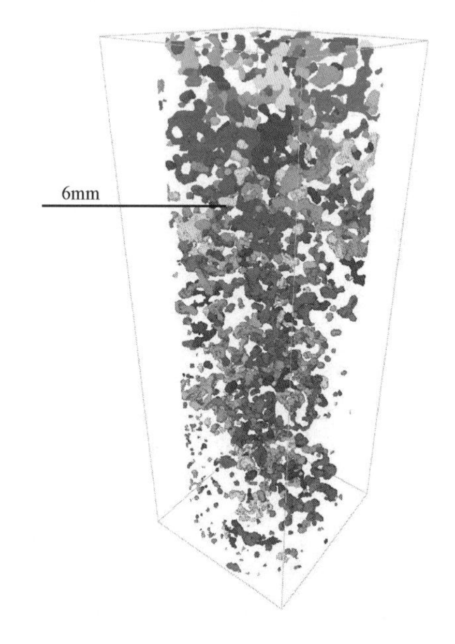

图 7.6 对卤水驱后的残余 CO_2 进行 3D 渲染

每种 CO_2 的节点使用一种特定颜色。每个节点都是孤立的，因此也是被封闭的（Andrew et al.，2013）

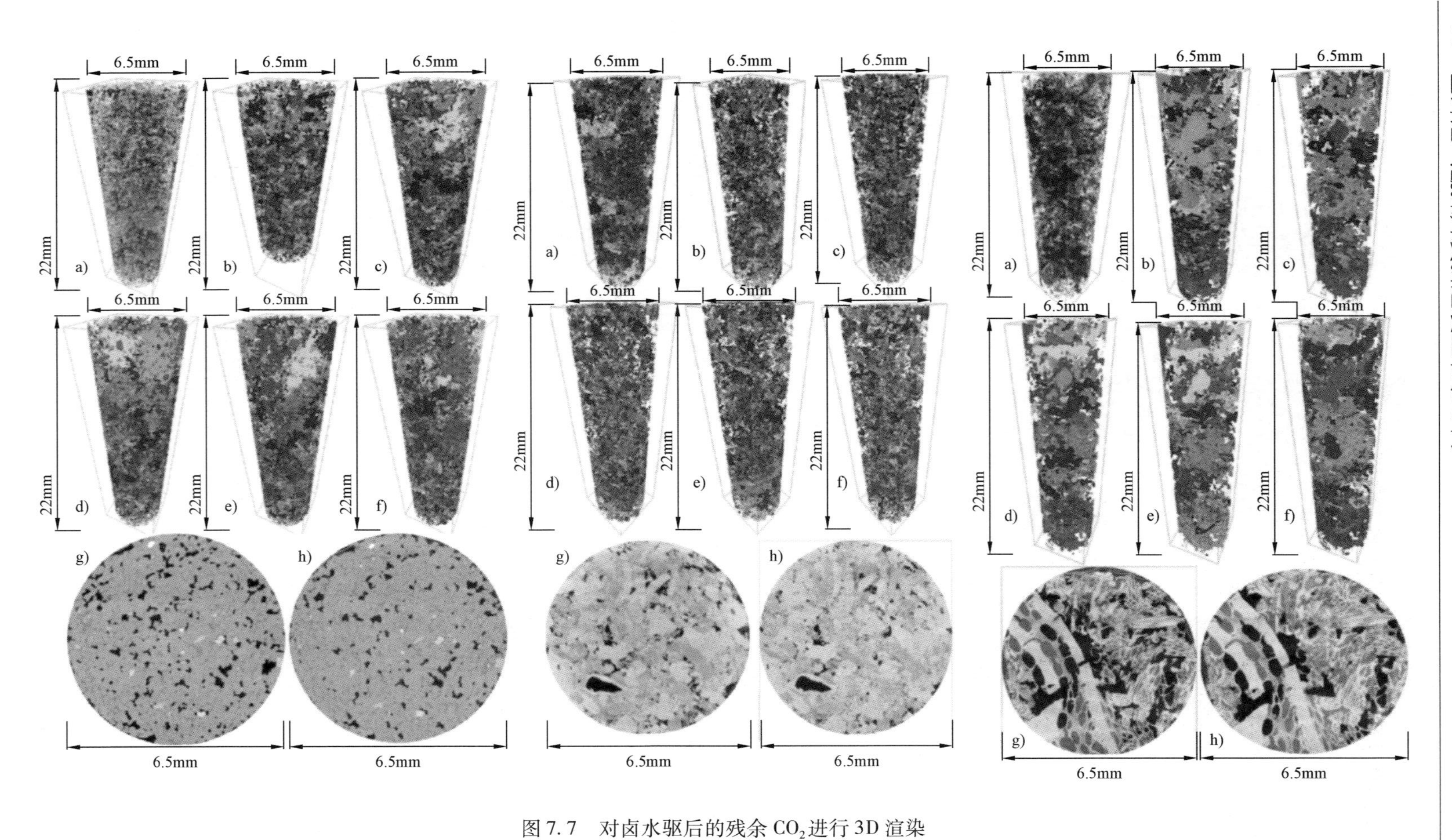

图 7.7　对卤水驱后的残余 CO_2 进行 3D 渲染

每种 CO_2 的节点使用一种特定颜色。每个节点都是孤立的，因此也是被封闭的(左边是 Bentheimer 砂岩，中间是 Estaillades 石灰岩，右边是 Mount Gambier 石灰岩)。图示结果来自 5 次实验，左上是初次排驱后的流体分布，其他 5 个是水驱不同阶段的结果。下部是原始数据的 2D 切片(Andrew et al.，2014)

7.3 典型的毛细管压力曲线和二次排驱

饱和度变化的最后一步是二次排驱，在渗吸后将润湿相重新注入。

图 7.8 展示了驱替过程的典型毛细管压力曲线——初次驱替，水驱（渗吸）以及二次驱替——对于水湿岩石。

为什么二次驱替的毛细管压力比初次驱替的小？这需要考虑非润湿相的封闭，非润湿相在二次驱替过程中再次连接。不要理解成曲线减小了，而是考虑二次排驱的曲线在 X 方向平移了，这就代表了被封闭的非润湿相饱和度。

在毛细管压力中需要注意的是束缚的润湿相饱和度，残余的非润湿相饱和度，曲线的形状，以及它们的相对量级。

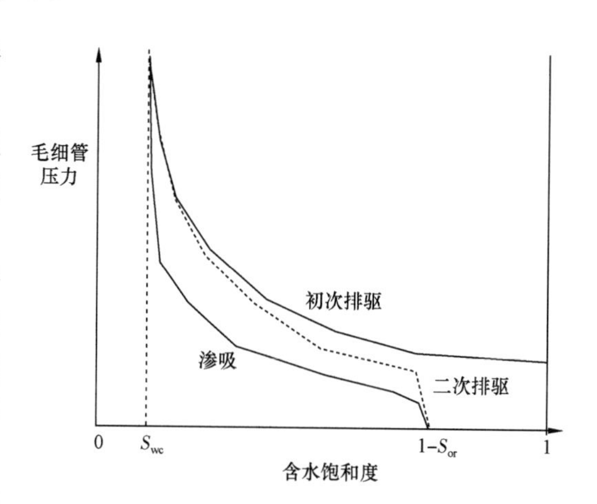

图 7.8　毛细管压力示意图
包括初次排驱、渗吸，以及二次排驱

7.4 不同驱替路径和封闭曲线

图 7.9 展示了不同饱和路径的示意图，注入非润湿相到原始饱和度，再注入润湿相。封闭的总量取决于原始饱和度；随着非润湿相逐步进入更多的孔隙空间，就会在更多的地方被封闭。这个现象可在油田的过渡带被观察到，也发生在二氧化碳注入过程中，二氧化碳不能完全占据空隙，如 7.3 节所述。

机理如下。初次驱替过程中，非润湿相逐渐充满孔隙。如果初次驱替在中间停止，那就只有大孔隙被充注。水驱过程中，封闭主要发生在大孔隙中。因此，一开始非润湿相充注了越多地孔隙，就越多地被封闭。然而，注意圈闭曲线的曲率特征（图 7.10 展示了原始饱和度和残余饱和度的关系）；在低原始含油饱和度时，油只侵入大孔隙，并被封闭了，因此斜率接近于 1，但随着原始含油饱和度增加，斜率减小。当原始含油饱和度很高时，只有小孔隙正在被充注，并且对总的封闭量贡献很小。

图 7.11 展示了实验测量的 Berea 砂岩和 Indiana 石灰岩的封闭曲线，来自帝国理工学院 Rehab EI - Maghraby 的博士论文。上面一组来自 Berea，存在大量的封闭。当非润湿相是超临界二氧化碳时，可从不同角度观察非润湿相封闭；这里假设接触角变化，大角度代表弱水湿导致的较小的截断作用。

封闭曲线通常与经验曲线相一致；没有物理意义，但能有助于理解数据，并提供给数值模拟。最常用的模型来自 Land（1968），最早为气的封闭而开发出来。残余气饱和度为：

$$S_r^* = \frac{S_i^*}{1 + CS_i^*} \tag{7.3}$$

式中　C——常数；
　　S^*——归一化饱和度。

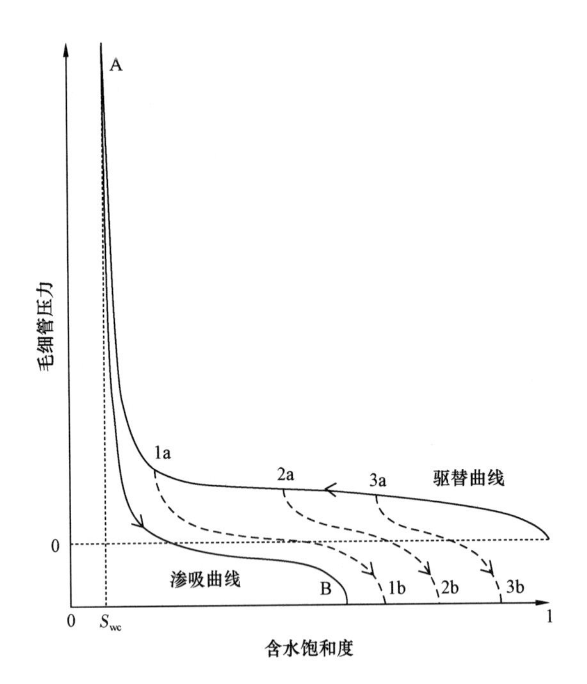

图 7.9 初次排驱渗吸毛细管压力曲线示意图

初次排驱曲线的终点不同,从而决定了后续渗吸(水驱)阶段封闭的油量(Pentland et al. ,2010)

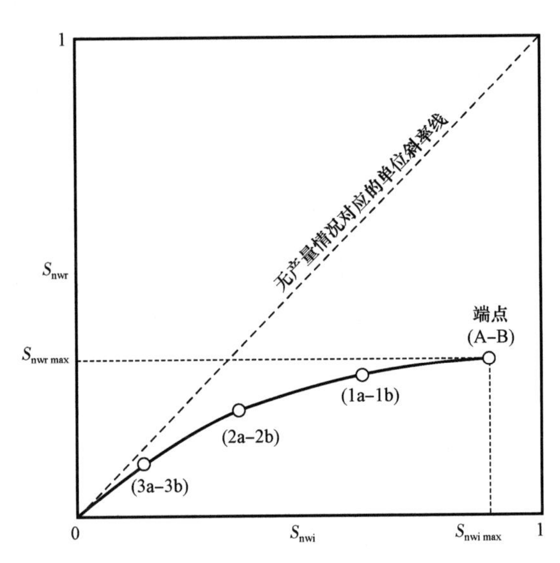

图 7.10 封闭曲线

即非润湿相初始饱和度与残余饱和度的关系,基于图 7.9 中毛细管压力曲线得到(Pentland et al. ,2010)

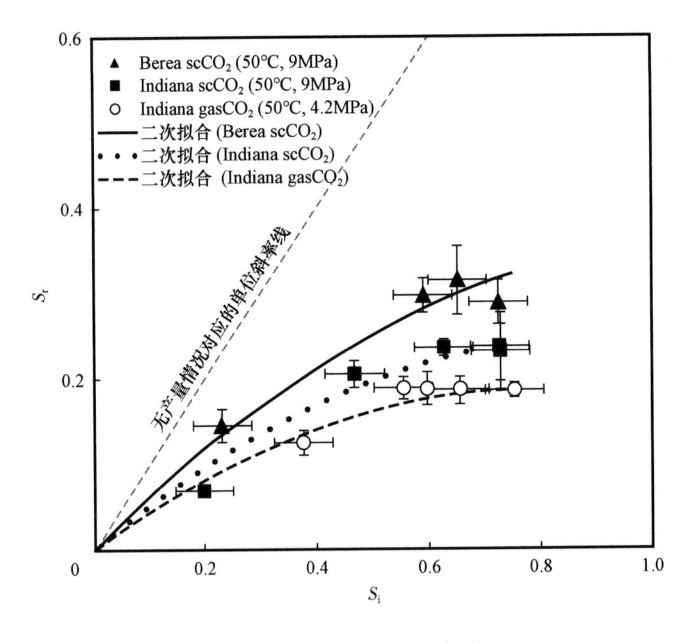

图 7.11 封闭曲线的实验对比

样品来自 Indiana 石灰岩和 Berea 砂岩,使用超临界 CO_2 作为非润湿相。与 Berea 砂岩相比,非润湿相的封闭量更高(El - Maghraby and Blunt, 2013)

$$S^* = \frac{S}{1 + CS_{wc}} \tag{7.4}$$

式中 S_{wc}——束缚水饱和度。

另一模型来自 Spiteri 等人(2018),假设拟合方程为抛物线形式:

$$S_r = \alpha S_i - \beta S_i^2 \tag{7.5}$$

式中 α,β——拟合参数。

如上面讨论的,通常,较少的封闭意味着较少的截断,因此也是相对较弱的强水湿系统。当系统为油湿或混合润湿时,会看到不同的特征,后面将会讨论。

第8章　Leverret J函数

Leverret J函数是毛细管压力的无量纲表达形式，考虑了不同的孔隙尺寸和界面张力。这可用于对来自不同油田，不同测试流体的储层样品进行孔渗系列的分类。

毛细管压力如下：

$$p_c(S_w) = \sqrt{\frac{\phi}{K}}\sigma\cos\theta J(S_w) \tag{8.1}$$

其中，J是无量纲的J函数，是饱和度的函数。式(8.1)背后的转换是单一细管的毛细管压力，见式(4.5)，典型的孔隙半径是$\sqrt{\frac{\phi}{K}}$。式(8.1)可以通过假设为一束半径为R，长度为d的毛细管而推导得到。

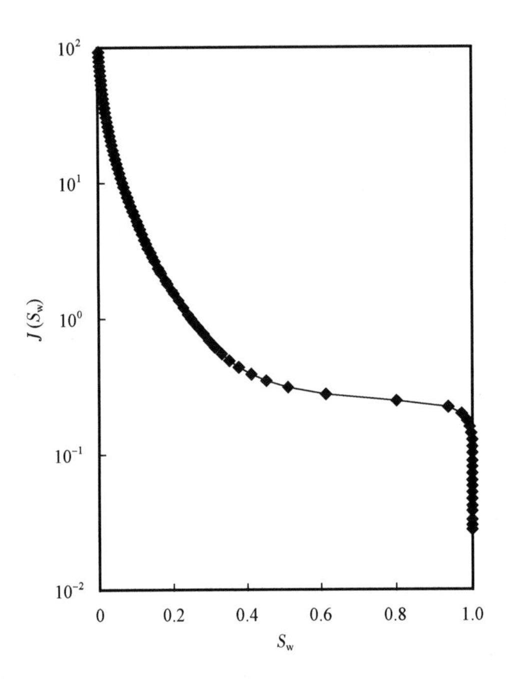

图8.1　Berea砂岩的压汞初次排驱实验Leverett J函数实例

其中主要的排驱发生在$J<1$的阶段。同时，因为汞的驱替发生在真空条件下，故而该实验中没有束缚的润湿相。本图及本章中的其他图皆来自帝国理工学院Rehab El－Maghraby的博士论文

函数只包含孔隙介质的几何形状信息。

有时对于初次驱替$\cos\theta$常被忽略，即假设系统是强水湿的。对于渗吸，$\cos\theta$就不能再忽略，因其控制了驱替特征，且接触角可能为负值。

图8.1展示了对一个测量的进汞压力调整后得到的Berea砂岩的J函数。汞是非润湿相，因此代表了驱替。注意J函数的最小值——无量纲进入压力——通常小于1。J函数等于1时，大部分的孔隙空间被非润湿相侵入。更大的值也有可能，是非润湿相强行进入了孔隙空间的窄角落和缝隙。然而，这些高值通常在实验室得到；强加了一个巨大的毛细管压力和足够的时间使毛细管压力平衡。一般情况下，应用J函数大于1的情形下进行定量计算时要当心，因为这可能并不代表真实的平衡条件。

在带有微孔的碳酸盐岩中，对于$J>1$的情况，可能存在重要的驱替，即当非润湿相进入这些小孔隙中的时候，如图8.2和图8.3所示。

可以将毛细管压力与孔隙尺度的分布联系起来；这是对压汞测试的基本分析。首先，式(4.5)被用于将毛细管压力转化为喉道半径，假设超覆驱替发生在圆管中。因此，定义有效半径代替p_c：

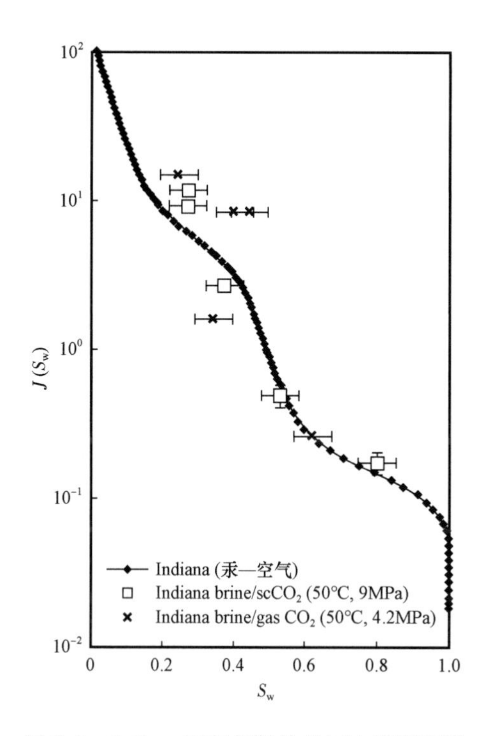

图 8.2 Indiana 石灰岩样品的初次排驱压汞曲线计算的 Leverett J 函数曲线

驱替过程为 CO_2 驱替卤水。需要注意，使用不同的流体进行测量，其结果在实验误差范围内，表现为同一条 J 函数曲线。同时，存在不同的区域，在各自区域中，含水饱和度随压力快速变化，这表明样品中发育低进入压力的粒间孔和高进入压力的粒内孔

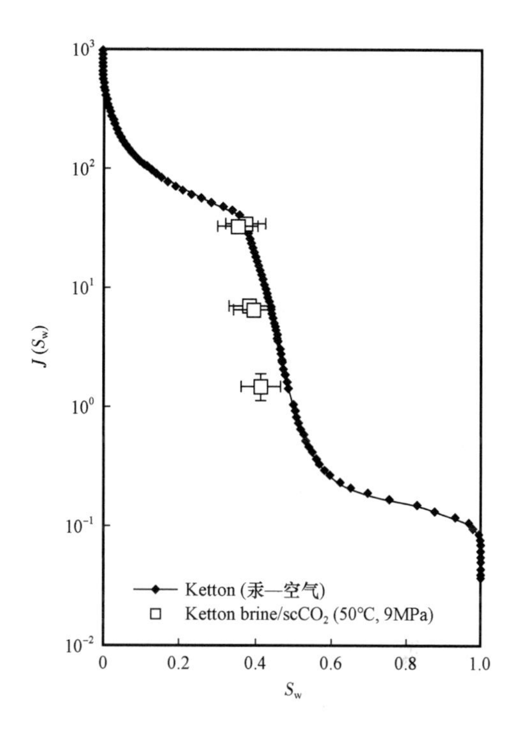

图 8.3 Ketton 石灰岩样品的初次排驱压汞曲线计算的 Leverett J 函数曲线

驱替过程为 CO_2 驱替卤水。与 Indiana 石灰岩一样，样品中发育粒间孔和粒内孔

$$r(S) = \frac{2\sigma\cos\theta}{p_c(S)} \tag{8.2}$$

这样就可以计算半径了，通常定义式(8.3)：

$$G(r) = \frac{\mathrm{d}S}{\mathrm{d}(\ln r)} = r\frac{\mathrm{d}S}{p_c}\frac{\mathrm{d}p_c}{\mathrm{d}r} = -p_c\frac{\mathrm{d}S}{\mathrm{d}p_c} = -\frac{\mathrm{d}S}{\mathrm{d}\ln p_c} \tag{8.3}$$

$G(r)$是半径为 r 的喉道数量的指标。在毛细管压力和有效孔隙尺寸图中，因为变化范围很大，因此常用对数坐标。这并不是严格的喉道尺寸的分布，因为初次排驱的驱替过程——技术上类似于侵入渗透——允许大孔隙和喉道被充注，只在高压条件下进入小孔隙。然而，这确实在数学上给出了一些孔隙尺寸范围的指示。

图 8.4 至图 8.7 展示了一些岩心例子的分布；注意碳酸盐岩表现为复模分布，包括大孔和微孔。

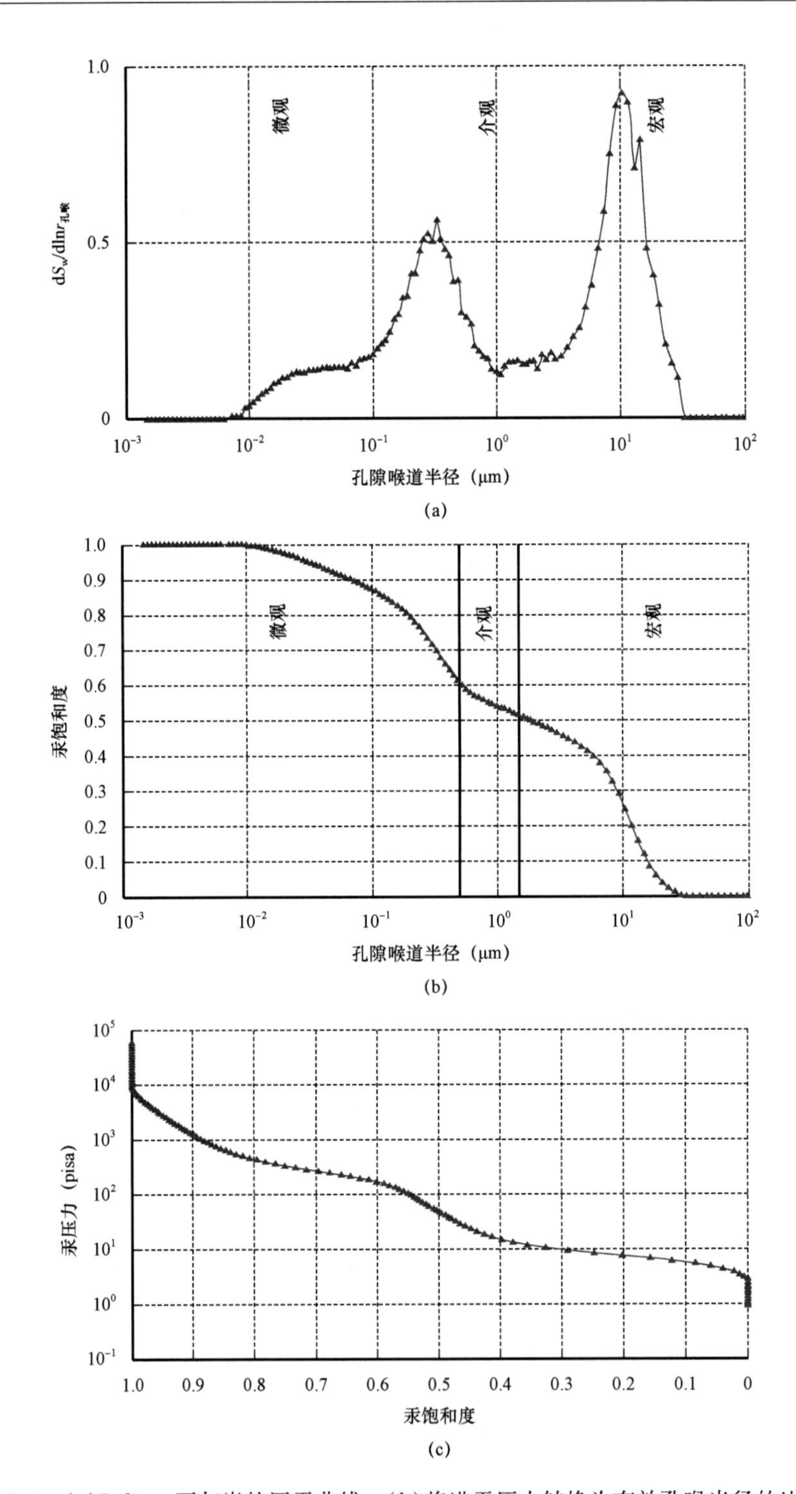

图8.4 (c)Indiana石灰岩的压汞曲线。(b)将进汞压力转换为有效孔喉半径的比例。(a)通过式(8.2)和式(8.3)计算的喉道尺寸的分布

喉道尺寸的分布范围很宽,可以看到明显的大孔隙部分和微孔隙部分

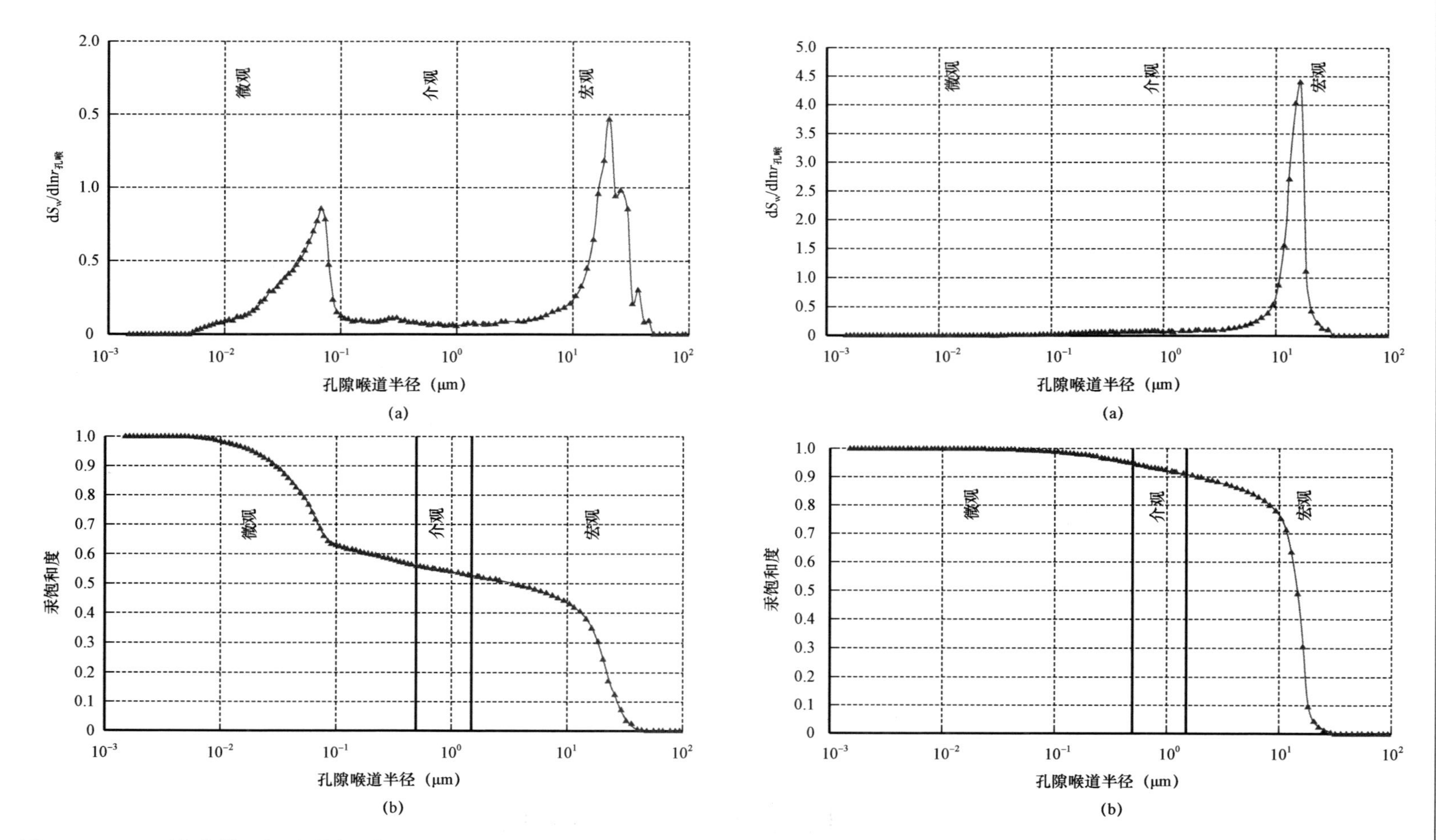

图 8.5 Ketton 石灰岩样品中，喉道半径与饱和度的关系，以及喉道半径的分布

可以清楚地看到较大的粒间孔和较小的粒内微孔

图 8.6 Doddington 砂岩的喉道尺寸分布

该样品喉道半径分布范围较窄，没有微孔部分

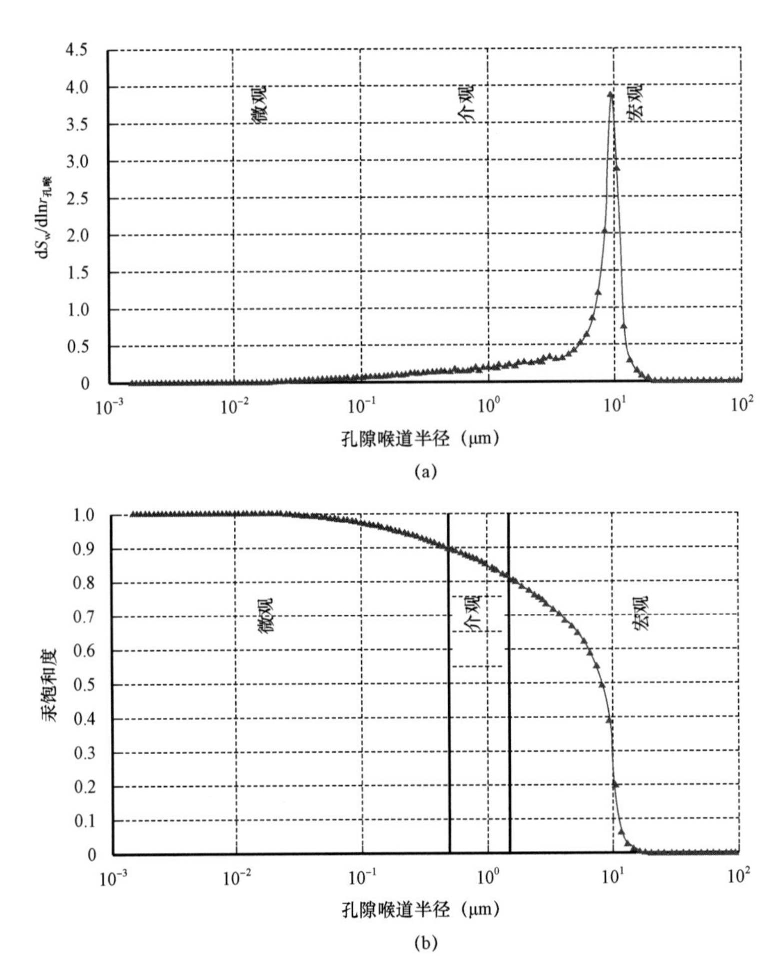

图 8.7 Berea 砂岩的喉道尺寸分布

喉道较大,但分布较窄,平均喉道尺寸小于 Doddington 石灰岩

第9章　混合润湿介质的驱替过程

就像上文讨论的，大部分油藏中包含油湿和水湿的区域。这意味着水侵过程中，可以在油湿的区域利用负的毛细管压力使原油流出。

图9.1展示了一些典型的实验表达润湿性的影响。曲线可以表达目的，但不能展示油湿条件下正确的剩余油情况，因为用实际实验很难测量。这一部分将提供一个物理解释。重点是如何将宏观属性——这里就是毛细管压力——与孔隙尺度的性质和微观上的流体配置联系起来。

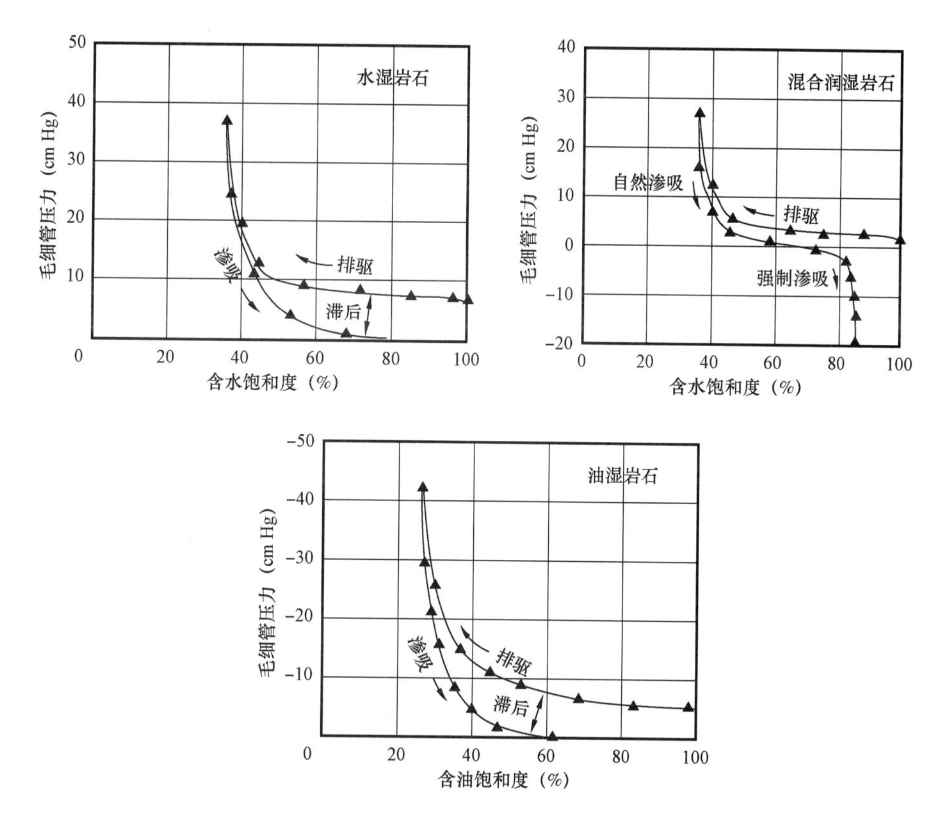

图9.1　水湿、油湿，以及混合润湿岩石的毛细管压力(p_c)曲线

如果样品不是水湿的，那么毛细管压力是负数(Killins,1953)。"渗吸"这个术语在毛细管压力为负数时，发生强制驱替的情况是不适用的，"渗吸"仅限于毛细管压力为正数时的自然吸入过程

9.1　油层

封闭程度取决于夹在水层中的油层的形态和连通性。如图9.2所示，如果表面为油湿，那水变成非润湿相。这意味着水更易于充满大孔隙的中心。然而，在初次排驱之后，水仍然占据着角落。因此，在角落里的水和中心的水之间存在油层。

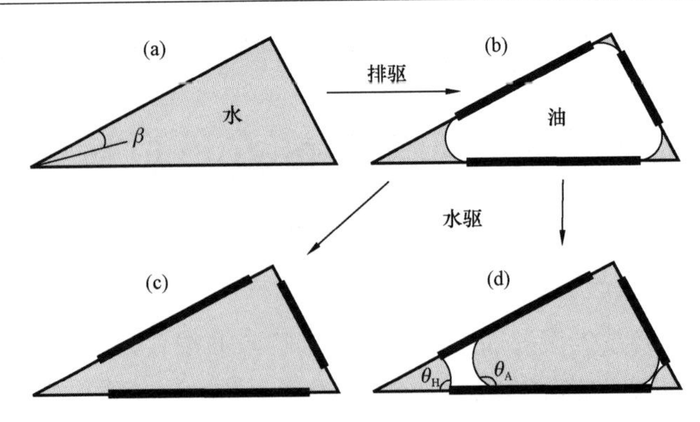

图 9.2　单个孔隙空间中的可能的油水配置形态

孔隙空间中完全饱和度水。之后进行驱替,非润湿的油相占据孔隙的中部,水相被限制在孔隙的角落中。孔隙空间中与油直接接触的位置润湿性发生了改变。注水时,水可以占据整个孔隙空间,或者,如果岩石表面的润湿性发生了改变,就会形成岩石—油膜—水的夹层结构,油占据孔隙角落,水占据孔隙中心。这些油膜会使油相保持连通,并在驱替后达到很低的饱和度,尽管速度非常慢(Valvatne and Blunt,2004)

这些油在油相饱和度很低的时候也能保持连通。当水层压力增加时,油逐渐变薄,最后变得不稳定,而被封闭起来。但是,通过这些层的流动速率很慢,因此,实验上,需要等相当长的时间才能看到油量降到残余油饱和度。这个过程与初次排驱时束缚水饱和度的情况相似;同样需要相当长时间才能达到束缚水饱和度。

9.2　润湿性对毛细管压力的影响

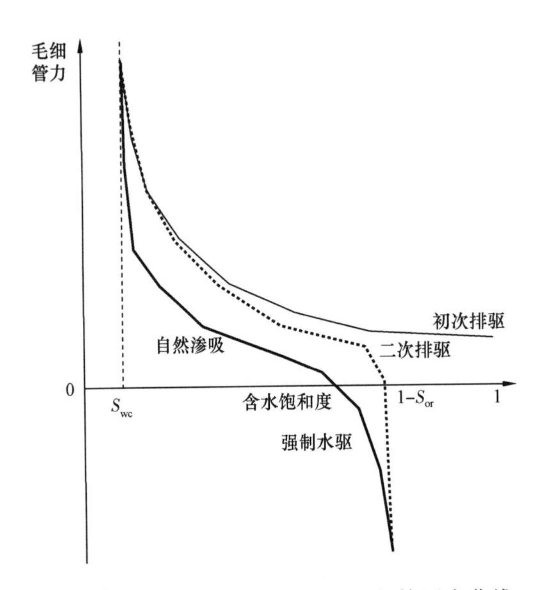

图 9.3　典型的弱水湿系统的毛细管压力曲线

其中有一部分孔隙空间需要通过强制注水才能到达,自然界存在的样品中,很少有水驱过程中,毛细管力就表现为负数的情况。一般只在二次排驱和水驱过程中存在负数的毛细管压力,而初次排驱过程通常表现为水湿特征(即压汞过程,或是原油改变了系统润湿性之前的水驱过程)

9.2.1　弱润湿介质

图 9.3 展示了一个弱水湿系统。这里,注水时,一些水被驱替了;但介质没有自然渗吸原油,指示了系统中没有连通的油湿路径。

水侵曲线中,毛细管压力为负的区域称为强制水侵区。毛细管压力为正的区域称为自然水侵。为了避免混淆,渗吸和排驱只在毛细管压力为正的时候使用。

毛细管压力变为负数,即使没有孔隙空间的固有接触角大于 90°;而是由于接触角滞后,或是在孔隙充注过程中的实际半月形界面配置,一些驱替压力为负数,意味着水需要比非润湿相的油以更高的压力来侵入。

9.2.2　混合润湿介质的毛细管压力

图 9.4 是混合润湿介质自然驱替油和水——既有水湿的连续通道,也有油湿的连续通道。在油的第二次侵入过程中,油的渗吸与水湿系统中的水具有相同的路径,水在油层中

被截断。这会导致水以非润湿相形成可观的封闭。相反,因为油的连通性,导致较少的油被封闭。

水驱过程中,当毛细管压力为负数时,最大的油湿孔隙更容易被充注,之后是小孔隙。毛细管压力曲线在通过0值时趋向于变平(图9.5),因为充注从水湿的大孔隙转到油湿的大孔隙;因为充注了这些孔隙,饱和度变化很大,但毛细管压力变化不大。

9.2.3 油湿系统

图9.5展示了没有自然水渗吸的强油湿系统。残余油饱和度比水湿介质低;这是因为在低饱和度时油仍保持连续。在油的第二次侵入时,将发生重要的侵入过程。

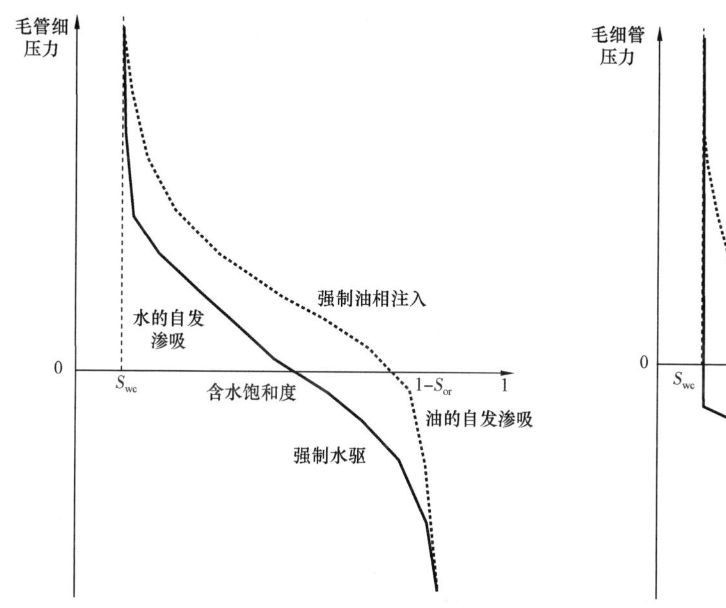

图9.4 典型的混合润湿系统的毛细管压力曲线
同时发育连通的水湿和油湿孔隙,可见油和水同时渗吸

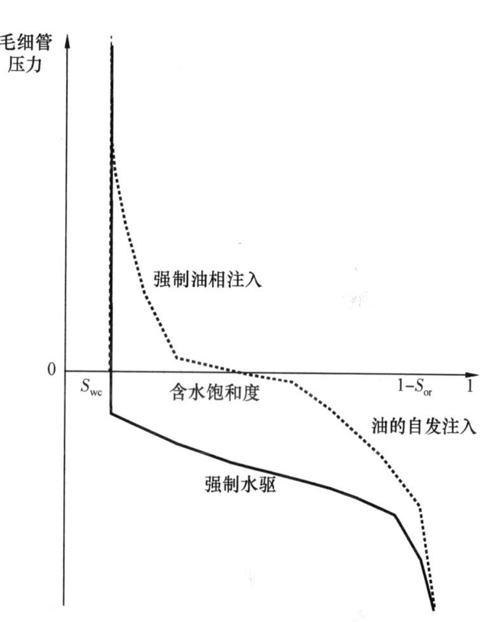

图9.5 典型的油湿系统的毛细管压力曲线
不发生水相的渗吸,而存在明显的油相的自发渗吸

9.3 混合润湿的封闭曲线

在混合润湿系统中,原始含油饱和度与残余油饱和度的关系比水湿更复杂。首先,剩余油饱和度受允许油通过的通道的展布范围控制。因此,越多的水注入时,就有越多油产出来,并且剩余油饱和度减小。就像之前提到的,实验很难获得真正的残余油,或是最小的饱和度,当油继续流动时,速度很慢,直至达到很低的饱和度。

其次,原始含油饱和度和残余油饱和度的关系并不是单调变化的。当原始含油饱和度较低时,剩余油饱和度随原始含油饱和度增加而增加,原因很明显,因为原始条件有更多的油,也就有更多的油被封闭了。但是,在更高的原始含油饱和度时,残余油饱和度降低。这个奇怪的现象是因为油层比较稳定。在较高的原始含油饱和度时,水被快速推向孔隙的角落。这使后续水驱过程中,油层更厚且稳定,这意味着需要更高的注水压力。这扩大了排驱机制,使更多的油被采出来。在很高的原始含油饱和度条件下,剩余油饱和度可能再次增加,因为有更多的油,在水湿和油湿区域的驱替和连通性方面,存在微妙的竞争,有的时候,可能就不连续了。

这个奇怪的现象在实验中被观察到了,也可以用孔隙尺度的模型进行预测。图 9.6 展示了一些实验数据。

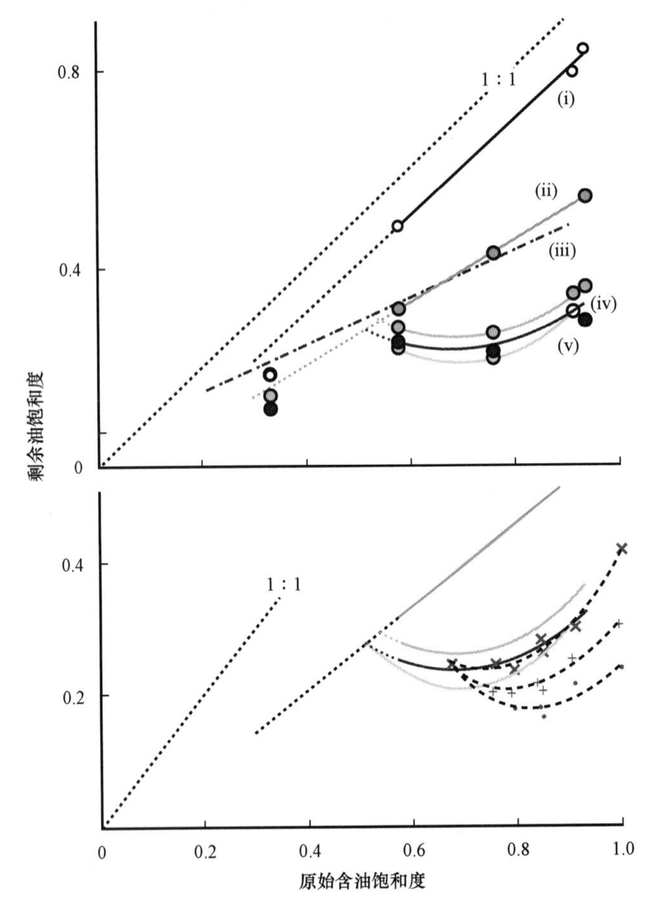

图 9.6 实验测得的 Indiana 碳酸盐岩的剩余油饱和度与原始含油饱和度的关系

上图数据来自帝国理工学院(Tanino and Blunt, 2013),下图是对 Salathiel (1973)数据的重新绘制。不同的曲线代表注入量从 1 倍孔隙体积到 200 倍孔隙体积

9.4 过渡带

当原油初次运移到油藏中时,自由水界面上的饱和度和毛细管压力都随压力变化——自由水界面就是油水压力相同的地方——毛细管压力为 0。自由水界面之上,毛细管压力随深度增加而增加,就像前面说的毛细管中的新月形界面[式(4.9)]。对于具有不同孔渗的储层,用 J 函数来确定自由水界面之上的饱和度。其饱和度为:

$$\Delta\rho gh = p_c(S_w) = \sqrt{\frac{\phi}{K}}\sigma\cos\theta J(S_w) \tag{9.1}$$

这里 $\Delta\rho$ 是油水密度差。式(9.1)可以变为:

$$S_w(h) = J^{-1}\left(\frac{\Delta\rho gh}{\sigma\cos\theta}\sqrt{\frac{\phi}{K}}\right) \tag{9.2}$$

这个原始饱和度分布——通常从初次排驱毛细管压力曲线得到——如图9.7所示，为一个均匀介质。如果原油长时间附着于表面，则原始含油饱和度将影响后续水驱的润湿性；较高的毛细管压力使油接触更多的固体界面，进而倾向于油湿条件。中等饱和度可能导致混合润湿岩石，较高的原始含油饱和度意味着油和固体界面较少的接触，介质仍为水湿。后面将考虑水驱采收率的意义，之前已经讨论了孔隙介质中的多相流。需要注意，很多油藏在油水界面之上表现出从水湿到油湿的过渡带；低渗透储层的过渡带可能延伸数十米，这也证明了式(9.1)。

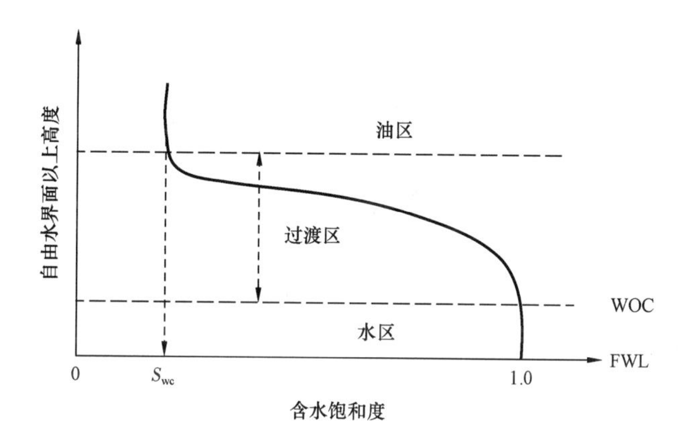

图9.7 过渡带示意图

这里含水饱和度是自由水界面以上高度的函数，自由水界面是毛细管压力为零的位置。
油水界面是通过电阻率测井曲线得到的，地层中最高的明确水层(低电阻)的位置。
含水饱和度的分布还会影响水驱过程中的润湿性

设想一下，渗透率约10mD，孔隙度0.16，密度200kg/m^3，$\sigma\cos\theta=0.025$N/m。那么当$J=1$时，水饱和度将降至束缚水饱和度。对应的高度有50m，整个油藏的饱和度都随深度变化，因此将其假设为束缚水饱和度是错误的。

9.5 Amott 润湿指标

Amott 润湿指标用于定量测量岩心润湿性，最早由 Amott 提出。测量原位的接触角很困难，并且在所有情况下，这并不与毛细管压力直接相关，因此从宏观上描述润湿相就很有价值。从一个水驱剩余油的岩心开始研究。

(1)油自然渗吸($p_c<0$)。

(2)油加压注入($p_c>0$)。

(3)水的自然渗吸($p_c>0$)。

(4)水的加压注入($p_c<0$)。

油和水的润湿指标定义为：

A_o =第一步增加的油的饱和度前两步增加的油的饱和度；

A_w = 第三步增加的水的饱和度和第三、四步增加的水的饱和度。

纯净砂岩中,$A_o = 0$,$A_w = 1$。很少看到 $A_o = 1$ 的情况。有的岩石一个值很低,而另一个为0——没有自然驱替过程,意味着接触角都接近于90°。但大部分情况是,对一个储层样品,是混合润湿的,油和水都能自然渗吸,两个指数都不为0。

很多学者都不能用两个指数代表润湿性,因此用 Amott - Harvey 指数代替,即 $A_w - A_o$。引入这个概念是假设岩石中具有统一接触角,按照定义,Amott 指标中的一个必须为0。然而,这不适用于混合润湿系统;混合润湿系统中,Amott - Harvey 指数等于0有两种情况,一种是岩石一半油湿,一半水湿;另一种是中等润湿,接触角接近于90°。要区分这两种情况。

9.6 实例练习

1. 回到前面讨论的油水过渡带的问题。很多油藏中,比如阿拉斯加北坡的 Prudhoe Bay 油田,在油水界面附近是弱水湿的,向上远离油水界面时,逐渐趋向于变为油湿。用自己的语言解释为什么会看到这种现象。

2. 考虑3种情况下流体界面处的平衡,油水、油气,以及气水。推导3种情况下界面张力与润湿角的关系。下面会讨论三相同时存在时的流动特征。

3. 假设一个背斜气藏,盖层为泥岩层,渗透率为0.1mD,孔隙度为0.2。气藏周围围绕水体。估计气藏的含气高度。气的密度为200kg/m^3,水的密度为1000kg/m^3。气水界面张力为60mN/m(提示,绘制气藏的模式图。气藏圈闭的条件是盖层毛细管压力足够高,从而防止气进入盖层。使用 Leverett J 函数,无量纲入口压力为0.3。毛细管压力对应于密度差形成的压力)。

4. 解释为什么水湿型孔隙介质会比油湿介质残余油饱和度更高。解释为什么油水接触角接近90°时,比接触角接近0°时的孔隙介质残余油饱和度高。两种孔隙介质的 Amott - Harvey 指数为0,表示其既不亲水,也不亲油。其中一种介质的 $A_w = A_o = 0$,另一种 $A_w = A_o = 0.4$。你认为哪个系统的残余油饱和度更低,为什么?

第 10 章　流体流动和达西定律

现在在分析中引入流动——尤其是孔隙介质中的达西定律——为孔隙尺度下流速和压力梯度的关系提供基础。首先考虑单相流动(默认情况下为水),然后讨论多相流(包括油气水)。

10.1　Stockes 流

流体流动中有两个基本概念。这两个概念并不只是用于孔隙介质的流动,而是对所有流体流动都适用。第一个概念是质量守恒:

$$\nabla \cdot \rho v = 0 \tag{10.1}$$

这里不对方程进行推导——考虑流入任意体积,并应用 Green 定理——后面将对多相流方程进行更简单的推导。

第二个概念是流体的动量守恒,即是 Navier - Stockes 方程,应用于所有流动,从岩浆到空气、海洋。

$$\rho\left(\frac{\partial v}{\partial t} + v \cdot \nabla v\right) = -\nabla p + \mu \nabla^2 v \tag{10.2}$$

式中　ρ——密度,kg/m^3;

v——速度,m/s;

p——压力,MPa;

μ——黏度,mPa · s。

这里可作大量简化。如果假设为不可压缩流体,油气水在相对小的空间内,密度随压力变化很小,可视为常数,式(10.1)可变为:

$$\nabla \cdot v = 0 \tag{10.3}$$

这是一个体积守恒的表达式,可以被直接推导出来,很多地方与质量守恒一样。

还可以考虑流场随时间变化很慢,因此可以忽略方程中复杂的时间项。进一步地,流动很慢,在这种条件下,相对应空气等速度项也可以忽略,那么可得到稳态的 Stockes 方程:

$$\mu \nabla^2 v = \nabla p \tag{10.4}$$

应用现代的线性解法和运算速度很快的计算机,可以在之前提到的孔隙空间图像上得到数值解。现在,可以在桌面计算机上解十亿网格的问题。

10.2 雷诺数和流场

慢速流动的概念可以通过引入雷诺数 Re 来量化,这是惯性力与黏滞力的比:

$$Re = \frac{\rho v L}{\mu} \tag{10.5}$$

式中 ρ——流体密度,kg/m^3;

μ——黏度,mPa;

v——特征速度,m/s;

L——特征长度,m。

流体在迷宫一样的颗粒间隙或复杂的裂缝系统中流动很慢。特征长度是喉道长度,或是大的孔隙空间之间的窄束,其阻碍了流动。对于固结岩石,L 一般是 10~100μm(10^{-5}~10^{-4}m),对于砂和砾石,约为 10^{-3}m。流速一般为10m/d(约 10^{-4}m/s),对于地下水则更慢,对于储层内的流体还要低 1~2 个量级。对于 $\rho = 10^3 kg/m^3$,$\mu = 10^{-3} kg/(m^3 \cdot s)$ 的水,$Re = 10^{-1}$~10^{-3}。黏滞力起控制作用,孔隙介质中为层流。

可以对 Navier - Stockes 方程进行平均,这描述了单一流体缓慢,以层流方式通过障碍。对流体进行平均,以代表一个包含一些岩石和砂砾的体积单元。由于雷诺数很低,黏滞力起控制作用。常速运动需要压力梯度或动力。可推导出体积流速和压力梯度之间的线性关系,即达西公式,后面将会提到。

首先,介绍一些孔隙空间、压力分布和流场的例子(图 10.1 至图 10.5)。在均匀介质中,就像圆球堆积那样,流动相对均一;但在非均质介质中,流动被弯曲的通道所限制,就像在很多碳酸盐岩中那样。

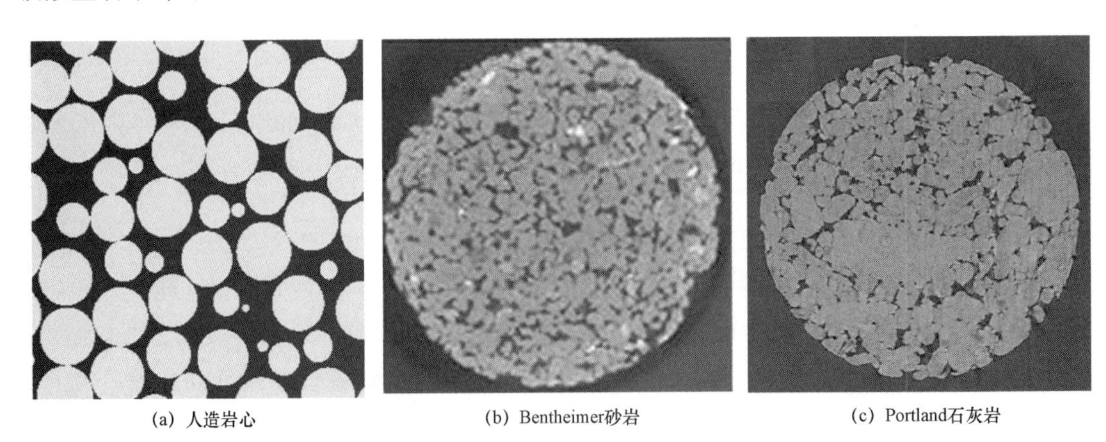

(a) 人造岩心　(b) Bentheimer砂岩　(c) Portland石灰岩

图 10.1　3 个三维图像的二维剖面图

(a)人造岩心,(b)Bentheimer 砂岩,(c)Portland 石灰岩,样品的半径约为 5mm,图像的分辨率为 5~9μm

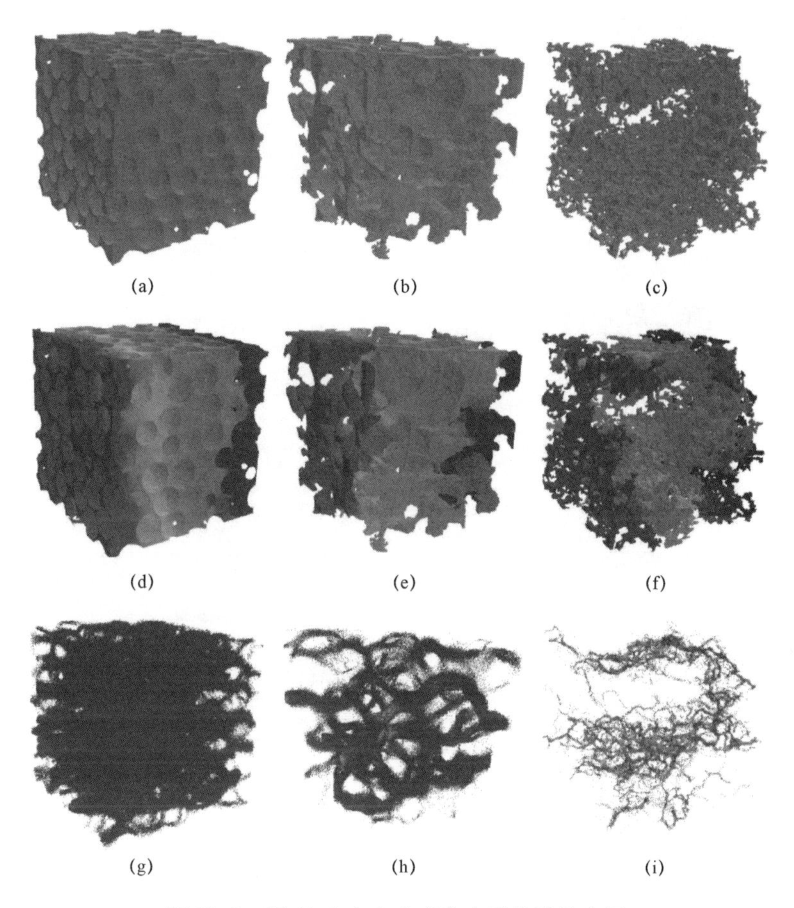

图 10.2　图 10.1 中 3 个多孔介质的孔隙空间

流动的压力场从左向右，红色代表高值，蓝色代表低值。最后一行是流动场，表示了最高的流动区域。在人造岩心中的流动相对均匀，在碳酸盐岩中只有较少的弯曲通道（Bijeljic et al. ,2011）

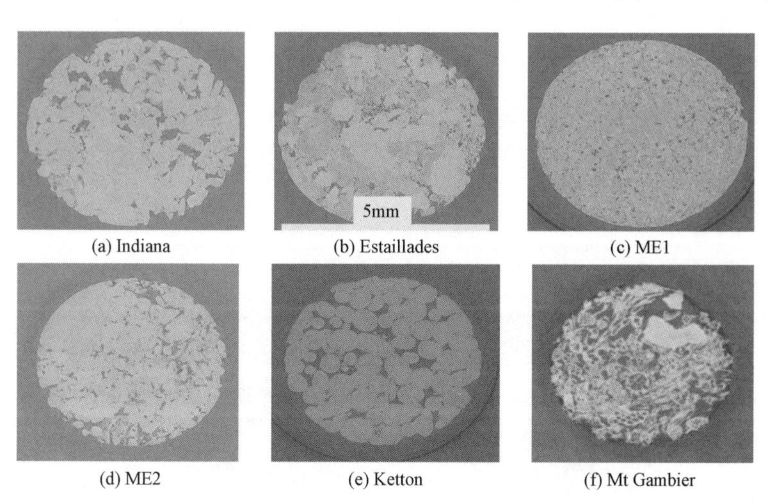

图 10.3　不同碳酸盐岩样品三维图像的二维切片

其中两个来自中东的水层中（ME1 和 ME2）

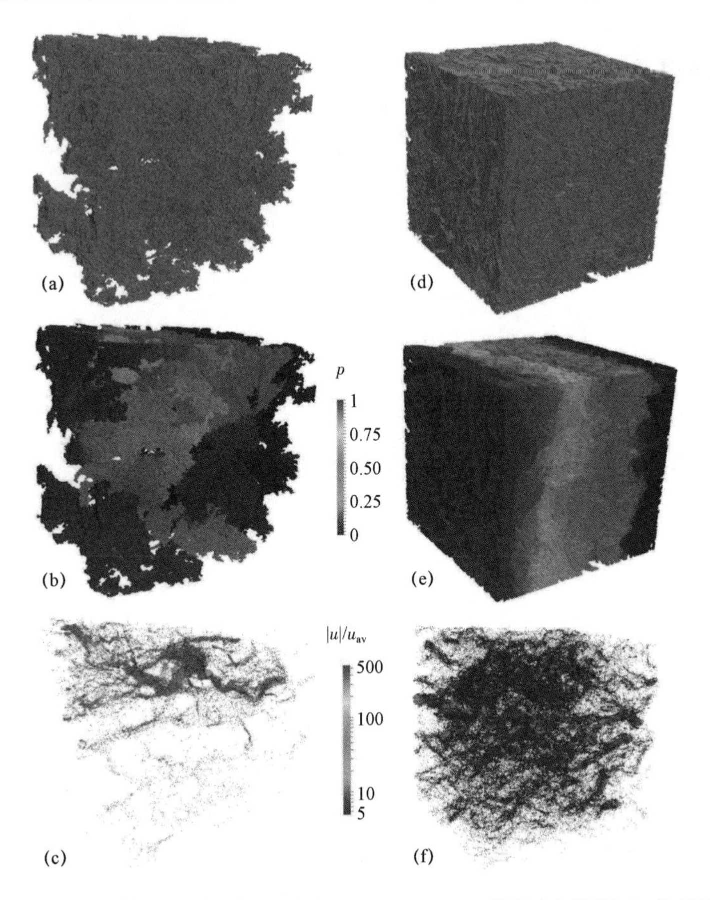

图 10.4 Estaillades 样品(左侧图 a~c)和 Mount Gambier 样品(右侧图 d~f)的孔隙空间

图中对比了压力和流场。Estaillades 样品的流动通道相对弯曲,孔隙连通性更差,而 Mount Gambier 样品,虽然地质意义上的结构更加复杂,但孔隙连通性更好,流动更均一(Bijeljic et al. ,2013)

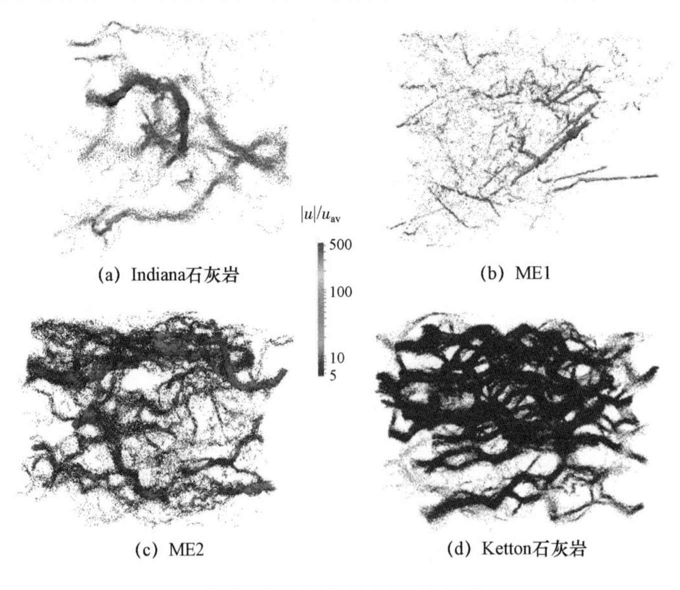

图 10.5 样品的归一化流场

10.3 平均特征和达西定律

孔隙空间中,局部速度变化很大;事实上,通常可看到流速上八个量级的变化。但是,如果只关心平均流动,那就有一个简化的方式。

在实验上,流速和压力梯度有线性关系;这也可以通过严格的数学推导得到。这个关系就是达西公式:

$$q = -\frac{K}{\mu}(\nabla p - \rho g) \tag{10.6}$$

q 是局部流速,虽然单位是速度单位,但实际上是单位时间通过单位面积的流体体积。本质上,是所有变化很大的局部速度在总的流动方向上的总和,再乘以孔隙度。负号表示从高压流向低压——就是沿着压力减小的方向。注意,式(10.6)中已经考虑了重力的影响:g 是重力加速度。

可以进一步发展式(10.6),通过引入 Poiseuille 法则,增加相对渗透率;这个表达式将单一毛细管中的流速和压力梯度联系起来,并且可以通过 Navier - Stockes 方程直接推导:

$$Q = -\frac{\pi r^4}{8\mu}(\nabla p - \rho g) \tag{10.7}$$

其中,Q 是单位时间半径为 r 的毛细管中的体积流量。注意四次方,这意味着传导性对通道的半径非常敏感。

半径的四次方——或是面积的平方——跟电流不一样。电流在固定电势降的情况下与导线的面积成简单的比例关系。为什么? 有电子的流动——面积翻倍,电流也翻倍。那为什么流体流动时候关系不一样,不像电流那样? 关键的区别是电子的运动速度由电势梯度决定,而与金属线的截面面积无关。但对流体来说,情况就不一样了,因为在固体表面有个速度为零的边界条件。这意味着远离固体时速度增加——受黏度控制——所以大孔隙中的流动比小孔隙中快。总的流量与平均速度乘以面积相关。这种情况下,两者都随孔隙尺寸的增加而增加。

后面将拟合多相流特征,并讨论每种相对孔隙尺寸的敏感性如何。

现在假设有一束长度为 d 的平行管。那么孔隙度就是 $\pi r^2/d^2$,达西速度就是 Q/d^2。式(10.7)可以变为:

$$q = -\frac{\phi r^2}{8\mu}(\nabla p - \rho g) \tag{10.8}$$

对应于式(10.6)有:

$$K = \frac{\phi r^2}{8} \tag{10.9}$$

注意$\frac{\phi}{8}$远小于 1;如果考虑在连通不好的孔隙中迂回地流动,渗透率将比孔隙面积情况下小 1000 倍。后面讨论流速对驱替的影响时,将用到这个概念。

可以用式(10.9),通过简单测量 K 和 ϕ 来估计典型的孔隙尺寸。这里定义:

$$r \sim \sqrt{\frac{K}{\phi}} \tag{10.10}$$

这个关系被用于推导 Leverett J 函数,可以解释毛细管压力和其无量纲形式的关系。

稍微留意一下,图 10.6 列出了这个领域几个著名的名字。笔者找不到最著名的 M. C. Leverett 的图片。有意思的是 Darcy 和 Navier 都出生在第戎。

(a) George Stokes

(b) Claude-Louis Navier

(c) Henry Darcy

图 10.6 George Stokes, Claude - Louis Navier 以及 Henry Darcy
只有第一位不是出生在法国第戎

10.4 达西公式的其他表示方法和水力传导性

x 方向的达西公式如下:

$$q = -\frac{K}{\mu}\left(\frac{\partial p}{\partial x} - \rho g_x\right) \tag{10.11}$$

y,z 方向的方程相似。

通常需要计算通过面积为 A 的剖面的总流量 Q,由于 $q = Q/A$,因此:

$$Q = -\frac{KA}{\mu}\left(\frac{\partial p}{\partial x} - \rho g_x\right) \tag{10.12}$$

对于线性流动,$\frac{\partial p}{\partial x}$可写为 $\Delta p/L$,就是在距离 L 上的压降。

水动力学文章主要关注水的流动,在水动力学文章中,达西公式常包含水动力连通性 K_H:

$$K_H = \frac{K\rho g}{\mu} \tag{10.13}$$

g 是重力加速度,密度和黏度都是水的参数。K_H的量纲是长度/时间。在重力作用下,垂直流速是 1m/s,此时,K_H的量纲就是 1m/s。那么,达西公式可写为:

$$q = -K_H \frac{\partial p}{\partial x} \tag{10.14}$$

这时：

$$p = \frac{P}{\rho g} + z \tag{10.15}$$

这是压力水头和位势水头的和。因为研究内容将涉及油气水的流动，因此将应用式(10.11)的达西公式形式。

10.5 渗透率的单位和达西的定义

渗透率 K 是孔隙介质的几何属性。除了高速流动下的气，渗透率与流速和流体性质没有关系，包括黏度、密度等。K 的量纲是长度的平方。一般情况下，渗透率的单位用达西(D)；如果流速是 $1m^3/s$，黏度是 $10^{-3}kg/(m \cdot s)$ 或 $10^{-3}Pa \cdot s$（水），岩石长度 1cm 见方，压降为 1atm（约 $10^{-5}Pa$），那么其渗透率就是 1D。1D 约为 $10^{-12}m^2$。达西不是标准单位，但通常用于渗透率的测量。对于固结岩石，通常使用 mD，1000mD = 1D。

10.6 流速的定义和孔隙度

虽然 q 是速度变量符号（常称为达西速度），但严格上并不是流速。实际的流速还带一个孔隙度项，为 q/ϕ。q 是单位时间通过单位面积的流体体积。设想有一个截面 $1cm^2$、孔隙度 0.5 的石板，每秒有 $1cm^3$ 的流体进入石板，其将充满孔隙空间。如果孔隙度是 0.5，那么 $1cm^3$ 流体将充满 $2cm^3$ 的岩石。那么，每秒流体流过 $2cm^3$ 的岩石，对应流速 q/ϕ 就是 2cm/s。非固结砂岩和砾石，孔隙度为 0.3~0.35。深埋地下的固结岩石，为 0.1~0.2。裂缝性岩石的孔隙度为 0.0001~0.02，溶蚀的碳酸盐岩可高达 0.4。土壤通常具有更高的孔隙度（表 10.1）。壤质细土的孔隙度约为 0.3，黏度的孔隙为 0.4~0.85。

表 10.1 岩石和土壤的物理化学属性

岩石/土壤类型	孔隙度(%)	颗粒密度(kg/m^3)	体积密度(kg/m^3)	渗透率(m^2)
未固结				
砾岩	25~40	2650	1590~1990	10^{-10}~10^{-5}
砂岩	25~50	2650	1330~1990	10^{-13}~10^{-9}
壤土	42~50	2650	1330~1540	10^{-14}~10^{-10}
粉砂	35~50	2650	1330~1720	10^{-10}~10^{-12}
黏土	40~70	2250	680~1350	10^{-19}~10^{-16}
固结				
砂岩	5~30	2650	1860~2520	10^{-17}~10^{-13}
泥岩	0~10	2250	1980~2250	10^{-20}~10^{-16}
花岗岩	0~5	2700	2570~2700	10^{-20}~10^{-17}
花岗岩(裂缝性)	0~10	2700	2430~2700	10^{-15}~10^{-13}
石灰岩	0~20	2870	2300~2870	10^{-16}~10^{-13}
石灰岩(喀斯特)	5~50	2710	1360~2570	10^{-13}~10^{-9}
玄武岩(渗透性)	5~50	2960	1480~2810	10^{-14}~10^{-9}

10.7 估计渗透率

常见的孔隙性沉积岩的渗透率范围是10~10000mD,见式(10.8)。孔隙性岩石或土壤就用毛细管束来模拟近似,估计渗透率时,r 是喉道半径(10~100μm),喉道的长度 d 就是颗粒的直径(100~1000μm),那么,平均渗透率就是0.1~10D。如果考虑成岩和压实,压缩或封闭了一些喉道,导致流动的通道弯曲或封闭,将导致渗透率降低数个数量级,而对于非胶结砾石,孔隙和颗粒尺寸要大得多,可达数千个达西。

不同岩石和土壤的渗透率变化很大,见表10.1至表10.3,从花岗岩到砾石,渗透率将有10个数量级的变化。由砂和黏土组成的地下水层中,渗透率为1~1000D。储层中的渗透率为1mD至1D。泥岩中的渗透率为1nD至1μD。

表10.2 典型的渗透率值(Bear,1972)

<table>
<tr><td>lg$K$(m^2)</td><td>-7</td><td>-11</td><td colspan="3">-16</td><td colspan="2">-20</td></tr>
<tr><td>K(D)</td><td>100000</td><td>10</td><td colspan="3">0.0001</td><td colspan="2">10^{-8}</td></tr>
<tr><td>渗透性</td><td>可渗透</td><td colspan="3">半渗透</td><td colspan="3">不可渗透</td></tr>
<tr><td>含水层</td><td>好</td><td colspan="3">差</td><td colspan="3">无</td></tr>
<tr><td rowspan="2">土壤</td><td>干净的砾石</td><td>干净的砂、砂和砾石</td><td colspan="5">极细砂、泥沙、黄土、以及壤土</td></tr>
<tr><td colspan="2">泥煤</td><td colspan="2">层状黏土</td><td colspan="3">未风化黏土</td></tr>
<tr><td colspan="3">岩石</td><td>含油岩石</td><td>砂岩</td><td colspan="2">较好的石灰岩和白云岩</td><td>角砾、花岗岩、泥岩</td></tr>
</table>

表10.3 基于颗粒尺寸的土壤分类

物质	颗粒尺寸(mm)
黏土	<0.004
粉砂	0.004~0.062
极细砂	0.062~0.125
细砂	0.125~0.25
中砂	0.25~0.5
粗砂	0.5~1.0
极粗砂	1.0~2.0
极细砾岩	2.0~4.0
细砾岩	4.0~8.0
中砾岩	8.0~16.0
粗砾岩	16.0~32.0
极粗砾岩	32.0~64.0

10.8 计算渗透率实例

在图 10.7 所示的 4 种情况中,孔隙介质的渗透率是 1D,横截面积为 $1cm^2$,长度为 1cm。饱和流体的黏度为 1mPa · s,密度为 $1000kg/m^3$。按照出入端的压力,计算总的流量,单位为 cm^3/s,重力加速度为 $9.81m/s^2$。大气压为 $1atm = 10^5Pa$,$1D = 10^{-12}m^2$。

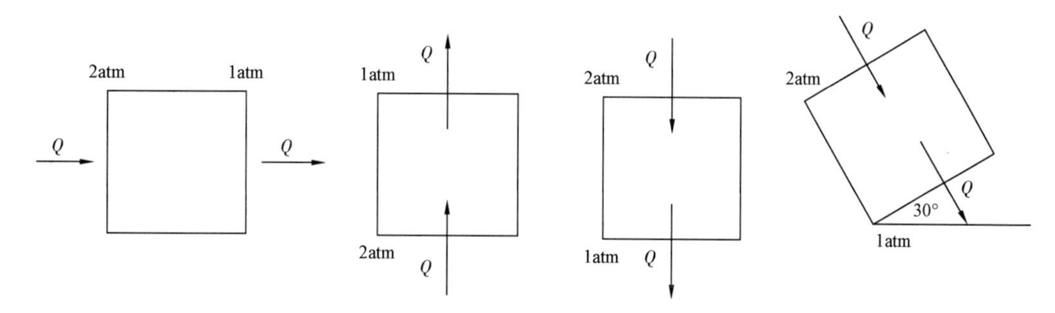

图 10.7 达西流动实验示意图

第 11 章　分子扩散和汇聚

达西公式描述了孔隙介质中的单相流——主要是油和水。后面将介绍多相流；但在开始讨论之前，首先讨论物质在单一相中的传递。

设想一下一些污染物溶解在水里，或者一个化学组成出现在油里。溶质不只随着水流动，还因为分子扩散作用而混杂在纯净的水中。本章将介绍扩散侵入。

如图 11.1 所示，有一个孔隙介质，饱和水，但不流动（同样可以考虑非孔隙介质，而只是一个储罐）。左边的水矿化度高，右边的水矿化度低。

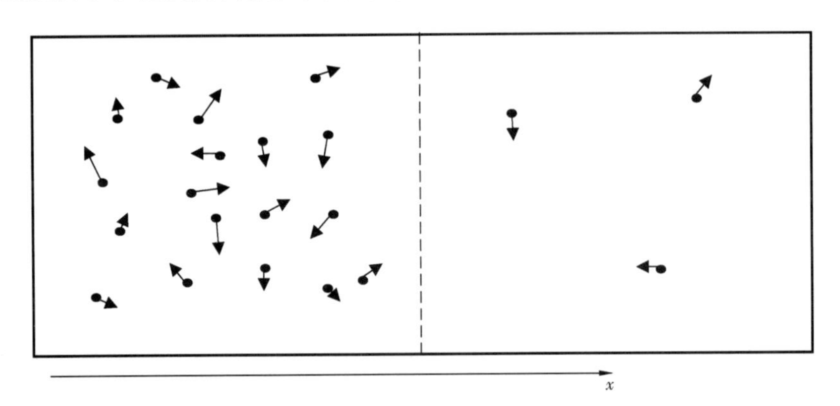

图 11.1　孔隙介质中的扩散

初始状态，左侧溶解物质的粒子比右侧多。箭头代表热运动的随机方向。虚线是为了说明两侧的关系

溶质颗粒随机运动；热扰动导致颗粒不断随机运动。很长时间以后，颗粒将均匀分布在系统中（图 11.2）。因为运动是随机的，且右边颗粒少，平均上表现为颗粒从左向右运动。对于单个颗粒也可能是从右向左运动。

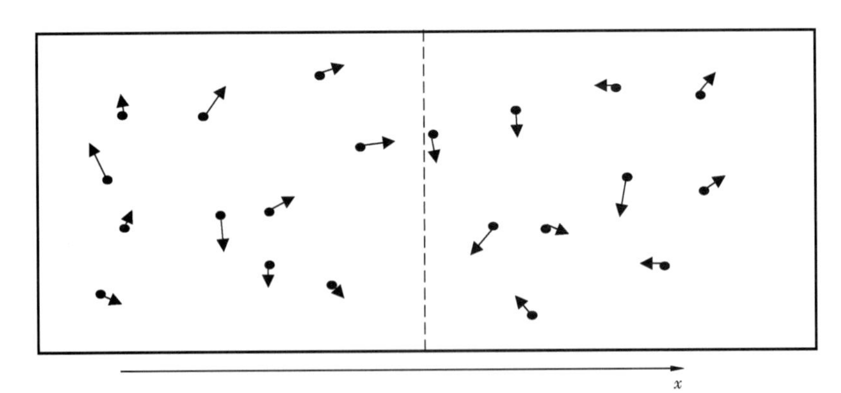

图 11.2　孔隙介质中的扩散

最终，在整个样品中达到平均浓度

这个分子的随机运动被称为分子扩散。这倾向于将聚集特征抹掉。

颗粒从高集中度流向低集中度。

这种流动是什么？将其定义为单位面积、单位时间溶质运动的质量，单位是 $kg \cdot m^{-2} \cdot s^{-1}$。

孔隙介质中，扩散状态的 Fick 法则如下：

$$J^{\alpha} = -\phi D^{\alpha} \nabla C^{\alpha} \tag{11.1}$$

式中 J——流量，$kg \cdot m^{-2} \cdot s^{-1}$；

D——扩散系数，$m^{-2} \cdot s^{-1}$；

C——浓度；

α——溶质，不同的溶质具有不同的扩散系数。

注意负号——这个流动方向是与聚集梯度相反的。与达西公式相似，流动与压力梯度方向相反。

为什么有孔隙度 ϕ？这是个简单的约定，孔隙介质中流体的扩散系数比纯流体中的小，所以就用孔隙度来校正。事实上，由于孔隙空间的弯曲，式(11.1)中的扩散系数比纯流体中的还要小 2~3 倍。

扩散系数的单位是什么？国际单位是 $m^{-2} \cdot s^{-1}$。这个值通常很小，很多低分子量的溶质在室温下的扩散系数为 $10^{-9} \sim 10^{-10} m^{-2} \cdot s^{-1}$。

如果假设集中梯度是一个方向的——x 方向，那么式(11.1)可以简化为：

$$J^{\alpha} = -\phi D^{\alpha} \frac{\partial C^{\alpha}}{\partial x} \tag{11.2}$$

最后一步是如何在水流动的情况下，建立这个流动方程与饱和度的关系。水流动时，分子扩散仍然发生。这时水的平均运动还要加上分子的随机热运动。达西速度 q 是单位面积、单位时间的流动体积。如果乘以集中度，那么qC^{α}就是单位面积、单位时间的质量流速。这时忽略了扩散的溶质流速。如果同时考虑扩散和流动，总流速就是：

$$J^{\alpha} = qC^{\alpha} - \phi D^{\alpha} \frac{\partial C^{\alpha}}{\partial x} \tag{11.3}$$

这里 q 由达西法则得到，见式(10.6)。三维条件下就是：

$$J^{\alpha} = qC^{\alpha} - \phi D^{\alpha} \nabla C^{\alpha} \tag{11.4}$$

孔隙介质中渗透率的变化导致不同的羽状流动路径。分子扩散导致流动与纯净的水混合，减弱了羽状特征。这两种影响综合作用，导致地层中的羽状流动消失。这一点将在后面进一步讨论。

第 12 章　单相流守恒方程

现在,推导孔隙介质中单一相的质量守恒方程。如果物质溶于水,那么C^{α}就是该物质单位孔隙体积的密度。孔隙度是 ϕ,那么 ϕC^{α}就是质量。假设流动沿着一个方向,长度为 Δx,截面面积为 A。

这是一个重要的练习,笔者希望读者能够每一步都独自走下来。通过这个练习将能够推导所有相不同条件下的物质平衡方程,并求解。新的方程描述新的物理现象,这可能在之前都没有遇到过。

参照图 12.1,单位时间进入体积的质量是 $AJ^{\alpha}(x)$,单位时间离开体积的质量是 $AJ^{\alpha}(x+\Delta x)$。

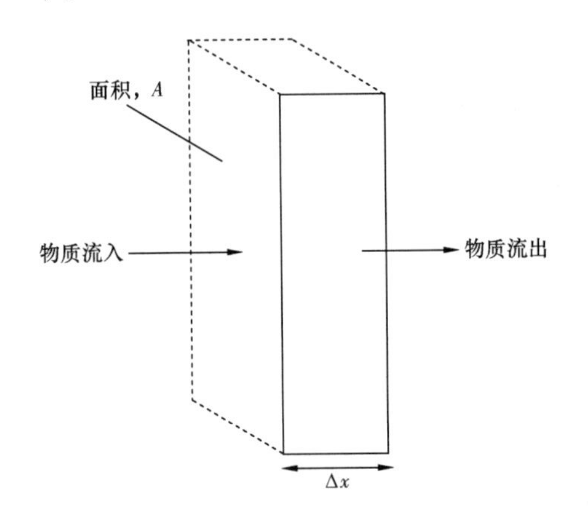

图 12.1　推导守恒方程的一维运动示意图

将其按照泰勒式展开。

离开的质量为:

$$AJ^{\alpha}(x)+A\Delta x\frac{\partial J^{\alpha}}{\partial x}+O(\Delta x^{2}) \tag{12.1}$$

因此,质量减少为 $-A\Delta x\dfrac{\partial J^{\alpha}}{\partial x}$。

考虑物质守恒:

$$-A\Delta x\frac{\partial J^{\alpha}}{\partial x}=A\Delta x\frac{\partial\phi C^{\alpha}}{\partial t} \tag{12.2}$$

因此,可以表示为:

$$\phi\frac{\partial C^{\alpha}}{\partial t}+\frac{\partial J^{\alpha}}{\partial x}=0 \tag{12.3}$$

对 y 和 z 方向,重复这个推导。如果 q_x,q_y,q_z分别代表三个方向上的流动,那么式(12.3)在三维方向上就是:

$$\phi\frac{\partial C^{\alpha}}{\partial t}+\frac{\partial J_{x}^{\alpha}}{\partial x}+\frac{\partial J_{y}^{\alpha}}{\partial y}+\frac{\partial J_{z}^{\alpha}}{\partial z}=0 \tag{12.4}$$

三维上的物质平衡方程可以被更加简洁地用矢量计算和格林理论推导。考虑任意孔隙介质,边界为 S,体积为 V,通过其的流量为J^{α}。那么物质平衡方程就是:

$$\phi\int\frac{\partial C^{\alpha}}{\partial t}\mathrm{d}V+\int J^{\alpha}\cdot\mathrm{d}S=0 \tag{12.5}$$

应用格林理论,将面积分转换为体积分:

$$\phi\int\frac{\partial C^{\alpha}}{\partial t}\mathrm{d}V+\int\nabla\cdot J^{\alpha}\mathrm{d}V=0 \tag{12.6}$$

如果对于任意体积都成立,那么积分可转换为:

$$\phi \frac{\partial C^{\alpha}}{\partial t} + \nabla \cdot J^{\alpha} = 0 \tag{12.7}$$

这与式(12.4)一样。

可以用总物质平衡代替。如果假设流体不可压缩,那么流入和流出的体积相等。按照达西速度的定义,可得到:

$$\nabla \cdot q = 0 \tag{12.8}$$

可以用 Fick 的扩散法则和达西公式替换 J^{α}。如果扩散系数是常数,那么式(12.7)变为:

$$\phi \frac{\partial C}{\partial t} + q \cdot \nabla C = \phi D \nabla^2 C \tag{12.9}$$

这里省略了下标。在一维上:

$$\phi \frac{\partial C}{\partial t} + q \frac{\partial C}{\partial x} = \phi D \frac{\partial^2 C}{\partial x^2} \tag{12.10}$$

式(12.9)和式(12.10)被称为对流或平流扩散方程。溶质流动作用遵从达西公式,扩散部分遵从 Fick 法则。后面会将其推广至多相流。

本质上,这个转换方程可以用语言表述为:

$$\frac{\partial}{\partial t}(\text{单位体积的质量}) + \frac{\partial}{\partial x}(\text{质量流速}) = \text{扩散} \tag{12.11}$$

可以用式(12.10)估算该相的量级,并看到是扩散起控制作用还是流动起控制作用。设想污染物在一定时间 $t = T$ 内,已经扩散了一定距离 $x = X$。此处并不是试图精确地解这个方程——后面将会提到——而只是一个简单的估计,在式(12.10)中,三相的值是:

$$\phi \frac{\partial C}{\partial t} + q \frac{\partial C}{\partial x} = \phi D \frac{\partial^2 C}{\partial x^2}$$

$$\frac{\phi C}{T} + \frac{\phi C}{X} \sim \frac{\phi DC}{X^2} \tag{12.12}$$

这是一个分析复杂方程的常见方法。计算每个量的相对数量级,如果流动起控制作用,那么让前两项相等,可以得到:

$$\frac{X}{T} \sim \frac{q}{\phi} \tag{12.13}$$

这里已经知道:$\frac{X}{T}$,或者典型的流速就是$\frac{q}{\phi}$。

如果扩散起控制作用,那么第一项和第三项相等,可以得到:

$$X \sim \sqrt{DT} \tag{12.14}$$

因此,对于平流状态,污染物随时间线性扩散,而当扩散起控制作用时,速度与时间的平方根成正比。扩散与流动的比是:

$$\frac{扩散}{流动} \sim \frac{\phi D}{qX} = Pe \tag{12.15}$$

这里定义了一个无量纲数 Peclet 数。长度 X 通常被认为是孔隙介质的代表性长度,就是颗粒或孔隙的平均长度,约为 100μm(0.1mm)。通常速度$\frac{q}{\phi}$约为 1m/d,或 10^{-5}m/s,或更低。石油中的大部分组分的扩散系数是 10^{-9}m^2/s。这样的话 Peclet 数约为 1;在孔隙尺度下,扩散和流动的量级相近。

在长度小于 0.1mm 的尺度下,分子扩散更加重要,但在耗时数月流动数百米的情况下,流动更加重要。

前文已经推导了不同的方程来描述可溶污染物在非可压缩流体中的流动。这些方程可以得到解析解或数值解。除了小尺度的情况,流动相对于分子扩散重要得多。

有趣的是,如果忽略方程中的孔隙相,孔隙内的流动具有相同平衡方程;简单地引用流动状态的物质平衡。也可以采用 Fick 法则,但流场不受达西公式控制,而是由 Navier - Stockes 方程解出,如第 10 章介绍的。最初,孔隙空间内溶解物的运动受方程(12.16)控制:

$$\frac{\partial C}{\partial t} + v \cdot \nabla C = D\nabla^2 C \tag{12.16}$$

式中 v——局部流动速度,m/s;

D——分子扩散系数。

v 由 Navier - Stockes 方程得到;就是这个方程可以描述孔隙尺度下的运动。

严格地说,式(12.9)和式(12.10)是式(12.16)的粗化版本,这里 q 是达西速度。关于扩散流动,这不只包含扩散的影响,还包括空间非均质流场内的粒子随机运动,只是这里暂时忽略。

12.1 平流—扩散方程的解析解

下面将展示一些式(12.10)的解。这些解也被用于热传导,可以在 Carslaw 和 Jaeger(1946)的经典工作中看到。最后,没有一个正确的方法来得到解。相反,可以应用物理推论来找到一个解决问题的基本模式。

图 12.2 展示了点源注入形式下的方程的解。理论上,希望按照平均速度运动,展开情况取决于扩散角度。下文将从这个角度推导一种可能的解的数学形式。

可以应用下面的变量,将偏微分方程转换为常微分方程:

$$z = \frac{x - vt}{\sqrt{t}} \tag{12.17}$$

这里 $v = q/\phi$,并且假设解 C 可以写成式(12.18):

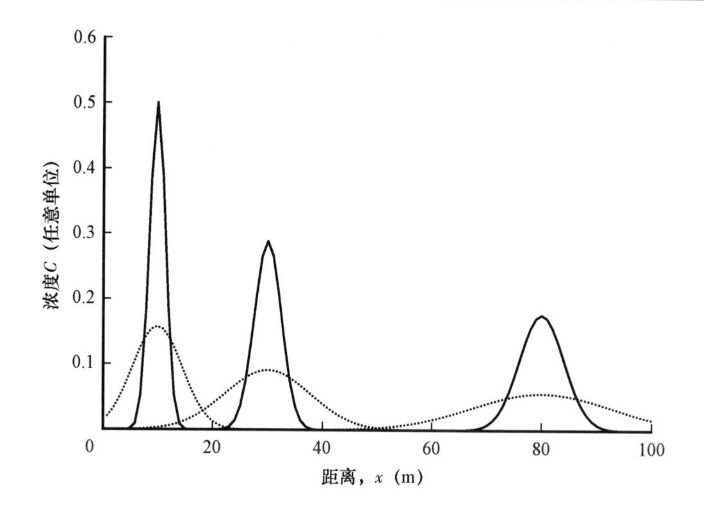

图 12.2　式(12.16)对流—扩散方程的解

$v=10^{-5}$m/s,$D=10^{-5}$m^2/s,时间分别为 1000000s,3000000s 以及 8000000s。
虚线表示扩散作用的影响,并将影响在纵向上扩大了 10 倍

$$C=\frac{g(z)}{\sqrt{t}} \tag{12.18}$$

然后再解出函数 $g(z)$。理论上,并不是一定要这样。这样做的目的就是指明解释遵从偏微分形态的控制方程和边界条件。这个工作结束的时候,将介绍一种边界条件不同时,应用不同变量形式的非线性扩散问题的另一种解。

然后,定义如下的变量:

$$\frac{\partial g}{\partial t}=\left(-\frac{v}{\sqrt{t}}-\frac{z}{2t}\right)\frac{\mathrm{d}g}{\mathrm{d}z} \tag{12.19}$$

$$\frac{\partial g}{\partial x}=\frac{1}{\sqrt{t}}\frac{\mathrm{d}g}{\mathrm{d}z} \tag{12.20}$$

$$\frac{\partial^2 g}{\partial x^2}=\frac{1}{t}\frac{\mathrm{d}^2 g}{\mathrm{d}z} \tag{12.21}$$

式(12.10)变为:

$$g+z\frac{\mathrm{d}g}{\mathrm{d}z}+2D\frac{\mathrm{d}^2 g}{\mathrm{d}z}=0 \tag{12.22}$$

可以写成:

$$\frac{\mathrm{d}}{\mathrm{d}z}\left(2D\frac{\mathrm{d}g}{\mathrm{d}z}+gz\right)=0 \tag{12.23}$$

因此,对于任意常数 C:

$$2D\frac{\mathrm{d}g}{\mathrm{d}z}+gz=0 \tag{12.24}$$

从示意性解中，在远距离上，聚集程度将变为0；在 z 趋向于无限时，g 和 $\mathrm{d}g/\mathrm{d}z$ 都将趋于0。这意味着式(12.24)中的 C 也为0，可以简单地积分：

$$4D\ln g = -z^2 + C' \tag{12.25}$$

对于另一个常数 C'。可以写成：

$$C(x,t) = \frac{M}{\sqrt{4Dt}}\mathrm{e}^{-(x-vt)^2/4Dt} \tag{12.26}$$

这里 M 是聚集程度的原始质量(单位面积)。这些解在图12.2中。

式(12.26)中的个关系可以用式(12.27)找到积分常数：

$$\int_{-\infty}^{\infty} C(x,t)\,\mathrm{d}x = M \tag{12.27}$$

因为：

$$\int_{-\infty}^{\infty} \mathrm{e}^{-z^2}\mathrm{d}z = \sqrt{\pi} \tag{12.28}$$

注意式(12.26)展示了一个平均聚集度，移动距离是 $x=vt$，扩散程度 $x-vt=2\sqrt{Dt}$，与前文简单的尺度分析相似。

12.2　扩散和弥散

偏微分型控制方程及其解的有关知识在以往的文章中很多，就像前面提到的那样。但这都是对孔隙内实际情况比较差的估计，尤其是非均质孔隙中。原因是推导过程中的假设条件，即均一流场中流量的变化只与分子扩散相关。

事实上，在具有完全孔隙空间的孔隙介质中，溶质的扩散和混合受两个因素影响：分子扩散导致了聚集度的局部混合，以及溶质在不同流动路径下流速的变化。第二个影响常起控制作用，溶质羽状扩散不是由局部尺度的混合控制，而是由流场的变化控制。

这是在介绍达西公式时，一个关于流动路径试题的证据。参考第10章中展示的情况。为了理解在非均质孔隙中的流动到底是什么情况，图12.3展示了模拟的聚集度剖面——对于上面提到的有效的点状注入情况——对比在几个毫米到厘米尺度，通过核磁共振对水的运动进行测量。简单地说，曲线是无量纲形式的。y 轴是聚集度乘以平均移动距离，x 轴是距离除以平均速度再乘以无量纲距离。没有扩散的系统在图上将以单位速度运动。带有简单扩散的情况——符合式(12.26)——将看到一个集中在1附近的高斯型剖面。这可以在人造岩心上看到。这里流场是统一的，并有Fick型扩散，其受分子扩散和流场的小尺度非均质性控制。

对更加非均质的孔隙介质——如砂岩和碳酸盐岩——状态不同：在快速流动区域，在很长的羽状流中，大部分溶质处于孔隙的滞留区域，很难流动。这种流动很难用明确的概念进行描述。

对这种现象的理解，以及如何描述是目前研究的热点。对概念的探索和数学上描述，不在本书的讨论范围内。需要使用基于速度和时间的波动方程，只使用偏微分方程的拟合关系不好；图12.3说明，不能舍弃这种现象的函数形式，而只通过调整有效扩散系数来简单拟合这个实验。

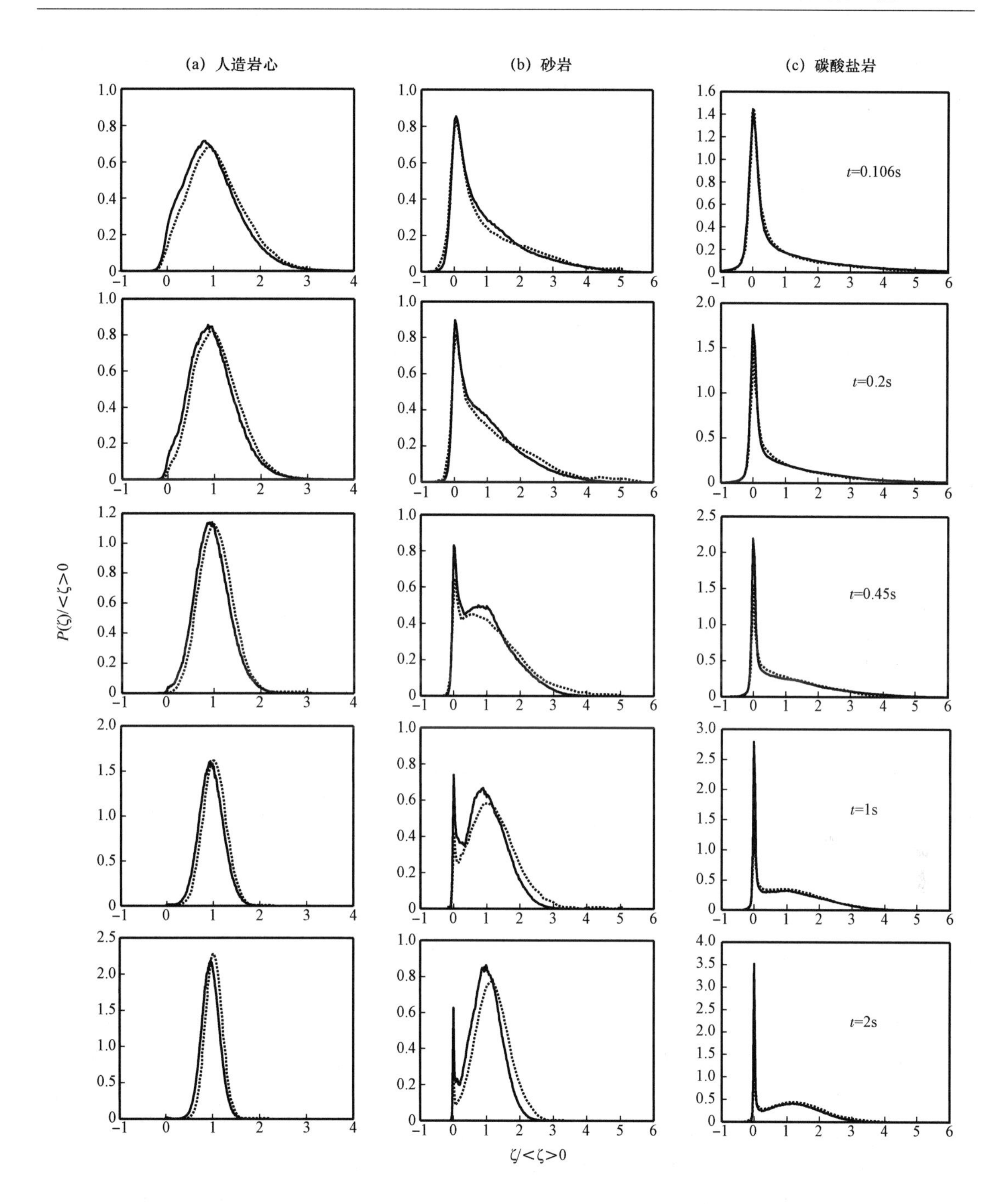

图 12.3 在人造岩心、砂岩、碳酸盐岩样品中计算(实线)和实验(虚线)得到的流动的无量纲浓度剖面

其中除了人造岩心,浓度剖面的特征与平流—扩散控制方程的结果并不一致,参见图 12.2(Bijeljic et al. ,2013a)

如果可以将其转换为非均质介质中平流扩散类的方程,那么可以按照式(12.29)方程形式定义:

$$\phi \frac{\partial C}{\partial t} + q \frac{\partial C}{\partial x} = \phi D \frac{\partial^2 C}{\partial x^2} \tag{12.29}$$

这里 D 是有效扩散系数,考虑了分子扩散和流场的随机特征。这个方程被称为流动—扩散方程,有效扩散系数可以写成下面的形式:

$$D = D_{\text{dis}} + D_{\text{m}} = \alpha v + D_{\text{m}} \tag{12.30}$$

这里 D_{m}是孔隙介质中的分子扩散系数,α 是扩散性——单位为长度单位,表示孔隙介质的非均质尺度。然而,地质介质尺度变化很大,因此,扩散性就像非均质性一样,表现为与尺度密切相关。表 12.1 列出了这种现象,扩散性大概为系统尺度的十分之一。

表 12.1　导水率自然对数的标准偏差和关联尺度(Gelhar,1993)

介质	类型	σ_{f}	关联尺度(m)		全尺度(m)	
			水平方向	垂直方向	水平方向	垂直方向
冲积盆地蓄水层	T	1.22	4000		30000	
砂岩蓄水层	A	1.5~2.2		0.3~1.0		100
冲积盆地蓄水层	T	1.0	800		20000	
河流砂岩	A	0.9	>3	0.1	14	5
石灰岩蓄水层	T	2.3	6300		30000	
砂岩蓄水层	T	1.4	17000		50000	
冲积沉积蓄水层	T	0.6	150		5000	
冲积沉积蓄水层	T	0.4	1800		25000	
石灰岩蓄水层	T	2.3	3500		40000	
白垩	T	1.7	7500		80000	
冲积沉积蓄水层	T	0.8	820		5000	
河流土壤	S	1.0	7.6		760	
风积砂岩露头	A	0.4	8	3	30	60
冰川砂岩	A	0.5	5	0.26	20	5
砂岩蓄水层	T	0.6	4.5×10^4		5×10^5	
砂岩和砾岩蓄水层	A	1.9	20	0.5	100	20
草原土壤	S	0.6	8		100	
风化泥岩下层土壤	S	0.8	<2		14	
河流砂岩和砾岩蓄水层	A	2.1	13	1.5	90	7
地中海土壤	S	0.4~1.1	14~39		100	
砾石土壤砂土	S	0.7	500		1600	
冲积粉砂—黏土土壤	S	0.6	0.1		6	
冰川砂岩和砾石露头	A	0.8	5	0.4	30	30
冰川湖泊砂质蓄水层	A	0.6	3	0.12	20	2
冲积土壤(Yolo)	S	0.9	15		100	

注:T—透水型;S—土壤;A—三维蓄水层。

方程(12.30)可以通过假设溶质经历了一系列随机扰动，每个时间运动一个距离 α；驱散系数中的速度 v 代表一定时间内的扰动次数，与流速相关。

在水体的一个平面，羽状流由于渗透率的变化而被驱散，并导致了局部流速的巨大波动。非均质地层中，渗透率在几米内就可以发生数个量级的变化。污染物的羽状流并不按照常数速度和方向流动，而由于渗透率的变化而形成参差不齐的前缘。这导致羽状流分散开。小规模的分子扩散使污染物在净水中混合。渗透率变化和扩散冲淡了羽状流，并在很大范围内驱散了污染物。事实上，污染物的位置不能被确定性预测，除非地下的渗透率都清楚；从孔隙尺度开始，每个尺度下，污染物的分布都很难通过平均驱替以及高斯变量来准确预测。

总的来说，扩散过程中驱散的表征都是不完善的，因为在孔隙和油田尺度，对其的表征都不是定量的。目前没有方法来表征在各个尺度上的流动，虽然数学和物理上有很多研究。

在某种意义上来说，多相流还相对简单些，后面还会讨论扩散过程，尤其是在毛细管压力控制的驱替中。

第 13 章　毛细管压力和邦德数

现在,回到多相流和毛细管压力的概念。这一章,假设流体分布受 Young – Laplace 方程和接触角的控制。流体流动很慢,并且每个相各自流动。

但毛细管压力真的在孔隙内起控制作用吗?浮力和流速有什么影响?

如果典型的孔隙半径是 R,那毛细管压力就是 σ/R。沿着长度 L 的压降由达西公式给出:

$$q = \frac{K}{\mu}\frac{\Delta p}{L},\ \Delta p = \frac{q\mu L}{K} \tag{13.1}$$

压降与毛细管压力的比是:

$$ratio = \frac{q\mu LR}{\sigma K} \tag{13.2}$$

$\frac{LR}{K}$是无量纲的比值。孔隙介质中,如果 L 是孔隙的长度,那么比例一般为 1000 左右,一般 L/R 为 2~10。

为什么比值不接近于 1?回到第 10 章中讨论的,渗透率数值通常较孔隙半径的面积小得多。

毛细管数定义如下:

$$N_{cap} = \frac{q\mu}{\sigma} \tag{13.3}$$

按照油田单位,毛细管数数值通常为 10^{-8} ~ 10^{-6}或者更低。如果N_{cap}为 0.001,那么在孔隙尺度内,黏滞力和毛细管力就近乎相等。

在油藏和水体中的大部分自然流,毛细管力在孔隙尺度起控制作用:q 为 10^{-8} ~ 10^{-5}m/s,μ 约为 10^{-3}Pa · s,σ 约为 0.05N/m,在油藏温度下数值可能减半。这导致毛细管数约为 10^{-6}或更低。黏滞力在井间起控制作用;对式(13.2),L 用 100 ~ 1000m 替换,也可以估算得到。

可以对浮力做相似分析。垂向上的压力降为 $\Delta\rho gh$,$\Delta\rho$ 是密度差。浮力和毛细管力的比是:

$$ratio = \frac{\Delta\rho gLR}{\sigma} \tag{13.4}$$

邦德数为:

$$B = \frac{\Delta\rho g L^2}{\sigma} \tag{13.5}$$

应用典型值——密度差为 200kg/m^3,孔隙长度为 10^{-4}m——邦德数就是 10^{-3}。在孔隙尺度下,浮力相对于毛细管压力较小。

如果黏滞力和浮力在孔隙中起控制作用,那么:

(1)非润湿相很难封闭,因为水的侵入将形成连续前缘,很难发生截断和捕获作用;

(2)即使油搁浅在某些节点,黏滞力也能将油滴推出孔隙。

如果毛细管数为0.001或更大,那残余油饱和度将非常低。因此,如果能够增加毛细管数(增加流速或降低界面张力),那么便可达到非常高效的驱油过程。这就是表面活性剂驱油的机理。表面活性剂加入水中,降低油水界面张力到0.1mN/m或更小。如果毛细管数增加到0.001以上,那就会获得很高的原油采收率。

残余油饱和度的减少量是毛细管数的函数,如图13.1所示。

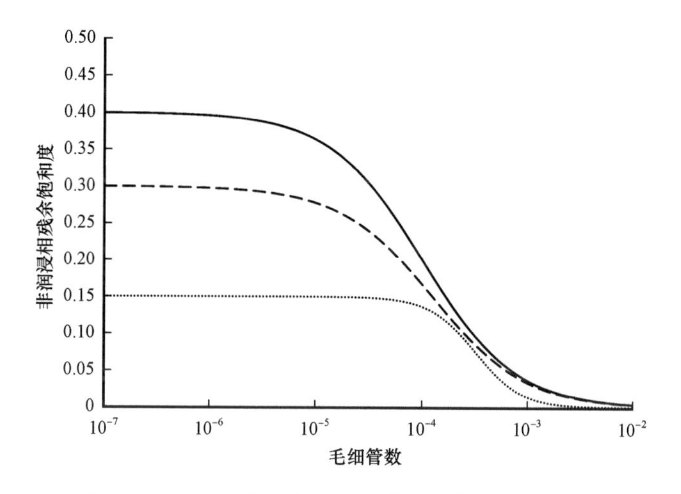

图13.1 残余油饱和度和毛细管数函数关系的模式图

实线是碳酸盐岩,长虚线是砂岩,点线是填砂样品。毛细管数大于10^{-3}时,意味着在孔隙尺度下,黏滞力超过了毛细管力的作用,残余油饱和度会降得很低。这就是表面活性剂驱的基础。如果界面张力降至极低水平,毛细管数就会足够高,从而得到极低的残余油饱和度,进而获得较高的采收率(Lake,1989)

第14章　相对渗透率

下面将扩展达西公式到多相流。假设每一相都在各自的孔隙空间流动，互不影响。这适用于低毛细管压力和邦德数的情况，这时毛细管压力起控制作用。

对于一维单相流，见式(10.11)，扩展到多相流就是：

$$q_p = -\frac{KK_{rp}}{\mu}\left(\frac{\partial p_p}{\partial x} - \rho_p g x\right) \tag{14.1}$$

其中 K_{rp} 是 p 相的相对渗透率。这代表了该相的流动性，是单一相情况下的相对比例。一般绘制成饱和度的函数。

这一章里，将基于多相流的特征进行分析。对于由毛细管压力控制的慢速流，这是个合理的近似。然而，相对渗透率不是简单的归一化函数。与毛细管压力相似，相对渗透率也与润湿性和饱和历史相关。同时，如果流速高，那相对渗透率还是流速以及黏度比的函数。最后，一个相的流动将影响另一个相的流动，在流体界面处形成黏性配对。所有这些因素都很重要，尤其是毛细管压力不再起主导作用的时候。在这个过程中，只考虑孔隙结构、润湿性和饱和路径的影响；这便足以解释油藏和水体中的驱替过程。

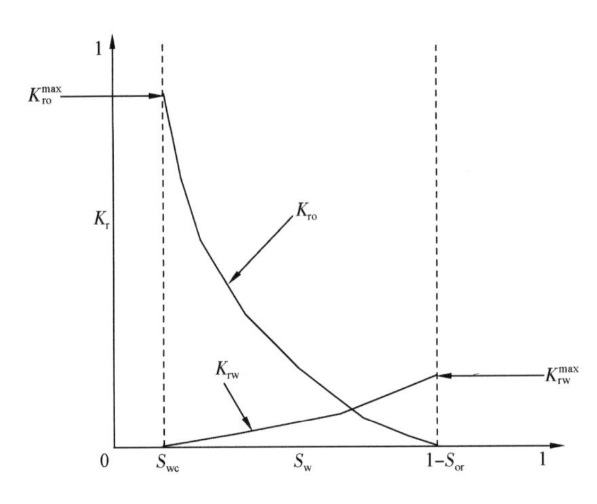

图14.1　典型的水湿介质中的水驱相渗曲线
需要注意的是油相相渗随含水饱和度增加而快速下降，水相相渗较低，残余油饱和度较高

图14.1是典型的水湿介质的相对渗透率曲线。曲线展示了从束缚水到残余油的水驱过程。

水湿介质的特征值表现如下。

(1)油和水的最大相渗。初始，注入水——制造初始排驱的结果——油充满了大部分孔隙。由于润湿性只在油侵入后才变化，因此油只赋存在孔隙中较大的位置，水被限制在角落或小孔隙中。结果，在水驱的初始阶段，油的相渗最大值接近于1；水的相渗为0，或接近于0。当水注入时——对于一个水湿系统——水更多地进入孔隙空间中较窄的区域，而油被封闭在大孔隙中。这意味着水的连接性较差，相渗仍然很低；一般在水驱最后，水的相渗只有0.1或更低。如果系统不是强水湿，那情况就完全不同。

(2)残余油饱和度很大。这与前一点相关。水湿系统中，水占据小孔隙，油占据大孔隙。油会被截断作用封闭在大孔隙中，导致水驱结束后较大的不可动性和残余油饱和度；一般水湿系统的残余油饱和度在0.2~0.5之间。

(3)为什么所有相的相渗总和小于1，为什么在交叉点处更低？孔隙空间中，所有的油水界面都阻碍流动，因此，越多的相界面，就意味着越强的限制。尤其是在水侵入后，发生了截断作用，封闭了大孔隙中油的流动，油只保留了较差的联系。因此，混合在一起的两相比单一相具有差得多的传导性。相渗的交点就是具有最多相界面的时候，两个值可能都很小。

后面的章节中，将通过实验和模型结果详细讨论这几点。相渗很难测准，需用很复杂的设备对其进行测量。实验技术的讨论超出了本书的范围。默认情况下，数据都是关于注水的，因为一般情况下，注水是储层中多相流最重要的过程。图 14.2 展示了帝国理工大学测试相渗的设备。有一套改造的医用 X 光扫描仪，可以观察流体在数厘米到 1m 长度范围内的运动情况。

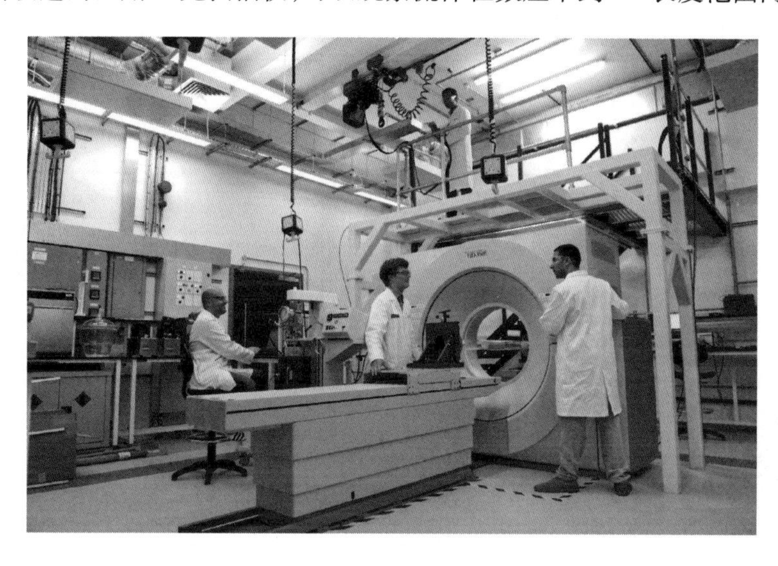

图 14.2 帝国理工学院测量相渗的设备照片

对相渗起关键作用的是润湿性和孔隙连通性，后面将进一步讨论。

14.1 砂岩的相对渗透率和用孔隙尺度模型预测

上面的几点可以在图 14.3 的相渗曲线中看到。实验结果是关于 Berea 砂岩两相和三相经典实验的一部分。这些测量结果将在本书中作为标准，因为 Berea 砂岩是被很多研究者引用的标准石英砂岩。

由 Valvatne 和 Blunt 利用网络模型预测的结果也展示出来了。这些预测结果在本书前面展示过，其驱替过程也有相关描述。初次驱替是一个侵入的过程；其假设润湿相为强润湿，润湿角为 0°。预测效果较好。对水驱过程，有一个不确定性。如第 4 章提到的，由于固体粗糙的表面，前进接触角很大。在网络模型中，考虑粗糙度和孔隙的收敛性质，定义接触角为 60°。由于较大的接触角，导致某些孔隙中消除了截断作用——使预测结果非常准确。

实验数据和测量结果展示了上面提到的特征值特点。注意残余油饱和度约为 0.3，水的相渗只有约 0.1。在最大的 30% 的孔隙空间中阻碍流动，将水的传导性降低了 10 倍。这是很重要的发现；在一些大通道上阻碍流动，这种流体配置上很小的改变对相渗具有很大的影响。

还可以研究不同的驱替路径对相渗的影响。图 14.4 中的曲线来自 Akbarabadi 和 Piri (2013)。这里二氧化碳是非润湿相，并被注入 Berea 岩心，以模拟不同的原始饱和度。然后注卤水驱替二氧化碳，导致了不同的相渗曲线和不同的非润湿相封闭量，就像之前讨论的那样。

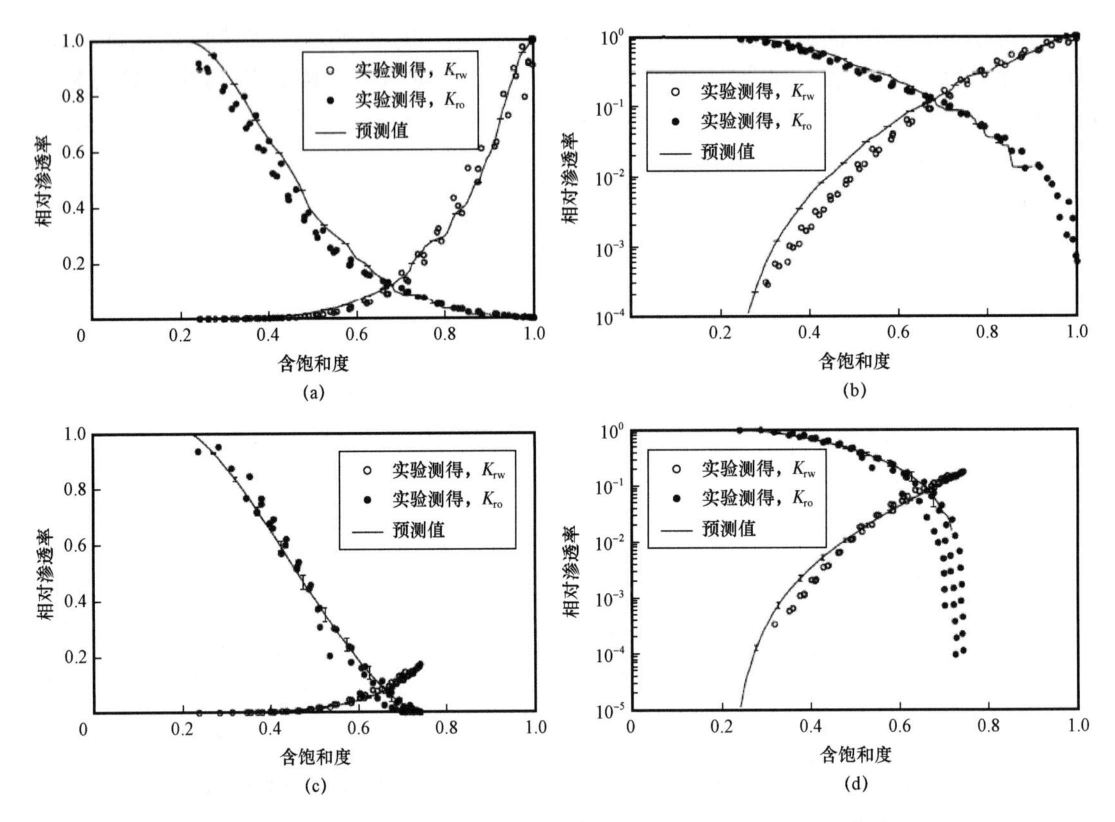

图 14.3 水湿的 Berea 砂岩样品测量(点)和预测(线)的相渗曲线

曲线同时使用线性和对数坐标表示。上部是初次排驱曲线,下部是水驱曲线。网络模型——使用随机网格来表示孔喉连通情况,结合准确的孔隙尺度的流动过程,可以准确地预测流动特征(Valvatne and Blunt, 2004)

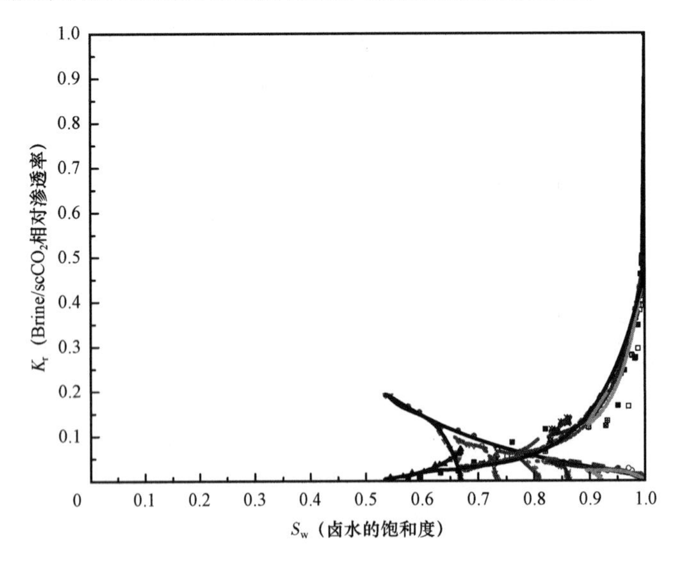

图 14.4 Berea 砂岩相渗的测量

这里 CO_2 是非润湿相,在注入卤水之前,注入不同的初始饱和度。图中的点是实验数据,线是拟合结果。可以看到相渗的滞后现象;可见不同的残余饱和度,与之前讨论的情况一致,残余饱和度是初始饱和度的函数(Akbarabadi and Piri,2013)

可以应用更多的成果继续这项研究。图 14.5 展示了 Berea 砂岩初次排驱的毛细管压力(第 6 章)、相对渗透率和封闭曲线(第 7 章),及其与 Krevor 等人(2012)取得的研究的对比。这是多个相的属性的综合,这控制了地下流体的流动和采收率。

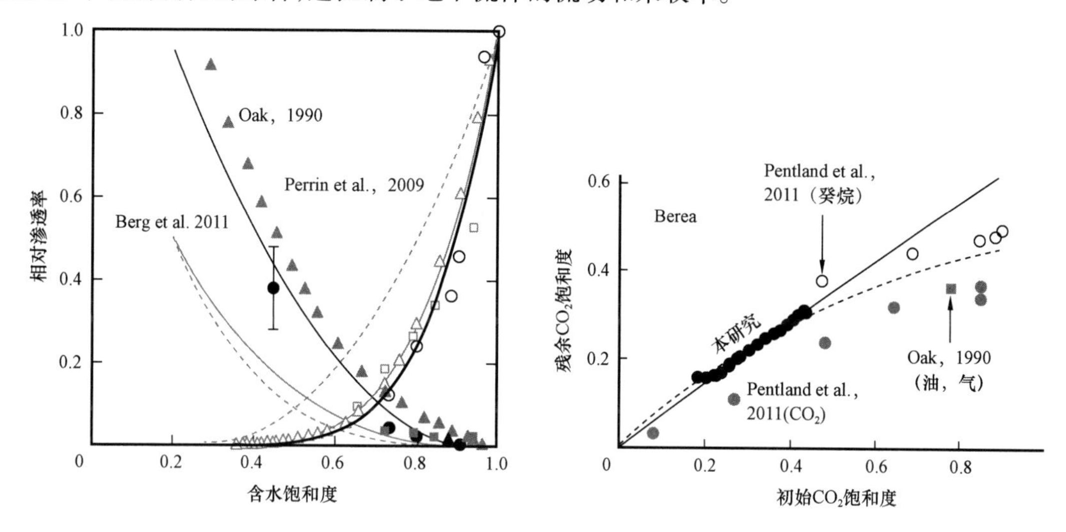

图 14.5 测量的 Berea 砂岩的初次排驱相渗和 CO_2 封闭曲线(Krevor et al. ,2012)

还可以考虑润湿性对相渗的影响。这将在后面做更深入的探讨。通常,相比于砂岩,碳酸盐岩润湿性在基础原油以后会发生更大的转变。因此,砂岩中常见水湿到油湿的各种类型,而碳酸盐岩中更常见混合润湿到油湿类型。图 14.6 展示了预测的混合润湿砂岩的水驱相渗,并与实验数据进行了对比。预测中用不同的模型赋值润湿性;在一些文章中,对应用大孔隙还是小孔隙更能反映润湿性的变化,还有一些争论。成果来自 Valvatne 和 Blunt(2004)。

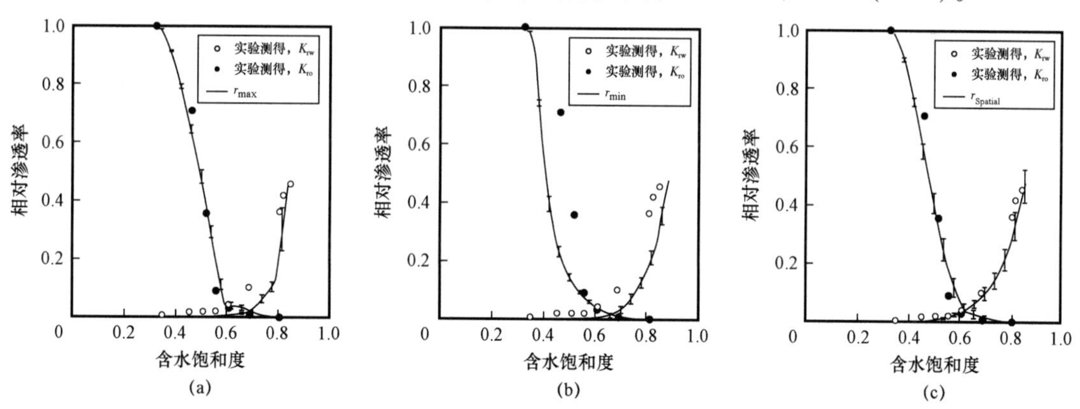

图 14.6 混合润湿砂岩储层预测和测量的相渗

由于初次排驱之后,孔隙变为油湿,预测(线)时使用了不同的假设条件;预测结果对这些参数赋值并不十分敏感(Valvatne and Blunt,2014)

在混合润湿系统中,主要的特征是低残余油饱和度和低油水相渗。低残余油饱和度是由于连通性和较慢的排驱。低相渗也很容易解释:在油湿系统中,油赋存在小孔隙中,彼此之间连通性差。水的相渗也很低;这是一个重要的特征,将对水驱形成重要影响。当水注入时,优先占据水湿区域:最小的水湿孔隙和喉道。水饱和度增加,因为连通性较差,因此相渗降低。当水充满油湿区域时,先占据最大的油湿孔隙,但连通性仍然较低;在水占据更多孔隙,并形成连通的时候,相渗快速增加。其最大值比水湿系统还高,因为残余油含量低,且水更多地占据大孔隙。

最后一组砂岩曲线是油湿岩石。又一次得到了较好的预测。图 14.7 中的排驱特征证明了这一点;这里油的相渗较低,但允许达到很低的残余油饱和度。一旦水在大孔隙中连通很好,那么水的相渗可以很高。

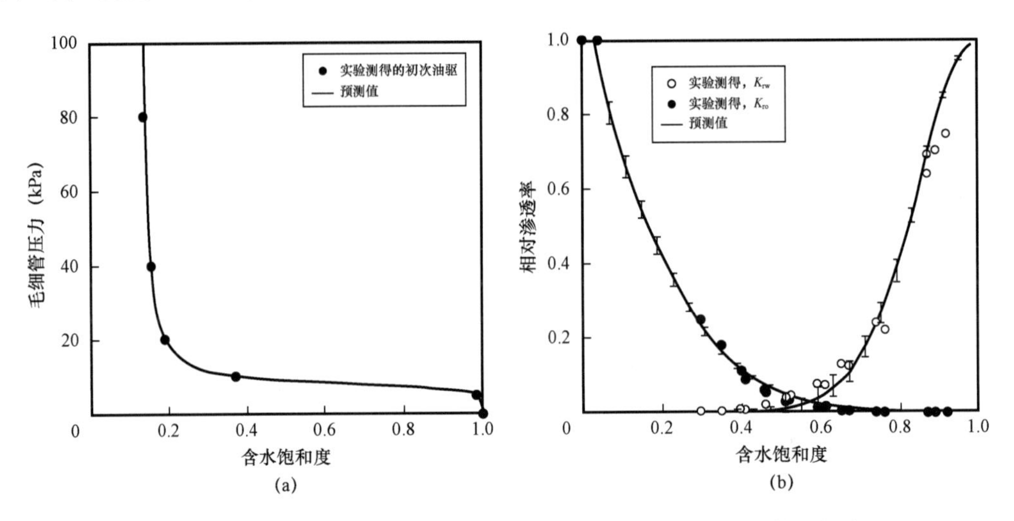

图 14.7 油湿砂岩储层的预测和实验初次排驱毛细管压力和水驱相渗

预测结果较好。当含水饱和度较高时,油相相渗较低——这里形成了油膜排驱机理,残余油饱和度会降至很低(<10%)。当水占据较大孔隙,并在孔隙中连通后,水相相渗会快速上升(Valvatne and Blunt,2004)

14.2 渗吸和油的采出过程

当水注入样品中时,将发生两种不同的驱油过程。一种是直接驱替,如图 14.8 所示:水被注入,并将油推出。在孔隙尺度,毛细管压力起控制作用,残余饱和度控制采收率。开发速度受相渗控制;理想的是水具有较低的相渗,油具有较高的相渗,油流动更快,水在后面驱油。这将在后面通过对控制方程更加严格的数学处理来讨论,定性地说,残余油饱和度给出了在通过相渗确定的开发速度条件下,有多少油能够被采出来。

另一个过程是渗吸。这很容易理解。就像将一块岩石放到水里,水因为毛细管力作用自然进入岩石中。这是裂缝性储层开发的控制因素——尤其在脆性岩石中,如碳酸盐岩。这时注入的水沿高渗透裂缝很快流过,而不是将油驱替出来。然后水通过渗吸进入基质。这个过程受毛细管力控制,有时重力作用也可以向下驱替出一部分油。图 14.8 是这个过程的示意图。这时,采收率受渗吸后的剩余油量控制;通过对毛细管压力的讨论,这时饱和度比混合润湿系统中的残余油饱和度低得多。开发速度受水的相渗控制,尤其在低饱和度情况下,这个饱和度范围正是实践中最关注的,以及采油速度的限制。

这两个问题都可以通过控制方程的解析解进行分析;后面将会介绍。这里从机理上解释相渗和毛细管压力的结果。

渗吸中,采收率是时间的函数,这已被很多学者研究过。图 14.9 是对文献中 48 个数据组的回归,由 Schmid 和 Geiger(2012)发表在一篇经典文章中,文章中还提供了针对这一问题流动方程的逼近式解析解。

在图 14.9 中,采收率作为无量纲时间的函数被作成交会图。第 18 章中将对这个解析解做更充分的讨论;但可以应用物理原理来估计时间的量级。这在数学上是个扩散问题,因此可以近似估计驱替的时间。

驱动力是毛细管压力,就是界面张力除以典型孔隙半径。如之前提到的,可以建立其与孔隙度除以渗透率的平方根的关系。设想一下润湿相侵入孔隙介质的距离为 x。压力梯度可以表示为:

$$\frac{\partial p}{\partial x}=\frac{\sigma}{x}\sqrt{\frac{\phi}{K}} \tag{14.2}$$

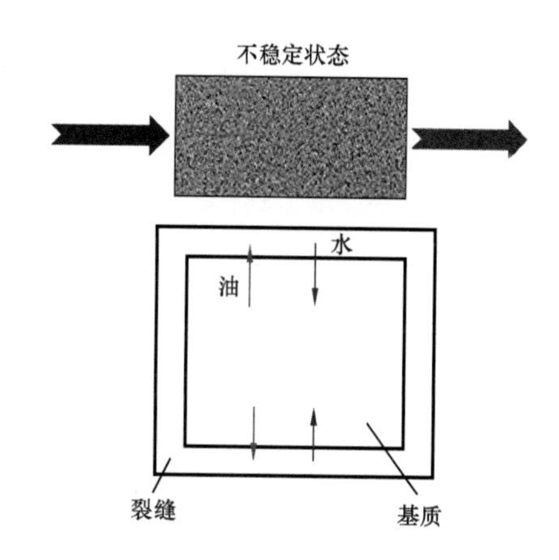

图 14.8 储层中两类开发过程示意图

上部图示是注水驱油过程。大部分无裂缝发育的储层属于这种情况。但如果储层中发育大量裂缝,且裂缝提供了高渗透的流动通道,那么流动行为就不同了,如下部图示所示。这时,基质中发生了水的渗吸开发作用

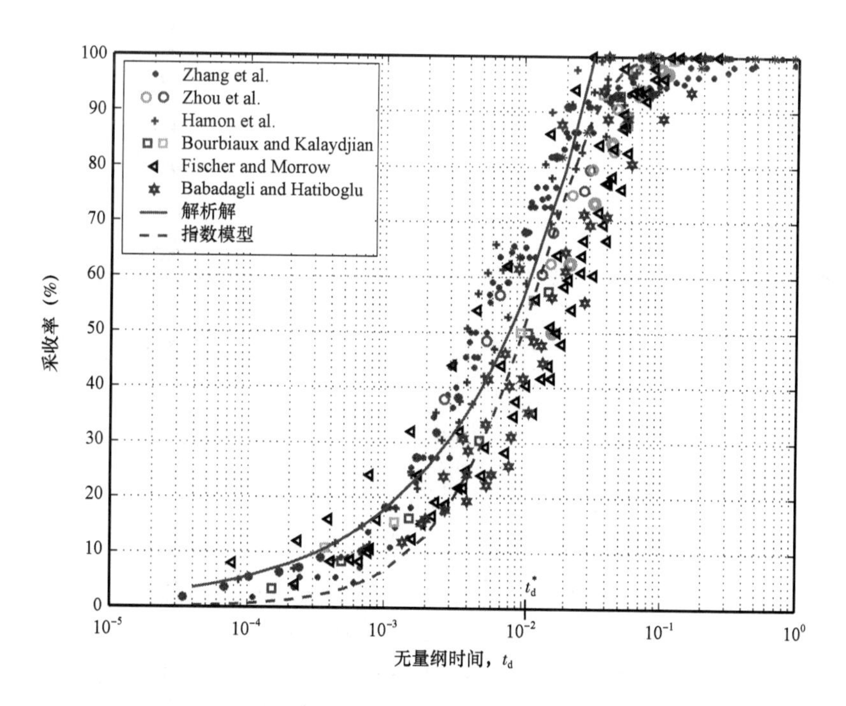

图 14.9 自然渗吸实验中,采出程度(最终采收率的百分比)与无量纲时间的函数关系

共 48 个样品,来自 Schmid 和 Geiger (2012)的文献。使用指数模型式(14.6),时,$\alpha=0.05$

然后从多相流达西公式[式(14.1)],假设流动受水的相渗的影响,可以确定在距离 x、时间 t 内的流速为:

$$q - \phi \frac{dx}{dt} \sim \frac{\sigma K K_{rw}}{\mu_w} \sqrt{\frac{\phi}{K}} \frac{1}{x} \tag{14.3}$$

孔隙度参数将达西流速转化为速度。式(14.3)的解为:

$$x(t) = \sqrt{At} \tag{14.4}$$

这里

$$A = \frac{\sigma K_{rw}}{2\mu_w} \sqrt{\frac{K}{\phi}} \tag{14.5}$$

注意对流动距离的刻度——早期,在侵入到达系统边界之前——是时间的平方根。这在数学和物理上是扩散的过程,而不是前缘的运动距离。

最后,润湿相到达系统的一端;从此时起,开采过程变慢。经验上——基本符合采出程度的变化特征——采出程度可以表示为:

$$R = R_{\infty}(1 - e^{-\alpha t_D}) \tag{14.6}$$

式中 R——油的采出程度;

R_{∞}——最终采收率;

α——拟合得到的常数;

t_D——无量纲时间。

这是图 14.9 中的解析解。在本分析中,可以写成:

$$t_D = t \frac{\sigma K_{rw}}{\mu_w L^2} \sqrt{\frac{K}{\phi}} \tag{14.7}$$

这是很简单的分析,不必很精确;更加复杂的、考虑了油水流动的、更精确的解析表达式可参见 Schmid 和 Geiger(2012)的文章;将在第 18 章中介绍。

可以用式(14.7)来刻度渗吸开发的时间。对于一个 1cm 的水湿岩石,一般的渗吸时间是多少? 这是满足t_D在 1 左右的实际所需的时间[式(14.7)]。使 $\sigma = 0.04N/m$,$\mu_w = 10^{-3}Pa \cdot s$,$K = 10^{-14}m^2$,$\phi = 0.2$,一般情况下,水湿岩石相渗端点值为 0.1,时间约 100s;渗吸在小尺度下很快。如果基质长度是 10m 呢? 注意时间随着长度的平方增加,因此在这个例子中,渗吸需要 $1 \times 10^6 s$,大约 3 年。

如果考虑混合润湿,情况更加复杂。图 14.10 是砂岩岩心变为混合润湿时水驱和渗吸采收率的对比。当孔隙为油湿时,由于渗吸变弱,这部分区域对采收无贡献。进一步地,开发速度变慢,因为水的相渗极小。再考虑有较小润湿的情况,那么在低含水饱和度时,驱替起控制作用。这使开发速度变化很大,从油田整体考虑,开发变得不经济了;如果考虑之前的例子,1m 的岩样,较低的基质渗透率(1mD)和相渗(10^{-4}),那么渗吸需要 100 年,对油田开发来说是不经济的。

相反,当系统为混合润湿时,水驱采收率变好。这是由于较低的残余油饱和度。同时,较低的水的相渗,使水的流动变慢,导致油可以排出,同时带来更好的驱替效率。

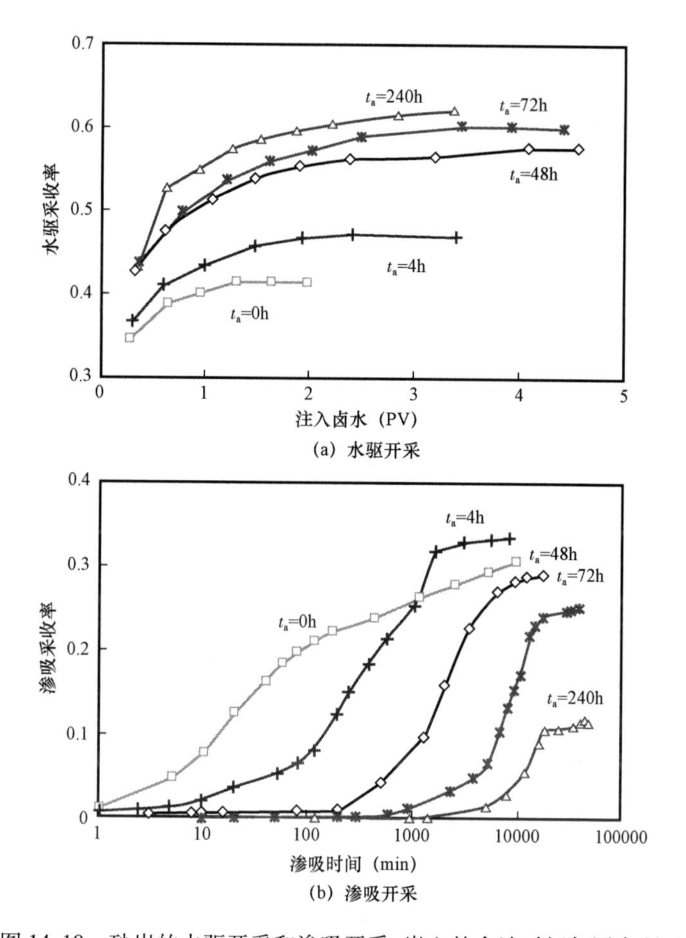

图 14.10　砂岩的水驱开采和渗吸开采，岩心的含油时间如图中所示

岩心的含油时间越长，混合润湿的特征越明显。混合时间短的岩心不适于水驱，这类岩心会形成较高的残余油饱和度，但适于渗吸开采，且渗吸速度快。引自 Behbahani 和 Blunt(2005)，基于 Zhou 等人(2000)的实验结果

14.3　混合润湿型碳酸盐岩中相对渗透率的分析

在这一部分，通过网络模型对相渗进行分析，以展示如何预测多相流的属性，以及其特征和油田采收率的关系。还将对比其结果与文章中经验数据的关系。这一章的重点是混合润湿系统，这构成了大量的碳酸盐岩储层，在中东，包含了世界上最大数量的剩余油。分析主要由 Ghaibi 和 Blunt(2012)完成。

14.3.1　孔隙结构和连通性

从碳酸盐岩的图像开始，并从这些图像中抽提出网络模型（图 14.11 和图 14.12），这构成了模拟的基础。

对抽提出的网格的精细描述见表 14.1。样品中包含了不同的配位数：ME1 和 Portland 连通性较差，配位数约 2.5，Guiting 和 Mount Gambier 连通性好，平均配位数分别约 5.1 和 7.4。后面将会提到，配位数是相渗和残余油饱和度的关键决定性因素。配位数可通过网络模型分析得到，其也是孔隙连通性的指示。

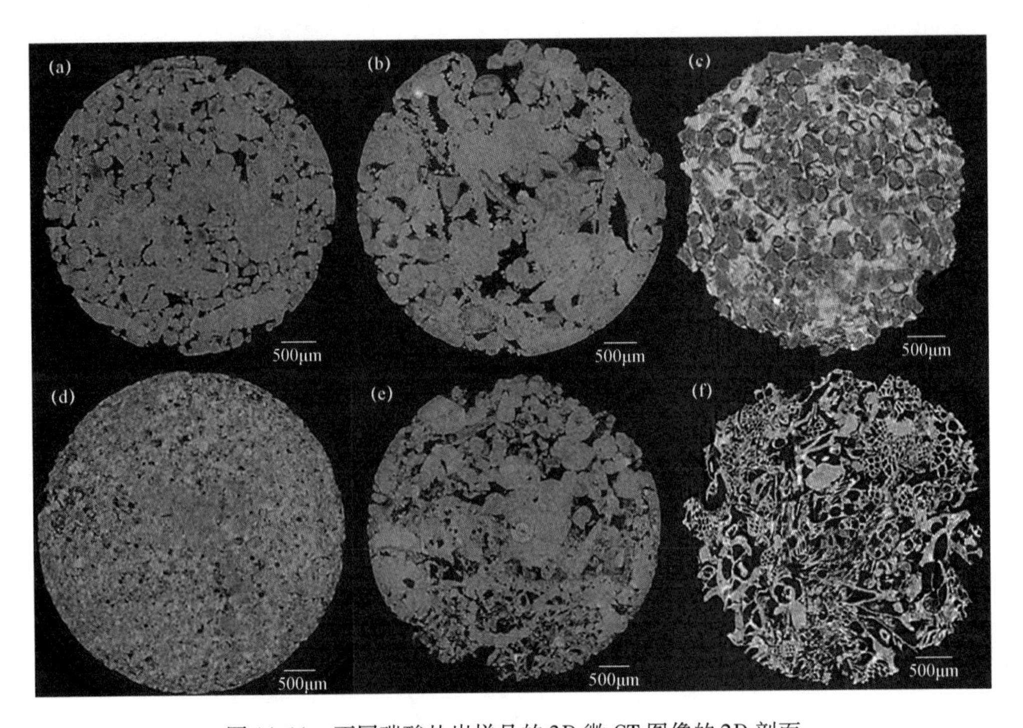

图 14.11 不同碳酸盐岩样品的 3D 微 CT 图像的 2D 剖面

(a) Portland 石灰岩;(b) Indiana 石灰岩;(c) Guiting 碳酸盐岩;(d) 中东碳酸盐岩 1(来自中东一处高矿化度深层含水层);(e) 中东碳酸盐岩 2(来自中东另一处高矿化度深层含水层);(f) Mount Gambier 石灰岩

表 14.1 对抽提的网络的参数描述

参数	ME1	Portland	Indiana	ME2	Guiting	Mount Gambier
像素分辨率(μm)	7.7	9	7.7	7.7	7.7	9
像素量	380^3	320^3	330^3	320^3	350^3	350^3
物理体积(mm^3)	25.05	23.89	16.41	14.96	19.57	31.26
孔隙数	55828	6129	5653	10855	25707	22665
喉道数	70612	7839	8539	20071	66279	84593
总的单元数	126440	14068	14192	30926	91986	107258
平均配位数	2.50	2.53	2.97	3.64	5.11	7.41
最小孔隙半径(μm)	7.7	9	7.7	7.7	7.7	9
最大孔隙半径(μm)	51.52	93.51	99.48	107.82	74.09	119.88
平均孔隙半径(μm)	8.44	14.89	10.17	10.90	11.16	18.17
平均纵横比	1.87	2.28	1.88	2.08	2.00	2.59
孔隙度(%)	14.37	9.32	13.05	18.60	29.79	56.27
渗透率	3.23×10^{-14}	1.37×10^{-13}	5.69×10^{-13}	9.40×10^{-14}	3.72×10^{-13}	2.20×10^{-11}

注:平均配位数是与孔隙连通的喉道的平均数。平均孔喉比是平均的孔隙半径与平均的喉道半径的比值。渗透率是通过网络模型流动计算得到的。

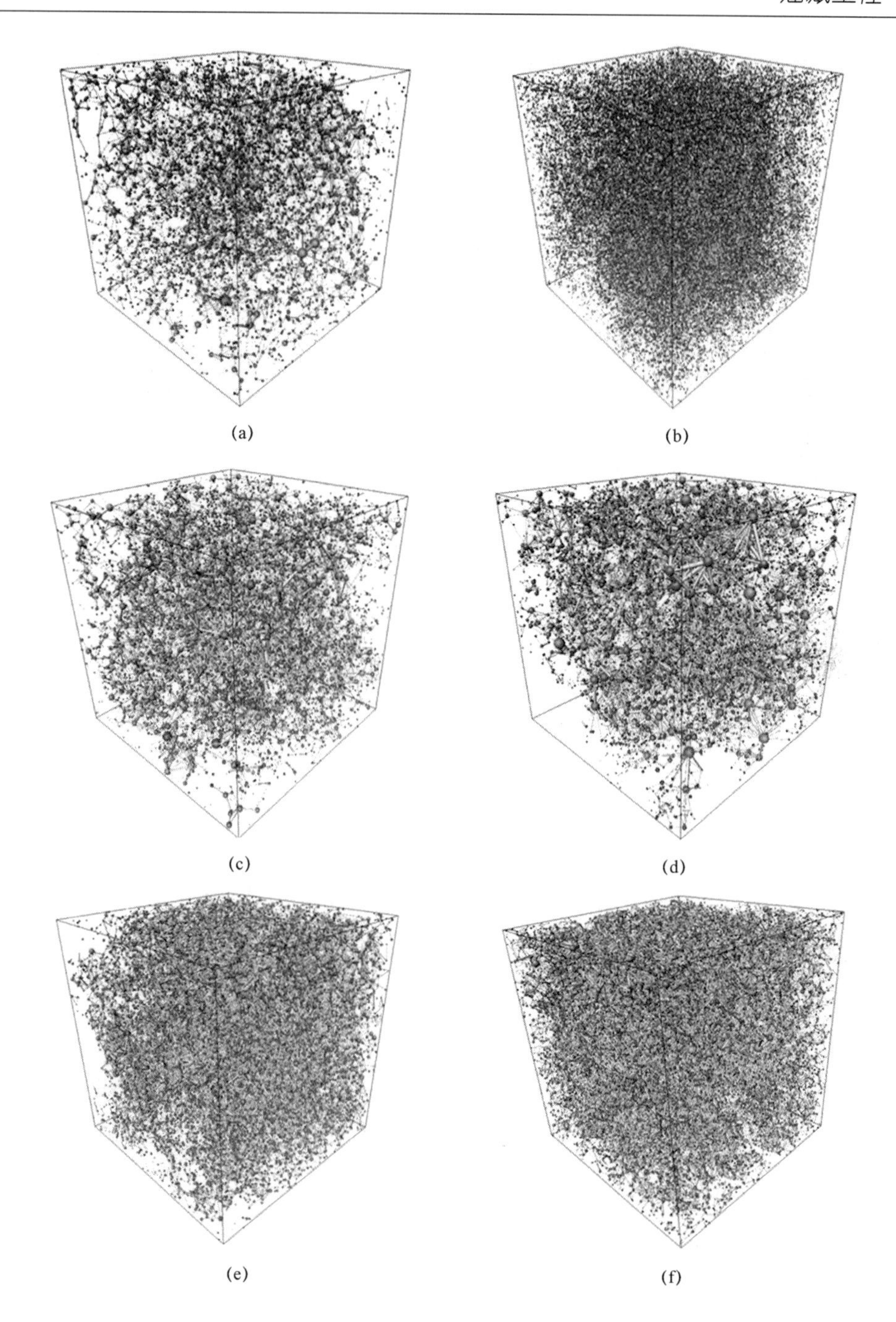

图 14.12 从图 14.11 中抽提的孔隙网络

使用点阵表示孔隙空间,使用小球表示孔隙,圆柱表示喉道,在剖面上,每个孔隙和喉道都是不等边的三角形

孔隙和喉道的展布如图 14.13 和图 14.14 所示。

模拟毛细管控制的驱替所用的模型是由 Valvatne 和 Blunt(2004)研发的。起初,介质中充满润湿相流体,之后注入原油。之后,变换孔隙的润湿性为混合润湿。然后模拟水驱,并产生相渗曲线。

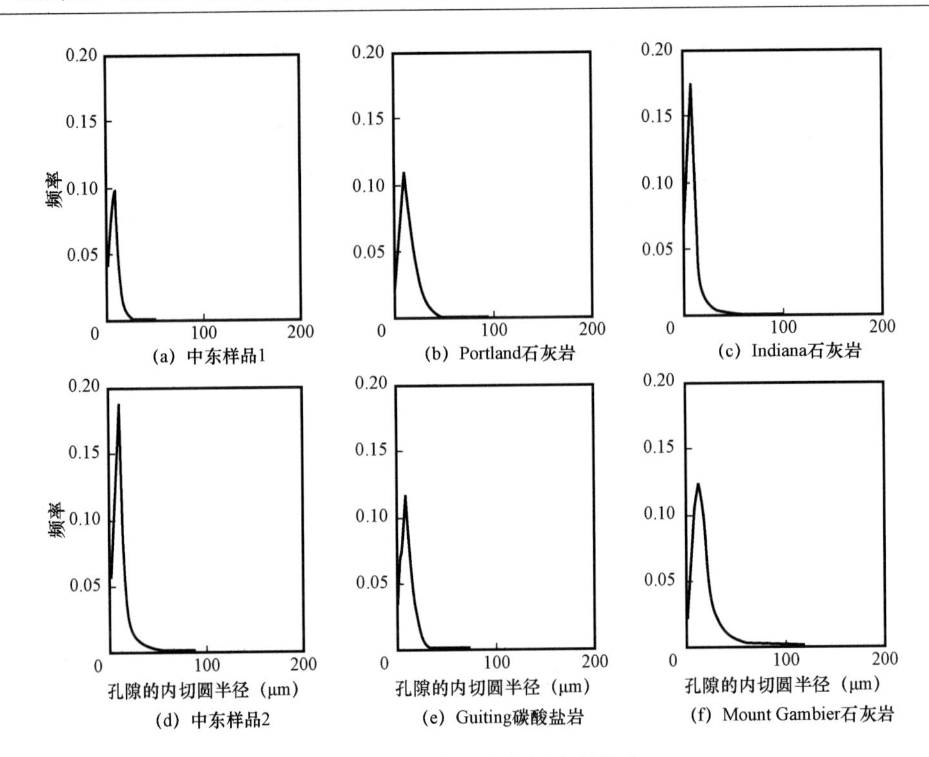

图 14.13 孔隙的内切圆半径分布

在本图和图 14.14 中,图片都是按照配位数增加的顺序排列的,从连通性较差的样品(a)到连通性较好的样品(f)(Gharbi and Blunt,2012)

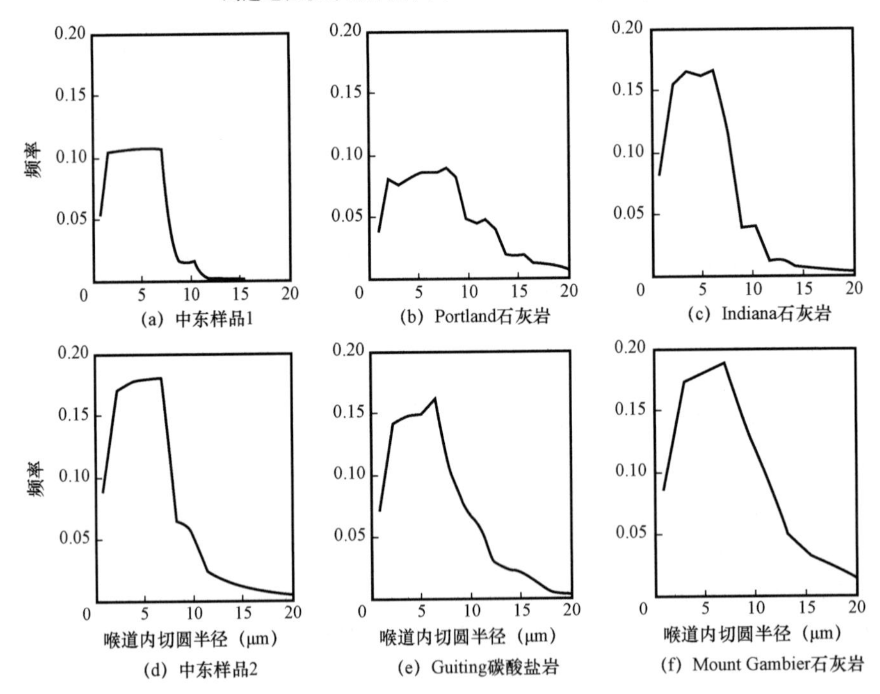

图 14.14 喉道内切圆半径的分布

图片按照配位数增加的顺序排列(Gharbi and Blunt,2012)

研究混合润湿介质中润湿性的影响。f 为孔隙中油湿的比例，$1-f$ 为水湿比例。下面从0到1变换油湿比例。除了模拟混合润湿介质，该方法还被用于由于沥青沉淀导致的润湿变换。这个变换受原油组成、卤水盐度，以及岩石矿物控制，很难预测先天的状态。

这里原油与碳酸盐岩界面接触，定义了不用空间校正的随机接触角的不同分布（表14.2），以体现水湿和油湿的孔隙和喉道。

表14.2　相渗计算时的输入参数

输入参数	输入值
原始接触角(°)	0
界面张力(mN/m)	48.3
水湿接触角(°)	0~60
油湿接触角(°)	100~160
原油黏度(mPa·s)	0.547
水的黏度(mPa·s)	0.4554

三维网络模型由独立的元素组成，包括圆形、三角形和正方形。应用正方形和三角形元素是为了清楚地模拟非润湿相占据元素中心，而润湿相占据角落。碳酸盐岩的孔隙非常不规则，由于毛细管力作用，原油初次排驱后，水仍占据凹槽和裂隙。润湿层厚度可能小于几个微米，对整体饱和度和流动影响很小。但对润湿相的连通有贡献，重要的是，通过防止封闭作用，保证了较低的润湿相饱和度。润湿相的水层赋存在角落，油像三明治一样在角落和中心水层之间。当油在这样的层中流动时，驱替很慢，且最终采收率极低。

14.3.2　润湿比例对相对渗透率的影响

5种润湿性比例：$f=0$，$f=0.25$，$f=0.5$，$f=0.75$，$f=1$。对于水湿的情况（$f=0$），水赋存在最小的孔隙内，水相渗透率很低，并在水驱结束时，将油封闭在大孔隙中，发生截断作用（图14.15）。在孔隙连通性差的碳酸盐岩中，将有75%的孔隙被封闭。在孔隙连通性更好的ME2样品中，水的相渗更高，封闭较少，但残余油达到40%，比所有样品都高。

对混合润湿的情况$f=0.25$（图14.16），较小的油湿孔隙比例导致封闭的油量增加，尤其在孔隙连通较差的情况下，两相自然流动的共渗区很小，甚至没有，只有在润湿层中流动非常慢的情况下才存在。水相连通性降低，水的相渗通常比强水湿的情况小。孔隙尺度下，受毛细管力控制，水湿区域先充满。这通常是小孔隙和差连通的情况，但包围了大部分油湿孔隙，并将其封闭。这些孔隙在强化注水时不能被驱替，这也解释了残余油量的增加。同时，对连通性好的样品，水的相渗变好，因为水有了更多流动通道，水既有自吸也有注入。

当润湿指数为0.5时（图14.17），油湿孔隙和水湿孔隙的数量相等，在低含水饱和度情况下，无论孔隙的连通性如何，相对渗透率曲线都表现出相似的特征。在水驱的初期，水相的连通性较差，水相只在那些最小的充满水的孔隙中，以及孔隙表面带有水膜的孔隙中流动，因此，水相的相对渗透率很低。之后随着含水孔隙的连通性增加，水相的相对渗透率迅速增加。

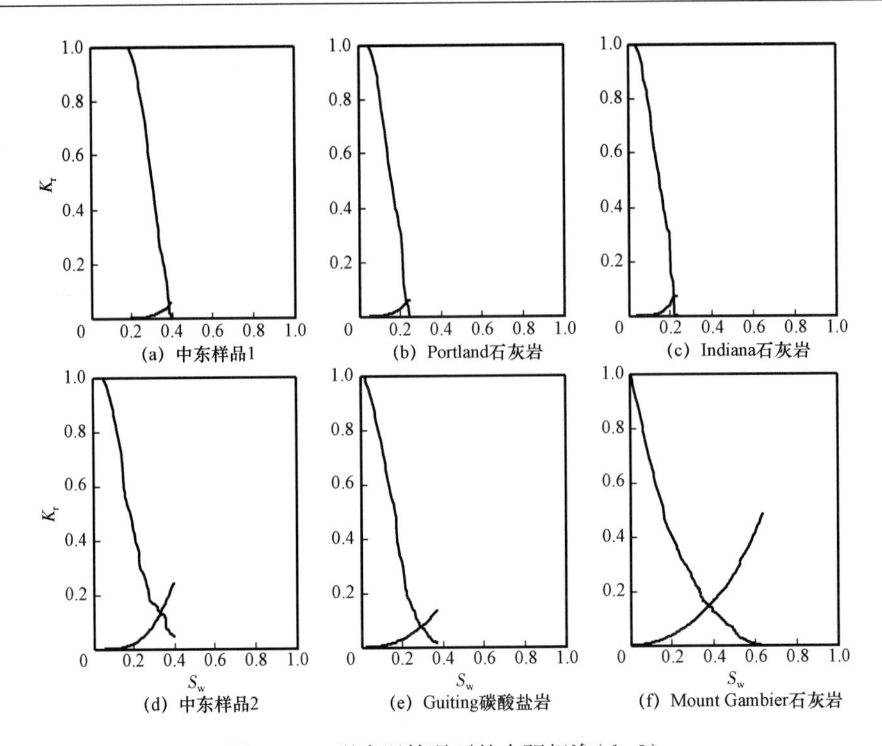

图 14.15 强水湿情况下的水驱相渗($f=0$)
曲线按照连通性增加的顺序排列(Gharbi and Blunt,2012)

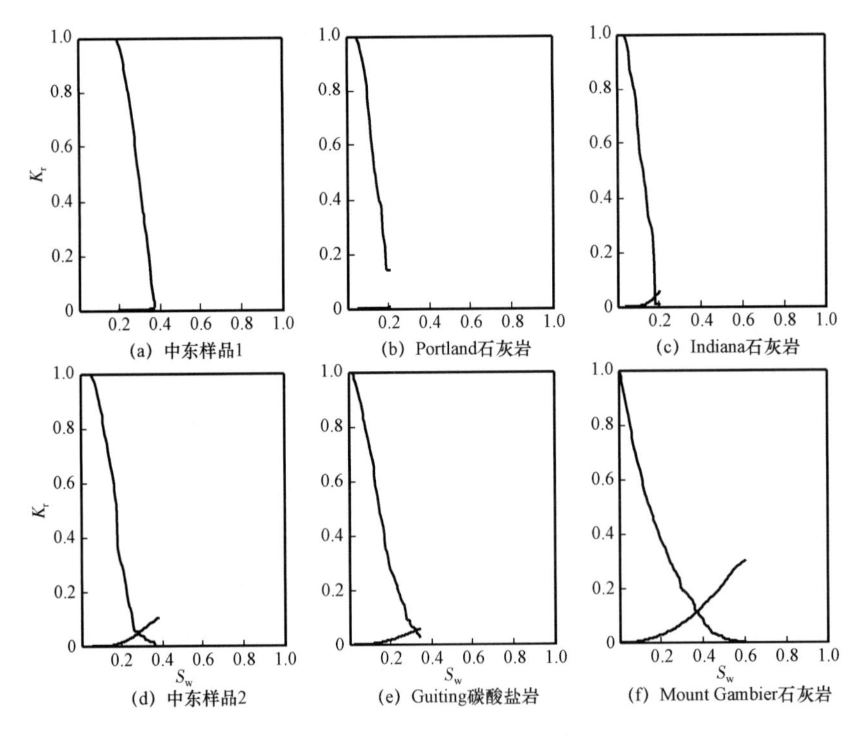

图 14.16 混合润湿情况下的水驱相渗($f=0.25$)
曲线按照连通性增加的顺序排列(Gharbi and Blunt,2012)

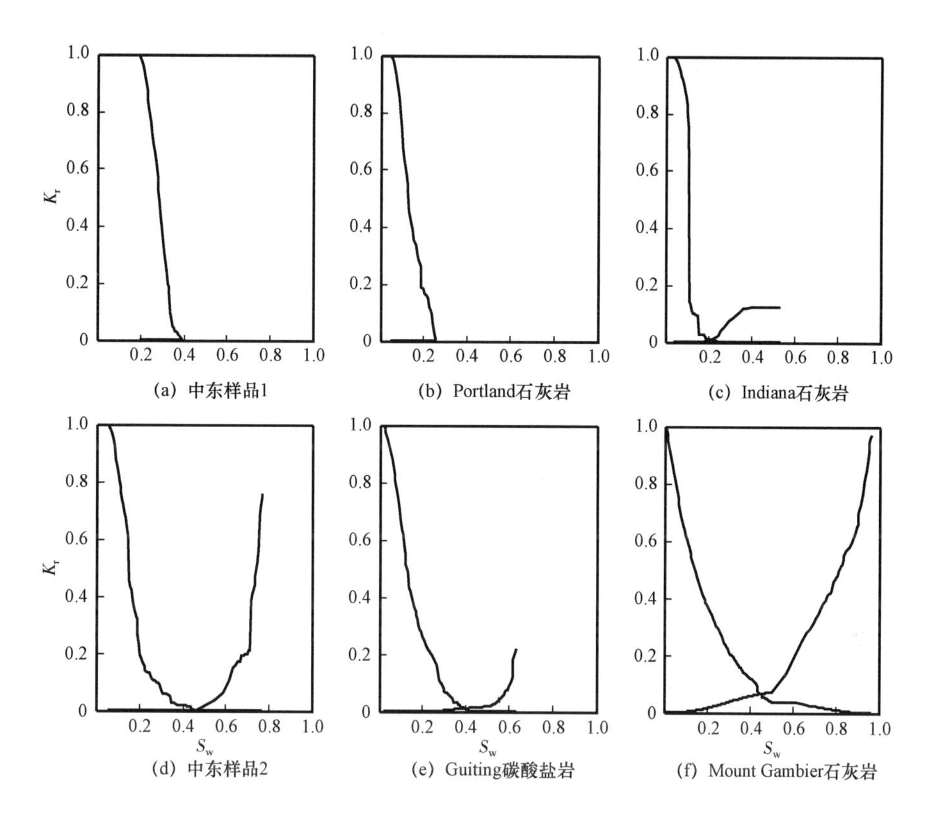

图 14.17 混合润湿情况下的水驱相渗($f=0.5$)

曲线按照连通性增加的顺序排列(Gharbi and Blunt,2012)

在自然渗吸之后,在油湿的连通孔隙中,会发生显著的对油相的驱替作用。由于在油湿的孔隙中油相仍保持连通,油相的相对渗透率下降缓慢,因此在孔隙连通较好的储层中,可以明显看到油相的相对渗透率曲线出现较长的拖尾,这是由于在亲油的储层中,油膜存在较长的缓慢流动过程。而在孔隙连通较差的储层中,表现出与水湿储层相似的现象,油相的相对渗透率陡然下降,即存在大量的残余油被封闭在储层中。油湿的连通区域较少,因而,残余油饱和度较高。同时,水相的相对渗透率最大值也从极低变得极高,这取决于水相连通程度和封闭的油相的数量。在残余油饱和度较低的时候,水相可以充满大部分的孔隙空间——其中还包含油湿孔隙的空间——因此水相的相对渗透率在末端变得很高。受介质孔隙结构的影响,末端水相的相对渗透率的变化很大。

当油湿比例进一步增加,$f=0.75$(图 14.18),残余油比例由于油的连通而降至非常低。水的相渗因水充满了孔隙空间最大的中部,相对于所有样品而升至最高。这是非常典型的油湿驱替特征,共渗区很宽,由于润湿层的流动,在各自饱和度较低时,油和水的相渗都较低。这个特征与网络模型计算的结果相似。某些曲线的跳跃是由于网络模型较小的尺寸;对成像的改善可以允许建立更大的网络模型。

对于完全油湿的情况($f=1$),其特征与混合式润湿的情形相似($f=0.75$):很低的残余油饱和度,很长的排驱段,以及较高的水相端点相渗(图 14.19)。

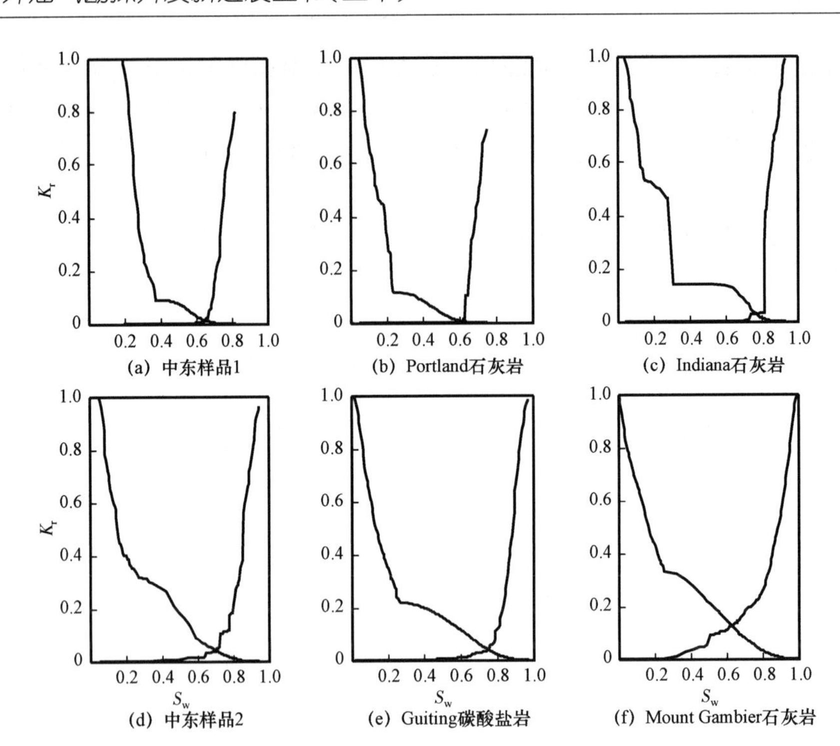

图 14.18 混合润湿情况下的水驱相渗(f=0.75)

曲线按照连通性增加的顺序排列(Gharbi and Blunt,2012)

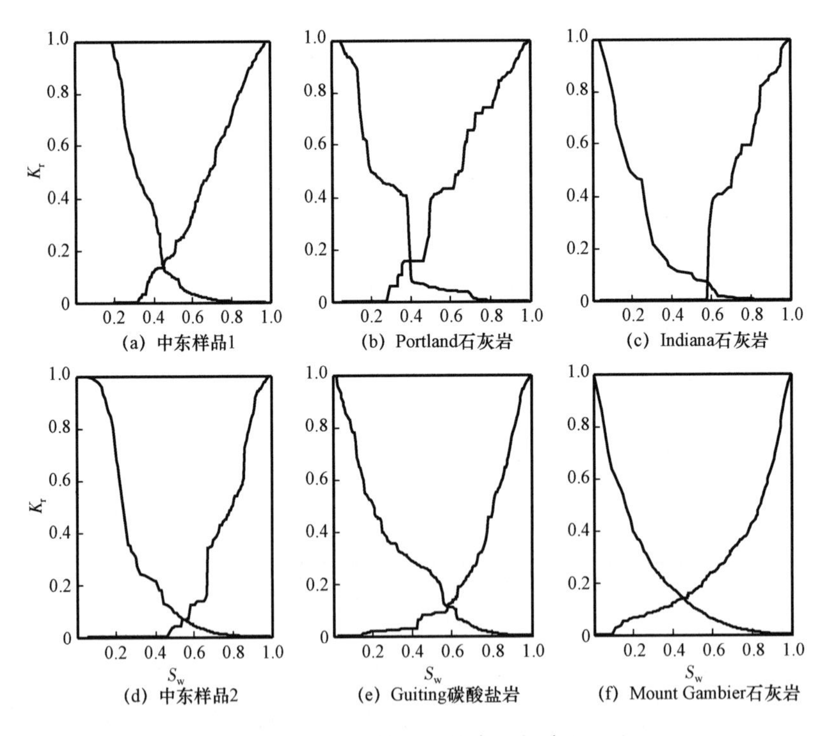

图 14.19 强油湿情况下的水驱相渗(f=1)

曲线按照连通性增加的顺序排列(Gharbi and Blunt,2012)

总结一下之前的描述,现在分析润湿性和平均配位数对相渗的影响。残余油饱和度随着润湿相比例的演化表明,在润湿相比例为 0. 25 时,残余油饱和度达到最大,并且当介质变为油湿时,快速降低到极低的水平。在 f = 0. 25 和 f = 1 时水驱效率达到最大,主要是受油的连续性控制。

连通性对残余油饱和度的影响如图 14. 20 和图 14. 21 所示。无论润湿性如何,随着连通性增加,残余油饱和度减小。

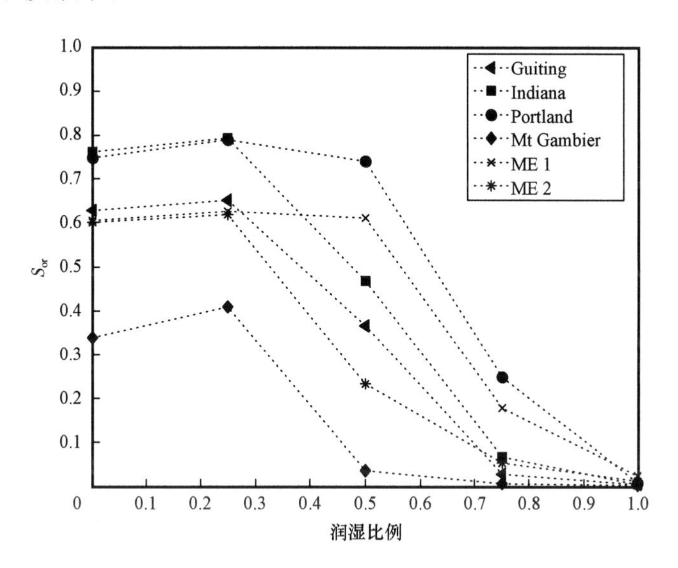

图 14. 20　不同样品残余油饱和度与相润湿性的关系(Gharbi and Blunt,2012)

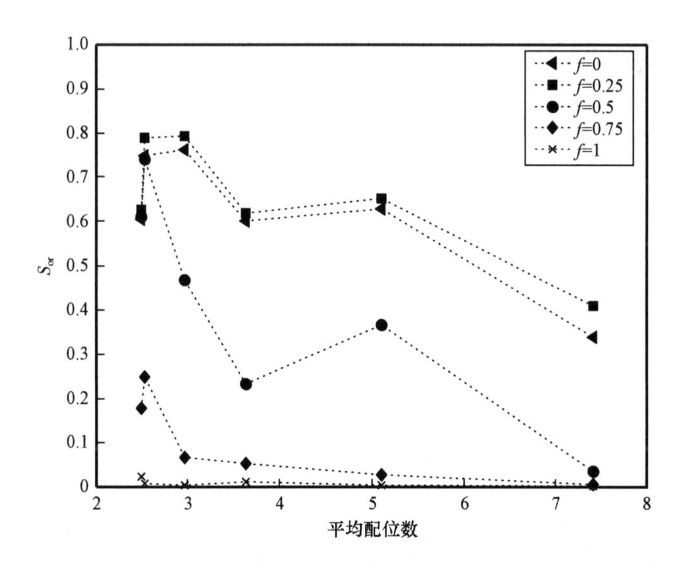

图 14. 21　残余油饱和度与平均配位数的关系(Gharbi and Blunt,2012)

油水相渗曲线交点对应的饱和度可作为判断水驱效率高低的界限(Craig,1971)。当含水饱和度大于交点饱和度时,水驱效果变差,因为水比油更易流动。对不同的碳酸盐岩,交叉点的含水饱和度是润湿性的函数。大多数情况下,混合润湿 $f=0.75$ 时,交叉点的含水饱和度最高。这说明,水驱对混合润湿的碳酸盐岩最有效。当样品为水湿或是混合润湿时($f=0.25$),交叉点处的含水饱和度最小,说明这种情况下水驱的效率最低。这与传统的相渗分析不同,传统的相渗分析认为,水湿情况下,交叉点的含水饱和度大于50%,而混合润湿情况下或油湿情况下,交叉点的含水饱和度低于50%(Craig, 1971)。本次研究发现,这种趋势只在油湿的情况下存在,而不是普遍规律,原因是低估了水相相渗。

14.4 网络模型结果与实验值对比

下文将对比计算结果与文献中的实验结果。网络模型并不能完全一致地代表岩石样品,同时独立测量样品的润湿性也是不可行的,这里只是评价计算中估计的连通性和润湿性是否合理。另外,对比的目标也不是要使实验结果与网络模型计算结果完全匹配,而是要确定计算结果是否能够被实验结果所支持,并讨论润湿性和孔隙结构对油藏尺度采收率的影响。

以中东碳酸盐岩样品为例,研究三组水驱相渗实验。样品的岩石物理和地质特征描述见表14.3。

表14.3 文章中涉及的储层样品的岩石物理和地质特征描述

文献信息	润湿性	润湿性测量方法	地质背景	岩性	核磁共振特征描述
Al – Sayari (2009)	混合润湿	N/A	Kharaib	双重孔隙系统	多模,微孔
Meissner et al. (2009)	混合润湿—亲油	USBM	Arab – D 油藏	颗粒灰岩	复杂多模孔隙构造,微孔
Meissner et al. (2009)	混合润湿—亲油	USBM	Arab – D 油藏	泥质灰岩	
Meissner et al. (2009)	混合润湿—亲油	USBM	Arab – D 油藏	颗粒灰岩	
Meissner et al. (2009)	混合润湿—亲油	USBM	Arab – D 油藏	颗粒灰岩	
Okasha et al. (2007)	中性润湿—轻度亲水	Amott	Arab – D 油藏 Haradh 地区	N/A	N/A
Okasha et al. (2007)	偏亲油—中性润湿	静态渗吸 Amott USBM	Arab – D 油藏 Utmaniyah 地区	N/A	N/A

注:USBM 代表美国 Bureau 矿藏法,是一种测量润湿性的有效方法:它测量自发渗吸和驱替下毛细管压力曲线的面积比。

案例1:Al – Sayari(2009)对中东碳酸盐岩样品进行了实验,样品重新充注油,并进行老化,实验使用稳态法。通过薄片、压汞、核磁分析,确定孔隙连通性好,微孔不发育(图14.22)。

与该实验相渗相似的样品是 Guiting 样品和 Mount Gambier 样品,这两个样品孔隙连通性好,润湿指数为0.25。相对较低的残余油饱和度和相渗曲线形态都表现出混合润湿的特征。对于 Guiting 样品,水相相渗的差异可能是由于网络模型未能识别的微孔隙导致的。

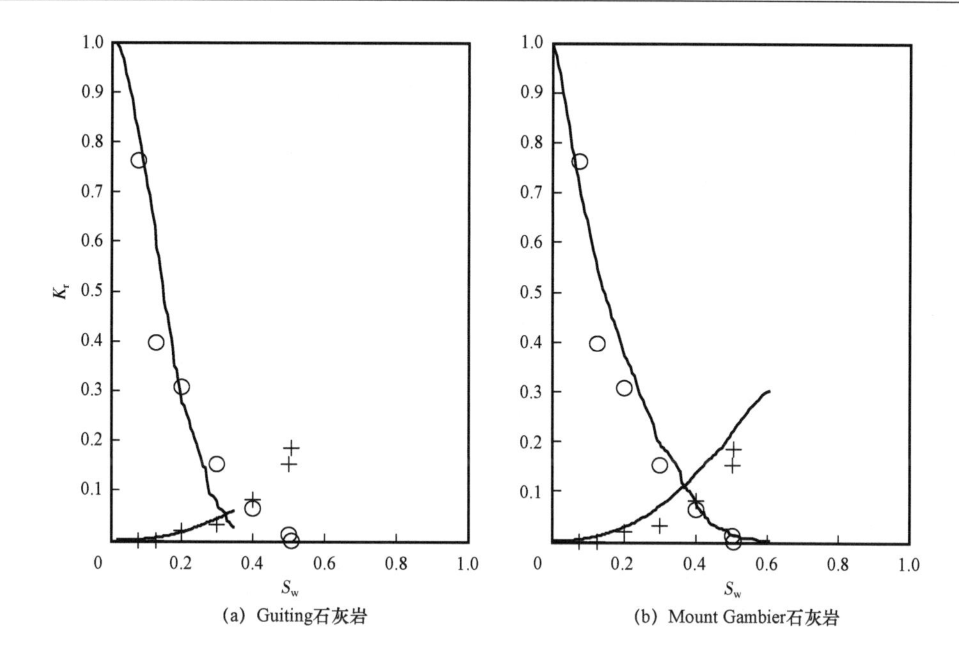

(a) Guiting石灰岩　　(b) Mount Gambier石灰岩

图 14.22　中东混合润湿样品的实验相渗结果与预测相渗结果的对比
（油相符号为圆圈，水相为十字），润湿指数为 0.25（Gharbi and Blunt，2012）

案例 2：Meissner（2009）对卡塔尔陆上的 Dukhan 油田 Arab－D 油藏的样品进行了实验。实验使用稳态法，分别使用油—卤水和气—油系统，结果包括岩心的原始状态和再充注油的情况。成果使用归一化的饱和度和相渗值：

$$S_{wn}=\frac{S_w-S_{wi}}{1-S_{wi}-S_{or}} \tag{14.8}$$

这里，S_{wi}是原始含油饱和度，在初次排驱之后确定，S_{or}是残余油饱和度，通过油相相渗曲线的外推确定。

这个例子中，为了得到原始含油饱和度，将初次排驱压力设为 690kPa（约 100psi）。这个值是通过多个毛细管压力测量实验得到的，将毛细管压力快速上升阶段的值平均，就得到了约 100psi 的压力值。

图 14.23 展示了实验测量的储层原始状态的岩心的油水相渗曲线，以及按照强油湿条件 $f=1$ 计算的 ME1 样品相渗曲线之间的对比结果。通过对比认为，与计算结果结构相似的岩心样品可能属于油湿性质。

案例 3。Okasha（2007）使用非稳态法测量了沙特 Ghawar 油田（世界上最大油田）的 Arab－D 储层的碳酸盐岩样品。3 个样品来自油田的不同区域（Utmaniyah，Hawiyah 和 Haradh）。因为测量结果使用非归一化形式，这里只做简单对比，而不改变原始含水饱和度。

如图 14.24 所示，实验结果中的一块，与网络模型计算结果中混合润湿（$f=0.25$）的 Mount Gambier 样品吻合性较好。之前已经提到了，该实验中的样品的润湿性和孔隙结构与中东样品不同。如图 14.25 所示，实验样品与连通性较差的、强油湿的 Portland 样品和 ME1 样品符合率更高。润湿性的差异也是润湿性在局部存在变化的一个证据。

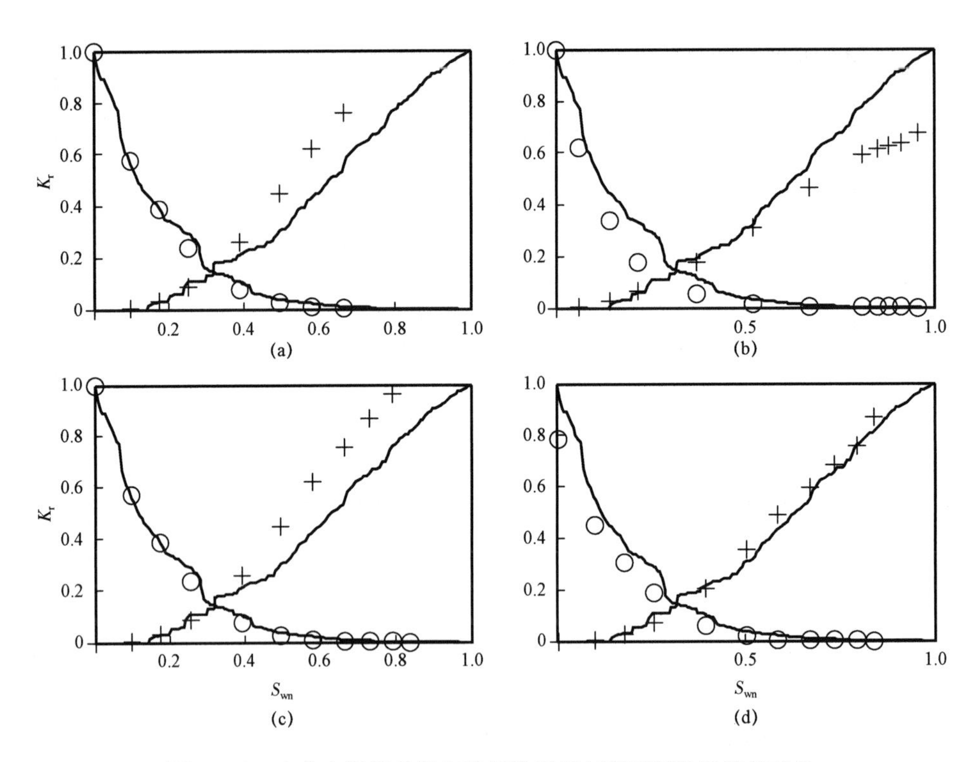

图 14.23　中东水湿样品的实验相渗结果与预测相渗结果的对比

(油相符号为圆圈,水相为十字),润湿指数为 1,实验样品为实际地下条件,样品参数来自 Meissner 等人(2009)的文章(Gharbi and Blunt,2012)

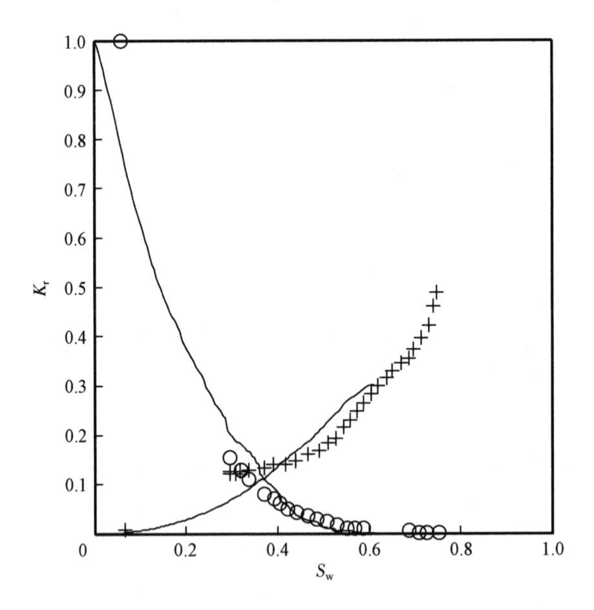

图 14.24　Mount Gambier 混合润湿样品的实验相渗结果与预测相渗结果的对比

(油相符号为圆圈,水相为十字),润湿指数为 0.25,实验样品为实际地下条件,样品参数来自 Okasha 等人(2007)的文章(Gharbi and Blunt,2012)

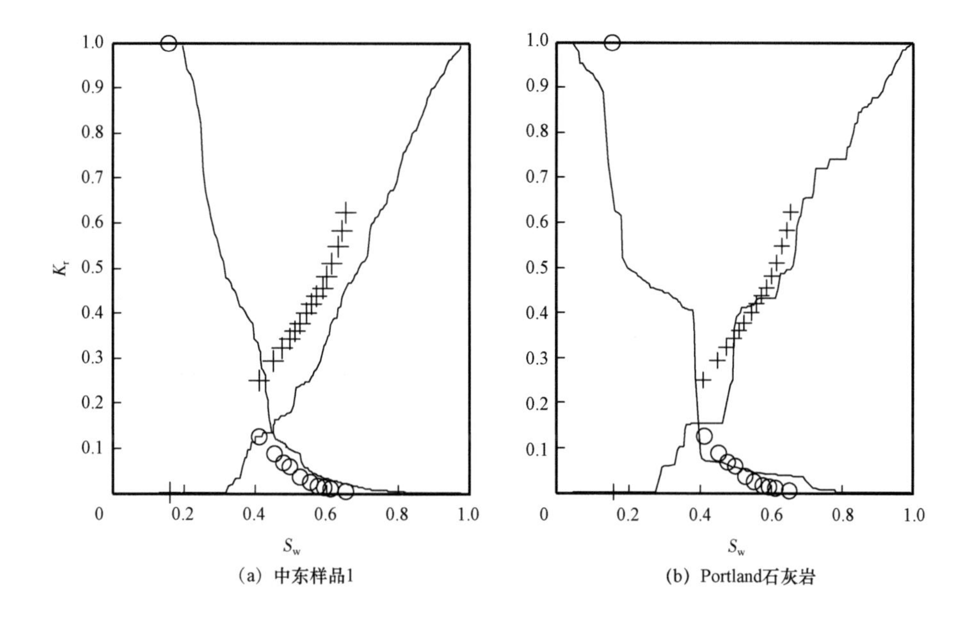

图 14.25 中东混合润湿 1 号样品和 Portland 石灰岩样品的实验相渗结果与预测相渗结果的对比（油相符号为圆圈，水相为十字），润湿指数为 1，实验样品为实际地下条件，样品参数来自 Okasha 等人（2007）的文章（Gharbi and Blunt，2012）

对于三个高束缚水饱和度的样品，符合率较低。

14.5 相对渗透率对油田尺度采收率的影响

水驱过程中，如果油水黏度相近，那么相渗曲线交点对应的饱和度值对油藏规模的采收率预测具有重要的指导作用。当含水饱和度大于共渗点饱和度时，产水量将超过产油量，生产会逐渐变得不经济。因此，可以通过初始饱和度与共渗点饱和度之间的变化来粗略地推导采收率。后面将会介绍如何通过给定的相渗曲线和流体黏度，严格地分析和预测采出程度与注水量的关系。

前面介绍过，当存在大量油湿孔隙时，比例约为 0.75，水驱效果最好。最高水驱效果说明了较差的孔隙连通性，此时水相相渗很低，水相运动较慢，从而使更多的油能够驱替出来。对应连通性较好的样品，水驱效果对润湿性的敏感性较小，共渗点饱和度较低，通常水驱效果不好。

这个结论可能有些出乎意料，即混合润湿、孔隙连通性较差的碳酸盐岩储层更适于水驱开发。这与砂岩的情况相反，对砂岩储层的孔隙网络模拟认为，中性润湿条件下，水驱效果最好（Øren et al.，1998；Valvatne and Blunt，2004）。此外，Jadhunandan 和 Morrow 的实验分析也认为，中性润湿储层的水驱效果最好。

正如本章前面提到的，碳酸盐岩中有两种采出过程，这取决于裂缝是否控制了流动。如果裂缝没有控制流动，那么黏滞力对孔隙型基质的驱替起决定作用，局部采收率受相渗的控制。可以通过 Buckley - Leverett 分析来计算，后面章节中将会介绍。但就像前面提到的，水驱驱替效率可以通过观察相渗曲线而快速进行估计。假设油藏条件下的油和水黏度相同,那么,如果生产井附近的饱和度就是等渗点饱和度,那么地下油水的产量就是相等的。当循环和处理采出水的成本超过产油的经济效益时,井将会废弃,这通常对应于油水比为 1∶2 到 1∶10。另一方面,油的黏度通常比水的黏度大,流量受相渗与黏度的比值控制。因此,多数时候,当生产井间的饱和度接近共渗点饱和度时,生产井就会关井,此时含水率会较高,这只是快速估计开发趋势的小技巧。因此,对应连通性较差的碳酸盐岩样品,水驱效果更好,因为大部分的可动的孔隙体积都被驱替了,残余油饱和度很低。较差的连通性阻滞了水相的突进,从而能够驱替更多的油。在连通性较好的储层中,水相沿大孔隙快速突破,这会出现孔隙尺度的过路油,导致水驱效果较差。

现在考虑一个油藏的流动受裂缝控制。此时,裂缝有效地缩短了流动的路径,同时,在基质上没有足够的压降。毛细管压力和重力缓解了采出程度的问题。设想水快速通过被基质包围的裂缝,那么开发过程就受到自然渗吸的影响,即直到毛细管压力为零时,开发才会停止。图 14.26 展示了三个碳酸盐岩样品的毛细管压力曲线。除了连通性很好的 Mount Gambier 样品,其他的与之前讨论的样品不同,Ketton 和 Estaillades 两个样品的连通性较差,就相当于是配位数较低的 Portland 样品、Indiana 样品和 ME1 样品。

在图 14.26 的例子中,只有约 25% 的可动孔隙体积被开采出来了。进一步地,当水可以进入孔隙空间时,采收率同样会受到限制,即在毛细管压力为正值的较低含水饱和度时,对应的相渗曲线。这里,最有利的样品是 Mount Gambier,该样品水相相渗较高,对应较高的驱替速度,同时,因为自然渗吸作用较强,且孔隙连通性较好,水可以相对容易到达岩石所有的水湿孔隙中。相对地,连通性较差的 Ketton 样品和 Estaillades 样品,水相相渗较低,并非所有的水湿孔隙都是彼此连通的,导致在毛细管压力为正时,驱替的孔隙空间较少。

驱替中,重力也发挥重要作用。如果水在垂直裂缝中流动,那么相对较轻的油就倾向于在基质的顶部产出,那么裂缝下部的水就会形成驱动力。如果假设裂缝中的毛细管压力很小,基质顶部的毛细管压力为零,那么基质底部的毛细管压力就是 $\Delta\rho gh$, 其中 $\Delta\rho$ 是油水密度差,h 是基质岩块的高度。毛细管压力是负数,水的压力高于油的压力。这就会形成强制驱替,进一步降低含油饱和度。如果使用典型值估算,$g=9.81\text{m/s}^2$,$\Delta\rho=300\text{kg/m}^3$,$h=2\text{m}$,那么,毛细管压力就可以达到 -6kPa。按照图 14.26 所示的毛细管压力曲线,这个力可以增加 Estiallades 样品 15% 的油的驱替量。如果考虑更低渗透率的样品,那么毛细管力会驱替更多的量,这就是毛细管力和重力在油藏尺度缓和采出程度的机理。

重力控制了水驱之前的初始含水饱和度。对于低渗样品 Estiallades,约 10m 的基质岩块的高度可以将储层驱替至残余油饱和度。同时,毛细管压力平衡也使油藏中存在一个过渡带,在 1~100mD 之间,过渡带高度为 10~100m。原始含水饱和度既影响润湿性,也影响水驱的起点。在油水界面附近,通常存在润湿性改变的趋势,从混合润湿向亲油过渡。通常,岩心的驱替实验样品都取自构造顶部,这通常导致实验结果偏油湿,而不适于水驱开发,但实际情况是,在油藏的大部分位置,驱替效率都更高。孔隙尺度的模拟可以评价相渗与原始含油饱和度之间的函数关系,可以极大提高油藏表征的质量。

这个简单的分析常能够得到有趣的结论。在相同润湿情况下,如果没有裂缝发育,低渗、孔隙连通性差的样品的水驱效果较好,因为较低的水相相渗阻滞了水的突破。另一方面,如果

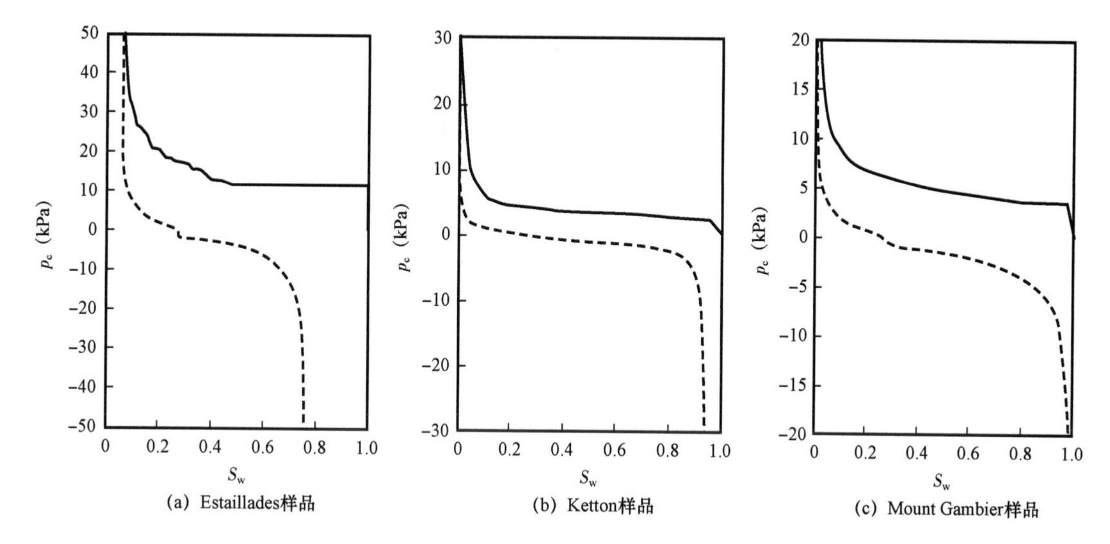

图 14.26 使用孔隙网络模型预测的初次排驱(实线)和水驱(虚线)毛细管压力结果

这里润湿指数为$f=0.75$。在裂缝性油藏中,如果存在渗吸作用,那么采收率受毛细管压力为零时的饱和度控制,而不是残余油饱和度控制(Gharbi and Blunt,2012)

油藏发育裂缝,连通好的样品开采速度更快,效果更好,因为存在较大程度的自然渗吸现象。这说明,储层的属性和流体的性质,对合理评价开发方式都是极为重要的。

笔者对这个问题的总结是,混合润湿系统适于驱替,而不适于渗吸,这是一个“万亿桶问题”,因为这将决定大部分常规原油(主要在中东)的开采。但没有简单的答案,也不可能有简单的答案,尽管如此,还是需要强调相渗实验以及相渗预测的重要性。

第 15 章　三　相　流

储层中可能存在油气水同时流动。包括注气、注二氧化碳、溶解气驱、气顶膨胀驱，以及蒸汽驱。在环境工程中，当一种非水溶相污染物向下运移到湿润土壤的水体中时，也将包括污染物、水和油三相。

下面，考虑孔隙尺度下的油气水如何分布，并从这个角度讨论润湿性、相渗，以及原油采收率。

15.1　扩散润湿和油层

当放一滴油到水上，会发生什么？

定义展布系数，如下：

$$C_s = \sigma_{gw} - \sigma_{go} - \sigma_{ow} \tag{15.1}$$

如果 $C_s > 0$，那么油在水上展开。轻烃和很多轻烃的混合物，以及大部分的原油，都将展开；图 15.1 所示的形态是不稳定的，油更倾向于覆盖在气水界面中间。

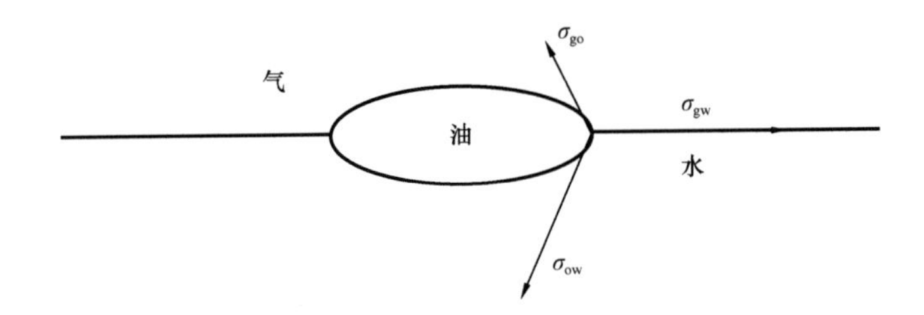

图 15.1　一颗油滴漂在气水界面之上

如果 $C_s < 0$，那么油不在水上展开。比水密度大的非水溶性流体和长链烷烃都不在水上展开。

在热动力平衡中，有三种情况。

（1）$C_s < 0$ 时，油滴稳定（图 15.2）。

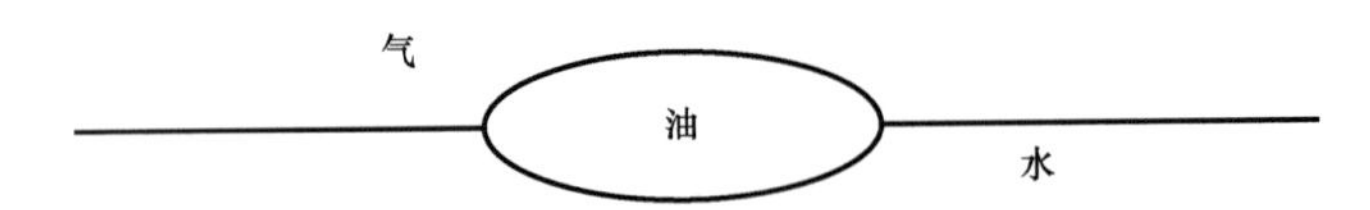

图 15.2　漂在气水界面上的小油滴的平衡

这里扩散系数为负数，在气水界面没有形成油膜

（2）$C_s > 0$ 时，如果在气水界面有一层油膜覆盖时，定义一个平衡展布系数（图 15.3）。可以定义平衡时的展布系数为 C_s^e［式（15.1）］。此时，油降低了气水的界面张力，$C_s^e < 0$，且油滴稳定。

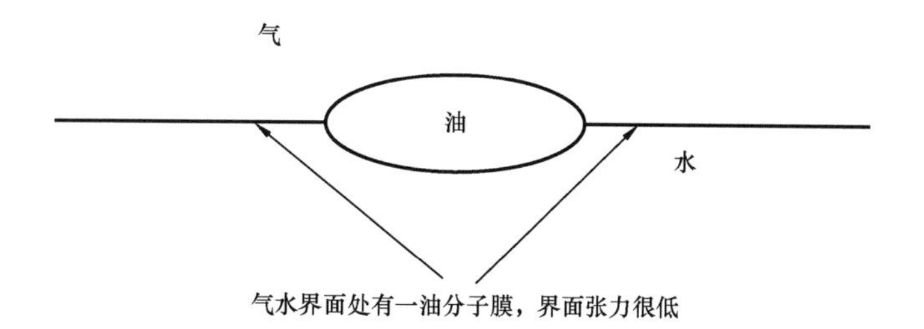

图 15.3 漂在气水界面上的小油滴的平衡

这里初始扩散系数是正的，油滴将形成油膜，直到扩散系数变为负数，在气水界面处达到新的平衡

(3) $C_s>0$ 且 $C_s^e=0$ 时(图 15.4)，当油加入系统中时，油膜无限制膨胀。当油膜足够厚时，气水之间的有效界面张力(σ_{gw})就是气油的界面张力(σ_{go})与油水的界面张力(σ_{ow})之和。这意味着平衡展布系数是0。

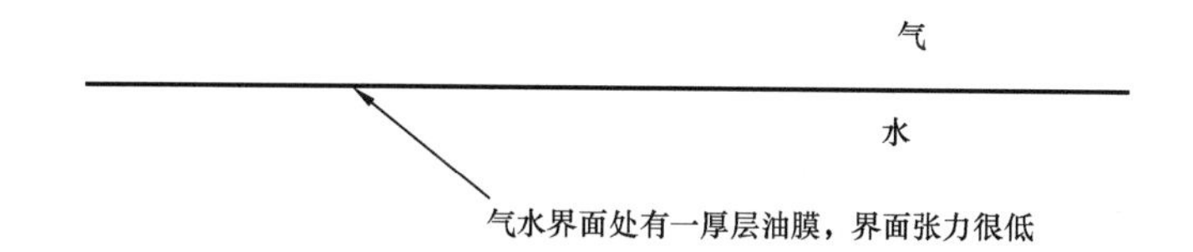

图 15.4 第三种，也是最后一种情况，油滴无限扩散，形成很薄的油膜

整个油气界面都形成油膜，界面张力可简单地认为是油水和气水界面张力的总和，达到平衡的扩散系数为零

在热动力平衡条件下，$C_s^e<0$；如果平衡展布系数是负数，那么油将继续扩张直至平衡系数降至0。

下面，将讨论这对孔隙中三相的展布和流动的形态。一般的情形如图 15.5 所示。

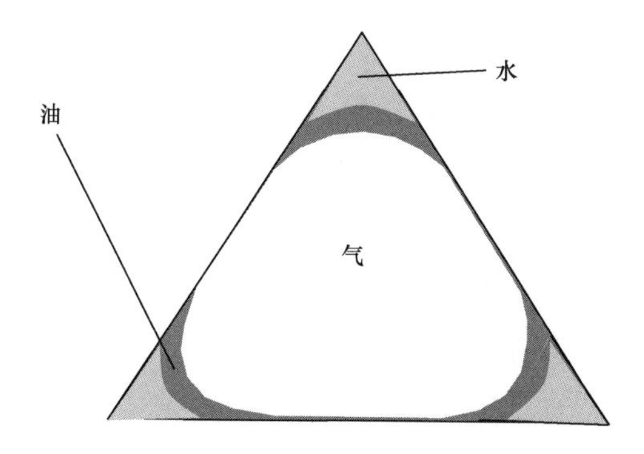

图 15.5 三角形水湿孔隙中，油气水的分布

在角落处，油气水形成夹层结构，气占据孔隙的中心

油可以在孔隙中形成一个油层，水在角落中，气在中间，形成三明治形态。由于控制了油气的接触角大小，故而此时油层常具有很低的展布系数。

对于油层，具有如下关系：

$$\alpha+\theta_{go}<\pi/2 \tag{15.2}$$

展布开的油膜，$\theta_{go}=0$，在微观尺度下，油气之间没有接触角。当展布系数进一步减小时，

θ_{go}将会增加,后面将会介绍。

考虑平面上的 Young 方程(图 15.6)。对方程进行整理可得到重要的等式关系,即 Bartell - Osterhof (1927)方程:

$$\sigma_{gw}\cos\theta_{gw} = \sigma_{go}\cos\theta_{go} + \sigma_{ow}\cos\theta_{ow} \tag{15.3}$$

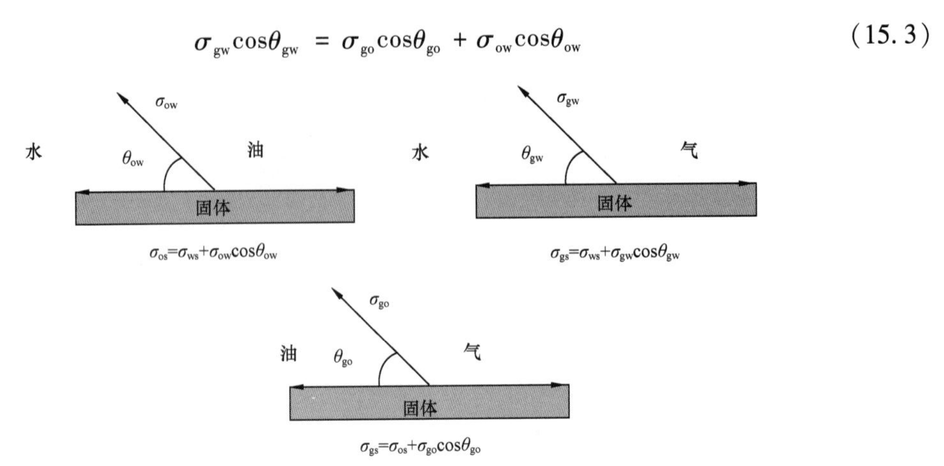

图 15.6 固体界面不同流体组成时的杨氏平衡

以此为基础,可以推导基础角和界面张力之间的关系[式(15.3)]

这里假设接触角和界面张力都通过热动力平衡测得。这个关系约束了接触角和界面张力,只有两个彼此独立的接触角。通常认为润湿性控制了 θ_{ow},而扩展性控制了 θ_{go}。

如果系统是强水湿的,那么 $\theta_{gw} = \theta_{ow} = 0$,则气油接触角可以简化为:

$$\cos\theta_{go} = 1 + \frac{C_s^e}{\sigma_{go}} \tag{15.4}$$

按照扩展系数的概念,这是一个负数。

假设剩余油被水所包围,然后向系统中注入气。这种情况的例子有很多,比如降低土壤中的潜水面,此时非水相的污染物出现;将气体注入油藏中,溶解气驱,带气顶油藏的重力驱。在水湿系统中,油将占据大孔隙的中心。

当气相进入系统后,油在孔隙介质中扩展开,气作为更强的非润湿相将占据孔隙中心。油相占据裂隙,或是夹在气水之间,占据孔隙的角落,此时油是连续相,无论是否存在气,油都是能够流动的。残余油饱和度可以降至零。在一些重力驱的填砂模型中,可以看到残余油饱和度低于 0.1% (Sahni et al. ,1998)。

对三相流的深入讨论会变得极其复杂。如图 15.7 的例子,孔隙中两相和三相的配置关系受饱和路径和润湿性的共同影响。这些流体的配置关系可以简单使用润湿性、扩展性、接触角、Young - Laplace 方程的概念来解释。本章将简要讨论润湿性、孔隙尺度的配置关系,以及采收率等,而不是深入所有细节。

此外还会介绍混合润湿和油湿介质中的油层,相对于油,气总是非润湿相,因此总是占据孔隙中心,而油相只能占据孔隙角落。但后面会讨论,在油湿系统中,相对于水相,气相也未必总是非润湿相。

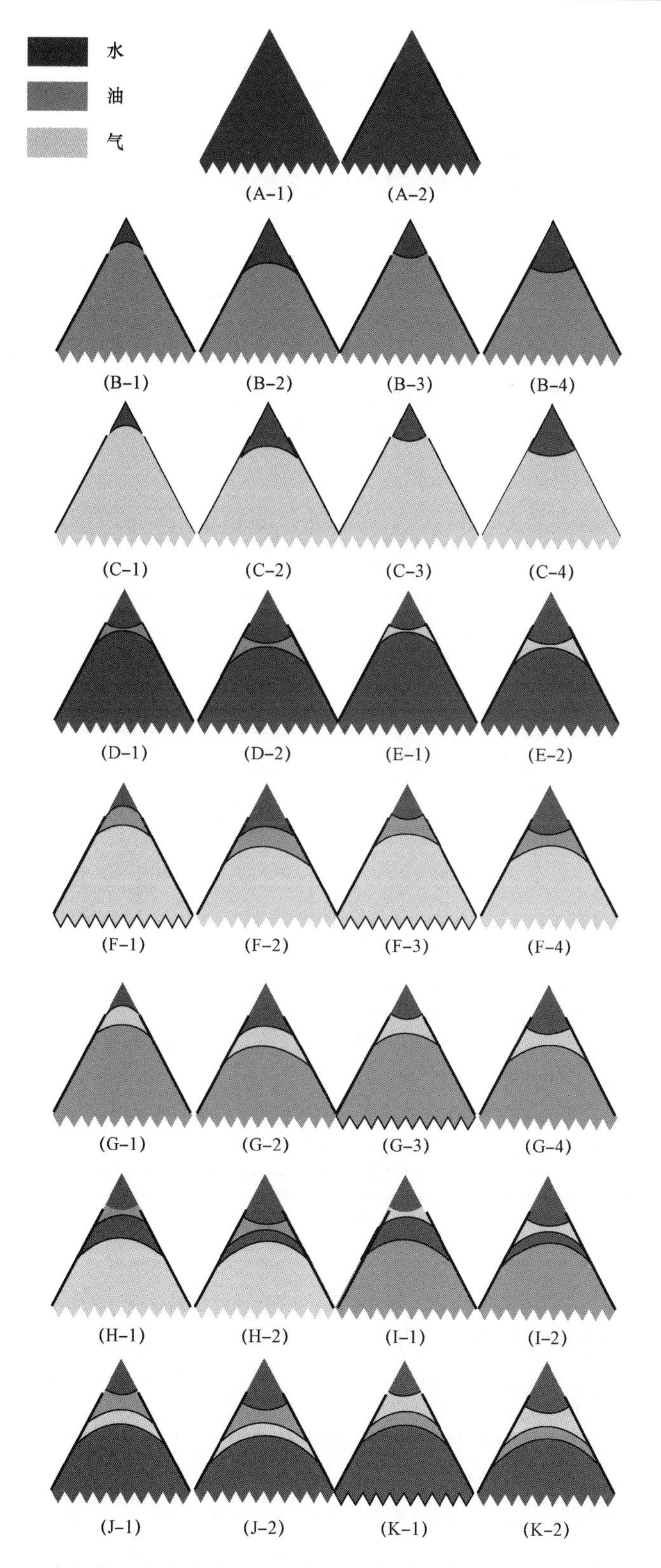

图 15.7　油气水三相在孔隙角落中可能的赋存形式(Piri and Blunt,2005a)

15.2 三相相对渗透率和被封闭的饱和度

当油气水同时存在时,残余油饱和度会比较低,且相对渗透率也会很低。

三相相渗很难测量。会有很多种不同的饱和路径,每种饱和路径都会形成不同的相渗曲线。

常规的三相相渗依靠经验方法预测,但这个方法的物理基础还有争议。对不同模型的讨论不属于本章的范畴。在水湿系统中,水趋向于占据小孔隙,油占据中间孔隙,气占据大孔隙。这意味着,油占据的孔隙尺寸受孔隙介质中水和气的量的影响,从而油相相渗也受其他两相饱和度的影响。如果系统是混合润湿的,那么情况会更加复杂。通常,在三相流中,油相相渗会相对较低,从而采出速度较慢,但由于油膜泄油的存在,最终的采收率也常常会较高。在水湿系统中,气相的相渗通常较高,因为气相占据了大孔隙,从而快速突破,导致采收率较低。在油藏描述中,关键的设计标准是如何将注入气保留在油藏中,从而使油能够流出。说起来容易,但实际系统非常复杂,需要通过数值模拟来评价开发方式的有效性。

为了对三相流动更好地描述,图 15.8 中展示了三相流动过程中,对封闭相进行的微 CT 成像。当水注入包含气和油的孔隙介质中时,气和油都会被封闭住。如果系统是水湿的,那么油气就会被截断成不连续的节点。

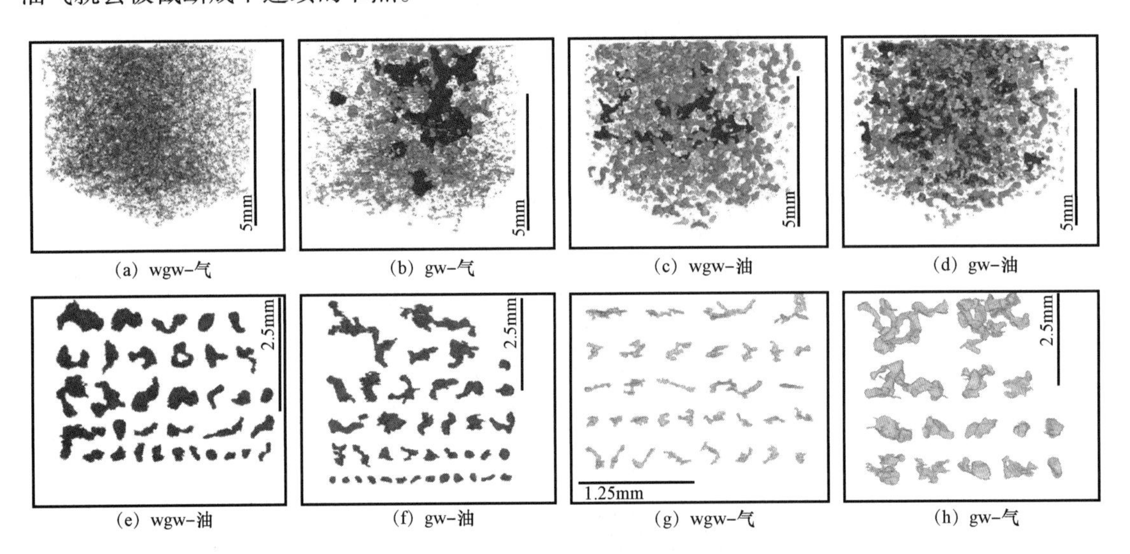

图 15.8 水湿砂岩中,封闭的油气的图像(Lglauer et al. ,2013)

初始情况,孔隙中充满水。之后注入油,即初次排驱。之后,考虑两种排驱过程。首先是注气,然后接着注水(gw);另一种是注水,然后接着注气,再注水(wgw)。gw 排驱过程会导致大量气封闭在孔隙中

油气的截断量与驱替的过程有关,如果在注气之前进行了注水,那么截断的量就较少。每个被截断的节点的形态都不一样,按照水气水(wgw)顺序驱替的节点相对较小(图 15.8)。这是一个研究热点,目前还没有完全了解三相流动的开采和流动机理。

观察到的一个重要的现象是,水湿系统中,三相驱替会比单独使用水相驱替,封闭的气量更多。这个结论可用于注气开发方案的设计,可将更多的气保留在油藏中,从而采出更多的

油。实验结果如图 15.9 所示，这是一个填砂模型的实验，三相驱替比单独水相驱替，会有更多的气被封闭在油藏中。

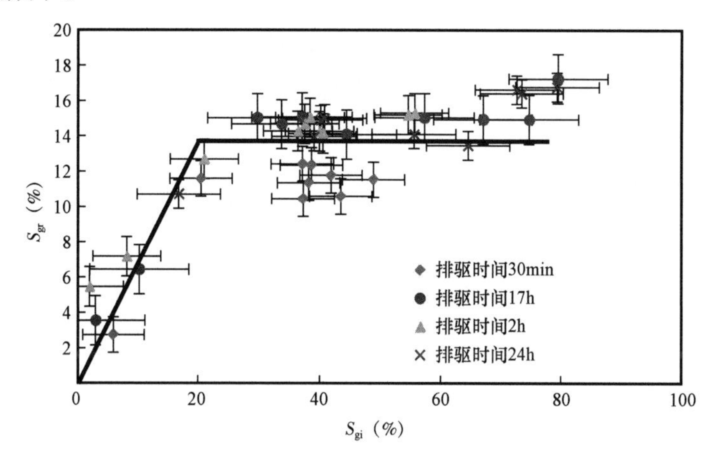

图 15.9　人造水湿砂岩样品，三相驱替过程中，圈闭的气饱和度与原始含气饱和度的函数关系
相对于直接用水驱气的情况（实线），当有油存在时，被封闭在孔隙中的气会更多（Ameachi et al.，2014）

总之，三相流比两相流封闭的油气量更多，其中气相更多，但油相更少。

15.3　应用孔隙尺度模型预测相对渗透率

如果能够得到较好孔隙网络的标准模型，并想将孔隙中所有相的配置情况都考虑进来，那么就可以对三相渗透率进行预测。图 15.10 至图 15.12 是一套经典的数据组，是将 Oak 等人（1990）测量的 Berea 砂岩实验结果与 Piri 和 Blunt（2005b）的预测结果进行对比。但是，对这样复杂的问题，使用孔隙网络模型预测这样复杂系统的行为仍是一个很好的尝试。

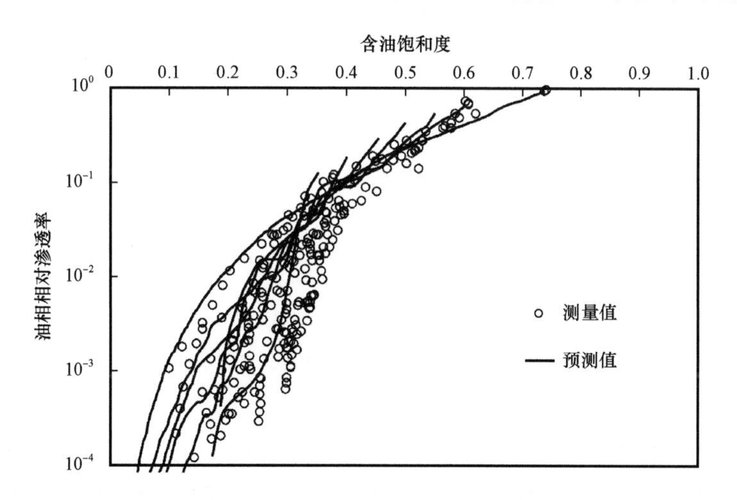

图 15.10　水湿的 Berea 砂岩中，测量的和预测的油相相渗
不同的点与不同的驱替顺序有关。图 15.10 至图 15.12 中，实验数据来自 Oak 等人（1990）的成果，预测结果来自 Piri 和 Blunt（2005b）的成果

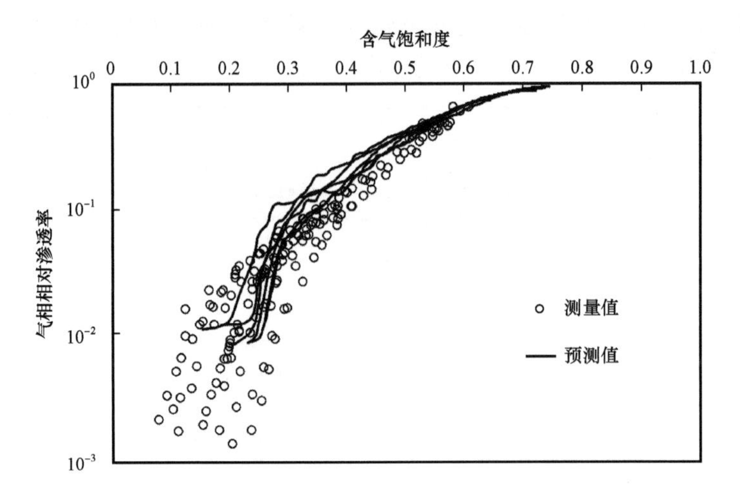

图 15.11 水湿的 Berea 砂岩中,测量的和预测的气相相渗
不同的点与不同的驱替顺序有关。(Piri and Blunt,2005b)

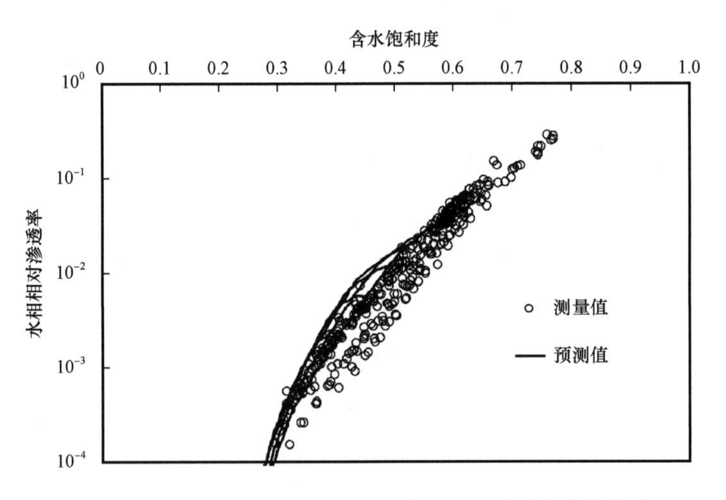

图 15.12 水湿的 Berea 砂岩中,测量的和预测的水相相渗
不同的点与不同的驱替顺序有关(Piri and Blunt,2005b)

15.4 油膜和润湿性

本节将对润湿性、储层和采收率进行一些说明。图 15.13 展示了重力泄油实验的结果(向长砂管中注气,同时油和水在重力作用下从砂管的底部排出;如果在油藏顶部出现气体,那么就与实验的情形一样)。实验了三种情形下相渗曲线:在水洗系统中,用辛烷作为油相;在水湿系统中,用癸烷作为油相;在油湿系统中,测试水相相渗。

每种情形下的情况不一样,将通过扩散系数和 Portland and ME1 关系[式(15.3)],来理解并讨论不同的情形对采收率的影响。

辛烷的扩散,在水湿系统中,有效的气油接触角接近于零。因此,会形成真正的油膜。此时注气,就会形成油膜,并且在排驱过程中形成较低的残余油饱和度,之前的填砂样品中,残余油饱和度会低至1%。在低饱和度情况下,流动受油膜型泄油的控制,很容易形成油相流动所需的饱和度。传导率与面积的平方成正比,而不是直接与面积成正比。这是 Navier - Stokes 方程的直接解。理论上,这是由于流动不是发生在固体边界上造成的。如果增加流动面积,那么孔道中间的流动速度就会增加,因为这些流动都远离了固体边界。这就是为什么传导率与面积的平方成正比。这个结果与电导率不同,电导率与面积呈线性关系(式 10.7)。

油相相渗只是油相的流动传导率,因此上述讨论可以用于预测。

$$K_{ro} \sim S_o^2 \tag{15.5}$$

这是一个由实验结果得到的经验公式。

癸烷比辛烷的界面张力大,在水中不能扩散开。当有气存在时,接触角不为零,也就不会在孔隙中形成油膜。因此没有油膜排驱的情况,油相相渗在低饱和度情况下快速下降,可以看到大量的被封闭的情况(图 15.13b)。

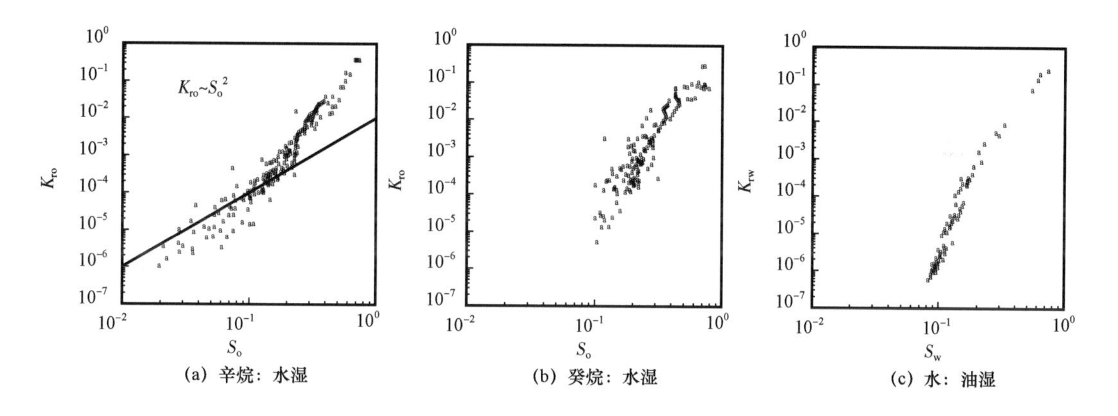

图 15.13　在填砂样品中,测量的注气重力驱的相渗结果

(a)水湿介质中的油相相渗,使用辛烷代表油相,(b)与(a)相同的实验,但使用癸烷代表油相,(c)油湿系统中的水相相渗(DiCarlo et al. ,2000)

在实际的油藏情况下,大部分的油都能够扩散,因此通常具有较高的采收率。但是,在环境科学方面,有很多不溶于水的流体,尤其是氯化溶剂,在水中不会扩散开,因此,即便有气存在,这些物质仍会滞留在土壤中。

15.5　为什么鸭子的羽毛不会被浸湿

如果孔隙介质是水湿的,那么可以简单地交换一下相之间的关系。油湿系统中的水相相渗与水湿系统中的油相相渗一样。水相相渗快速下降,并形成残余水饱和度。为什么是这样的,在鸭子身上会发生什么呢?

图 15.14 解释了这个现象。如果对 Bartell - Osterhof 方程进行重新整理,就会发现,在油湿系统中,如果油扩展开,那么气水的接触角就是:

$$\cos\theta_{gw} = \frac{\sigma_{go} - \sigma_{go}}{\sigma_{gw}} \tag{15.6}$$

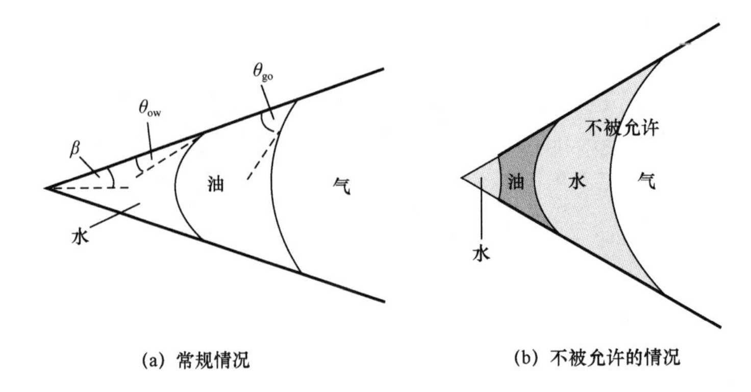

图 15.14　油湿系统孔隙空间中的油层,这在常规情况下是不存在的,会导致气水接触角大于 90°

油水之间的界面张力总是大于气油之间的界面张力。因此,气水接触角对应的余弦值就为负数,并且大于 -1。当有气存在时,水不能在油表面散开。事实上,在强油湿系统中,水是最强的非润湿相,并且会被气所封闭。

这就是为什么鸭子不会湿。鸭子羽毛表面覆盖了一层油,形成了油湿的孔隙介质。这使得水成为了最强的非润湿相。水很难进入羽毛中,因此鸭子羽毛总是干燥,并且隔热。这也是为什么在油的表面,水总是聚成水珠,并会滑落。这也是为什么用肥皂将海鸟身上的原油洗掉之后,海鸟经常还是会死去,洗过之后的海鸟羽毛变为水湿的了,这样的羽毛会吸入水,最终因为体温降低而死去。

这一观点在儿童读物《Ducks Don't Get Wet》中已经有了,但很多石油工程师还是坚持气相是最强的非润湿相。

三相流动中,润湿性对采收率的影响还未完全弄清楚。但无论润湿性如何,都希望能形成油膜,从而得到较高的最终采收率。还可以抑制气相在混合润湿介质中的流动,这也可以提高最终采收率。

第 16 章　多相流的守恒方程

前文已经用最小值对方程做了自然逼近。但为了给采收率研究提供一些更精确的结果和背景，下文将推导孔隙介质中多相流的流动方程。

16.1　一维流动

考虑一个多相流的守恒方程。这是对第 12 章中单相流方程的扩展。这个方程变化不大，也是一个方向上的。这里考虑饱和度的变化，而不考虑浓度的变化。考虑一个相的质量平衡，如图 16.1 所示。

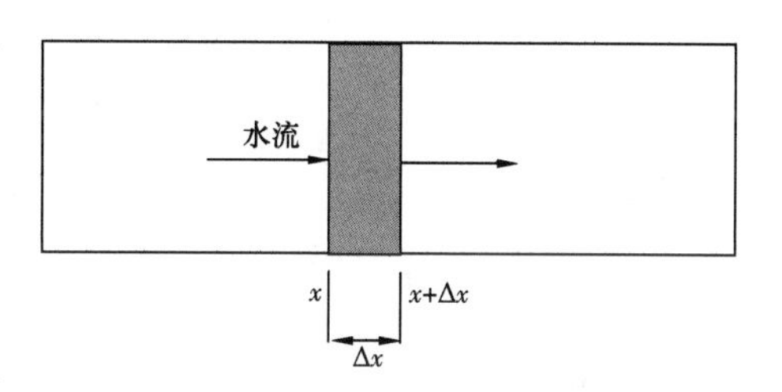

图 16.1　一维流动中水相的守恒示意图
本章将介绍另一种相(油或气)
与水同时流动的情况

在时间 Δt 内，进入盒子的水的质量——图 16.1中阴影区域——$A\Delta t\rho_w q_w(x)$，速度由多相流达西公式给出，见式(14.1)。A 是流动的截面面积。相似地，流出的质量是 $A\Delta t\rho_w q_w(x+\Delta x)$。盒子内的质量是 $A\Delta x\rho_w S_w$。质量的变化是：

$$A\Delta t\rho_w[q_w(x)-q_w(x+\Delta x)] = A\Delta x\rho_w\phi[S_w(t+\Delta t)-S_w(t)] \tag{16.1}$$

$$\phi\frac{S_w(t+\Delta t)-S_w(t)}{\Delta t}+\frac{q_w(x)-q_w(x+\Delta x)}{\Delta x}=0 \tag{16.2}$$

这里假设密度和孔隙度是常数。对 Δx 和 Δt 求极限，得到微分方程：

$$\phi\frac{\partial S_w}{\partial t}+\frac{\partial q_w}{\partial x}=0 \tag{16.3}$$

这个平衡方程的简单形式可以用达西公式的角标表示。应用代数方法和端点值，可以对饱和度求解析解。从式(14.1)对水相的一维流动开始：

$$q_w=-\frac{KK_{rw}}{\mu_w}\left(\frac{\partial p_w}{\partial x}-\rho_w g_x\right) \tag{16.4}$$

相似地，油相为：

$$q_o=-\frac{KK_{ro}}{\mu_o}\left(\frac{\partial p_o}{\partial x}-\rho_o g_x\right) \tag{16.5}$$

其中，毛细管压力为$p_c=p_o-p_w$，K_{rw}，K_{ro}，p_c都是饱和度S_w的函数。
可以对油建立相似的平衡方程：

$$\phi\frac{\partial S_o}{\partial t}+\frac{\partial q_o}{\partial x}=0 \tag{16.6}$$

增加两个平衡方程,式(16.3)和式(16.6):

$$\phi \frac{\partial(S_w + S_o)}{\partial t} + \frac{\partial(q_w + q_o)}{\partial x} = 0 \tag{16.7}$$

定义 $q_t = q_w + q_o$是总速度,那么式(16.7)变为:

$$\frac{\partial q_t}{\partial x} = 0 \tag{16.8}$$

对于一维流动,空间上总速度为常数。

基于油和水的多相流达西方程,并只用水压力表示为:

$$q_t = q_w + q_o = -\frac{KK_{rw}}{\mu_w}\left(\frac{\partial p_w}{\partial x} - \rho_w g_x\right) - \frac{KK_{ro}}{\mu_o}\left(\frac{\partial p_o}{\partial x} - \rho_o g_x\right) \tag{16.9}$$

然后定义流度 $\lambda_w = \frac{K_{rw}}{\mu_w}$,$\lambda_o = \frac{K_{ro}}{\mu_o}$,总流度为 $\lambda_t = \lambda_w + \lambda_o$,式(16.9)变为:

$$q_t = -K\lambda_t \frac{\partial p_w}{\partial x} + Kg_x(\rho_w \lambda_w + \rho_o \lambda_o) - K\lambda_o \frac{\partial p_c}{\partial x} \tag{16.10}$$

用式(16.4)达西公式中的 q_w替换$\frac{\partial p_w}{\partial x}$,得到:

$$q_w = \frac{\lambda_w}{\lambda_o} q_t - K\frac{\lambda_o \lambda_w}{\lambda_t}\rho_o g_x - K\frac{\lambda_w^2}{\lambda_t}\rho_w g_x + K\lambda_w \rho_w g_x - K\frac{\lambda_o \lambda_w}{\lambda_t}\frac{\partial p_c}{\partial x} \tag{16.11}$$

整理得到:

$$q_w = \frac{\lambda_w}{\lambda_o} q_t + K\frac{\lambda_o \lambda_w}{\lambda_t}(\rho_w - \rho_o) g_x + K\frac{\lambda_o \lambda_w}{\lambda_t}\frac{\partial p_c}{\partial x} \tag{16.12}$$

用文字表达为,水的达西速度等于压力梯度加上毛细管压力,再加上重力。

16.1.1　各向异性流动

将式(16.3)的守恒方程写为水的分流量:

$$\phi \frac{\partial S_w}{\partial t} + q_t \frac{\partial f_w}{\partial x} = 0 \tag{16.13}$$

这里f_w是水的分流量,$q_w = f_w q_t$:

$$f_w = \frac{\lambda_w}{\lambda_t}\left\{1 + K\frac{\lambda_o}{q_t}\left[\frac{\partial p_c}{\partial x} + (\rho_w - \rho_o) g_x\right]\right\} \tag{16.14}$$

流量比例中有三项,分别代表三个物理作用,流动、毛细管压力和重力。

16.1.2　注意命名法则

许多学者定义流度为 $\lambda_w = \frac{KK_{rw}}{\mu_w}$,增加了一个系数 K。这里用 Q 和 q 分别代替一些书中的

q 和 v。在守恒方程中常有面积 A,本书的方程中 $Q=qA$。

16.2 Richard 方程

前文推导了油藏中常发生的水驱油的平衡方程。

现在下面定义一些特征情况,可对方程做一些简化。当不能直接解出方程的所有解时,可以找出不同边界条件下的特殊解。这里将考虑其中一种情况。

如果有气水流动,那么气的流度将远大于水。Richard 方程描述了水在这种情况下的流动。

在式(16.13)和式(16.14)中,用 λ_g 代替 λ_o,因 $\lambda_g \gg \lambda_w$,故而 $\lambda_t=\lambda_g$。分流量方程可写为:

$$q_t f_w = K\lambda_w\left[\frac{\partial p_c}{\partial x}+(\rho_w-\rho_o)g_x\right] \tag{16.15}$$

这里,将表示流动作用的第一项忽略掉。那么平衡方程如下:

$$\phi\frac{\partial S_w}{\partial t}+K\frac{\partial}{\partial x}\left\{\lambda_w\left[\frac{\partial p_c}{\partial x}+(\rho_w-\rho_o)g_x\right]\right\}=0 \tag{16.16}$$

通常,方程用压头表示,$p=\dfrac{p_w}{\rho_w g}+z$。$\psi=p_w/\rho_w g$。如果忽略气体密度,并认为大气压力为常数,那么式(16.16)变为垂向流动:

$$\phi\frac{\partial S_w}{\partial t}=K_H\frac{\partial}{\partial x}\left[K_{rw}\left(\frac{\partial\psi}{\partial x}-1\right)\right] \tag{16.17}$$

应用水动力传导系数的标准定义,K_H。通常不将相渗和毛细管视为压力的函数,而将饱和度和相渗视为毛细管压力 ψ 的函数。

式(16.17)是水动力学中标准的变换方程,用来描述水在重力和毛细管压力下的运动:被称为 Richard 方程。

第 17 章　分相流动和解析解

这里将建立一维多相流动的解析解。推导过程很繁琐，但首先明确一点，可能会对推导有些帮助：油和水的分相流动都用水的流动来表示。

假设储层具有固定的角度，且为线性流动，如图 17.1 所示。应用守恒方程（16.13），可写出分流量方程：

$$f_w = \frac{\lambda_w}{\lambda_t}\left[1 + K\frac{\lambda_o}{q_t}\left(\frac{\partial p_c}{\partial x} + \Delta\rho g \sin\theta\right)\right] \tag{17.1}$$

这里 θ 是储层与水平面的夹角，密度差为 $\Delta\rho$，$\theta > 0$ 表示向下流动，$\theta < 0$ 表示向上流动。

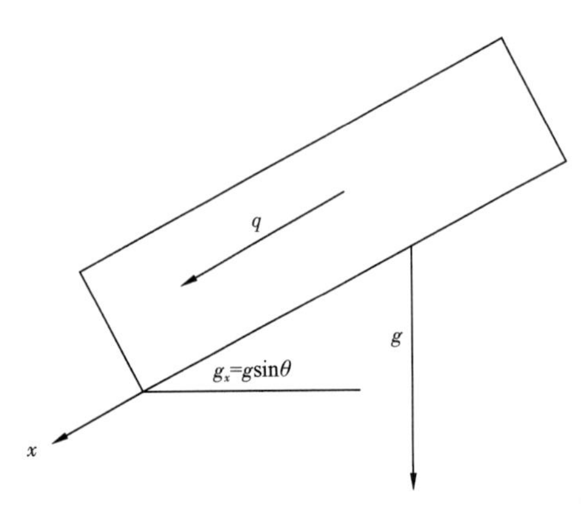

图 17.1　倾斜储层中一维流动的示意图

在油藏尺度中，毛细管压力的重要性如何？在孔隙尺度中，毛细管压力具有重要作用，正如本书前面讨论的，其影响范围小于数百米到数千米范围内。毛细管压力的影响体现在相对渗透率中。这在第 13 章中，关于毛细管压力和邦德数部分进行了讨论。

通过考虑每一项的数量级，估计黏滞力、毛细管压力，以及浮力，对分相流动的影响。其中，黏度为 1Pa · s。q_t 的数量级为 10^{-5}m/s，约为 1m/d，K 的数量级为 10^{-13}m^2，即 100mD，相对渗透率的数量级为 1，$K\frac{\lambda_o}{q_t}$的数量级约为 10^{-5}m/Pa。毛细管压力的数量级约为 10^4Pa，井距约为 100m，因此毛细管压力项的量级为 10^{-3}。对于重力项，密度差约为 300kg/m^3，即该项约为 0.03。这说明，浮力与流动相比，作用通常很小，但不能忽略，毛细管压力的影响在油藏尺度中可以忽略。换一个角度，注采井间的压差通常为几个兆帕，而毛细管压力只有 0.01～0.1MPa。

因此，建立适用于大尺度情况下的解析解，可以忽略毛细管压力（在第 18 章中，将考虑相反的情况，那里毛细管压力具有控制作用，这主要应用于裂缝性介质），那么方程变为：

$$f_w = \frac{\lambda_w}{\lambda_t}\left[1 + K\frac{\lambda_o}{q_t}\Delta\rho g\sin\theta\right] \tag{17.2}$$

定义重力数 N_G（这与之前说的邦德数不同）如下：

$$N_G = \frac{K\Delta\rho g}{\mu_o q_t} \tag{17.3}$$

同时，一般情况下表示为：

$$\frac{\lambda_w}{\lambda_t} = \frac{1}{1 + \frac{\lambda_o}{\lambda_w}} = \frac{1}{1 + \frac{K_{ro}\,\mu_w}{K_{rw}\,\mu_o}} \tag{17.4}$$

式(17.2)的分相流动方程变为：

$$f_w = \frac{1 + N_G K_{ro} \sin\theta}{1 + \frac{K_{ro} \mu_w}{K_{rw} \mu_o}} \tag{17.5}$$

典型的分相流动方程如图 17.2 所示，当 $\theta=0$ 时，定义端点油水黏度比的函数：

$$M = \frac{K_{rw}^{max} \mu_o}{K_{ro}^{max} \mu_w} \tag{17.6}$$

如果为水平流动，即没有重力驱动时，曲线通常为“S”形，并带有一个拐点。

如果同时具有重力驱动，可以以 $M=1$ 的情况为例，通过图示方法研究流动行为，这里 $n = N_G K_{ro}^{max} \sin\theta$(图 17.3)。这时，分流量曲线会大于 1，或者小于 0。从机理上讲，这意味着发生了对流，水向下流动，油向上流动；如果总流动方向向下，油流动向上，那么水的流量大于 q_t，即流量比例大于 1。相反，如果总流动向上，水流动向下，那么水的流量比例就是负数。数学上表示为，$f_o + f_w = 1$。因此，如果 $f_w > 1$ 时，则 $f_o < 0$，反之亦然；即流动方向相反。因此，如果重力作用足够大，就会发生油水的对流。

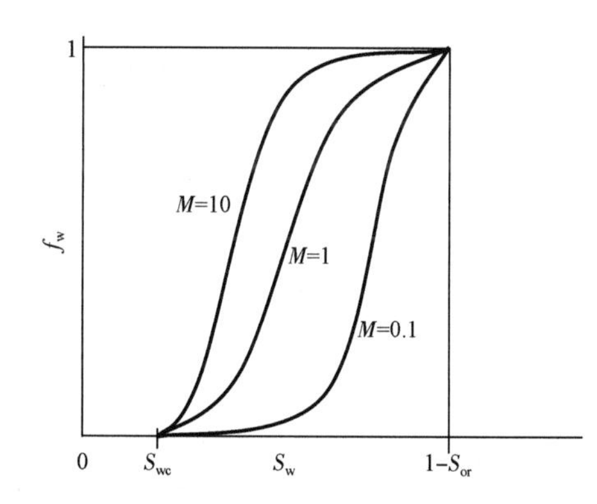

图 17.2　水平系统中，不同流度比的分相流动曲线示例

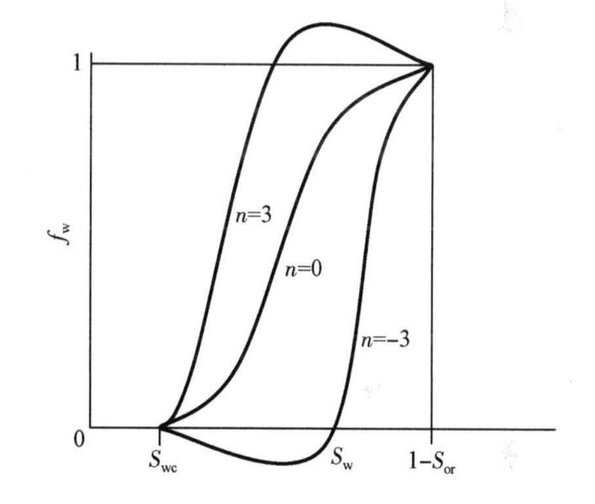

图 17.3　考虑了重力影响的分相流动示例
如果重力的影响足够强，会形成对流现象，即油水向相反的方向流动。此时，水相的流量比例大于 1 或是为负数

这里推导守恒方程，并绘制分相流量曲线。从一个特例开始，如图 17.4 所示。水和油的相渗表示如下，这是一个拟合离散数据常用方程：

$$K_{rw} = K_{rw}^{max} \frac{(S_w - S_{wc})^a}{(1 - S_{or} - S_{wc})^a} \tag{17.7}$$

$$K_{ro} = K_{ro}^{max} \frac{(S_o - S_{or})^b}{(1 - S_{or} - S_{wc})^b} \tag{17.8}$$

在这个特例中，取最大水相相渗为 0.5，油相相渗为 0.8，$a=4$，$b=1.5$，$S_{wc}=0.2$，$S_{or}=0.3$。水、油黏度分别为 0.001Pa·s 和 0.03Pa·s；流度比 $M=18.75$，$n=0$。相渗和分相流量曲线如图 17.2 至图 17.5 所示。

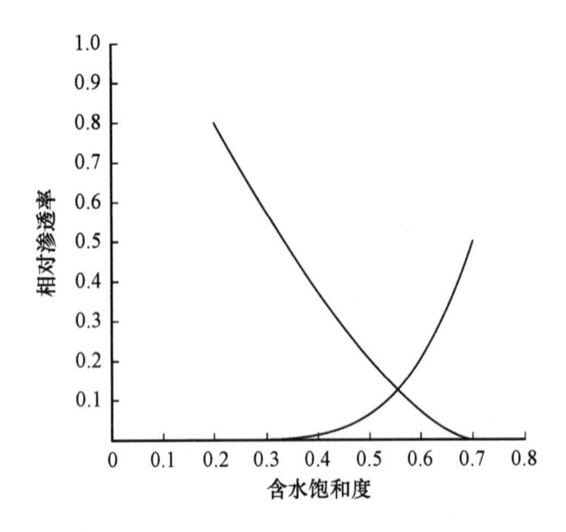

图 17.4　相渗曲线的示例,该曲线表现为弱水湿系统

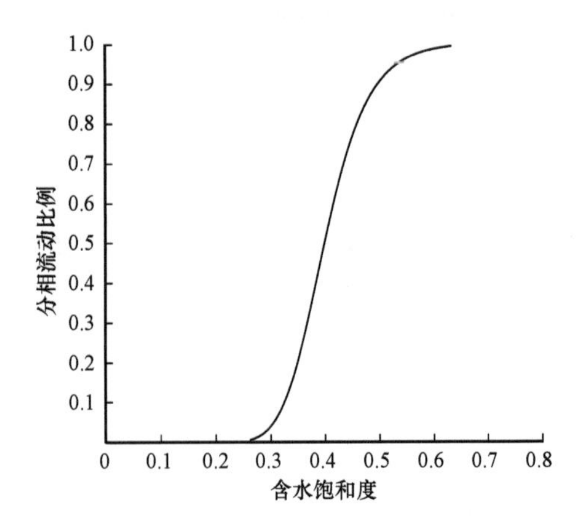

图 17.5　与图 17.4 相渗曲线对应的水相分相流动曲线

17.1　Buckley – Levverett 解

这里,将用分相流量方程[式(17.5)]来求解守恒方程[式(16.13)]。

下面写出饱和度守恒方程,式(17.9):

$$\frac{\partial S_w}{\partial t} + v\frac{\partial f_w}{\partial x} = 0 \tag{17.9}$$

这里,$v = q_t/\phi$ 是粒子速度。方程可以变为:

$$\frac{\partial S_w}{\partial t} + v\frac{\mathrm{d}f_w}{\mathrm{d}S_w}\frac{\partial S_w}{\partial x} = 0 \tag{17.10}$$

这里讨论含有束缚水饱和度的储层中注水生产。注水井位置为 $x = 0$,生产井位置为 $x = L$。初始条件下,$t = 0$,$S_w(x,0) = S_{wi}$,边界条件是 $x = 0$,$S_w(0,\mathrm{t}) = S_{w0}$。

在井点处,控制注入量,而不是饱和度。因此,在 $f_w(0,t)$ 时,对应 S_{w0}。通常,$S_{wi} = S_{wc}$,注入纯水;因此 $f_w(0,t) = 1$,$S_{w0} = 1 - S_{or}$。

定义无量纲变量:

$$x_D = \frac{x}{L} \tag{17.11}$$

x_D 是井点之间的分数距离。

再定义无量纲时间。这里需要理解,t_D 是按照孔隙体积计算的注水时间。这表示注入系统中的水量与总的储集体积的比值。定义如下:

$$t_D = \int_0^t \frac{v}{L}\mathrm{d}t = \int_0^t \frac{q_t}{\phi L}\mathrm{d}t = \int_0^t \frac{Q}{\phi AL}\mathrm{d}t = \frac{1}{V_p}\int_0^t Q\mathrm{d}t \tag{17.12}$$

这里,Q 是总流量,$V_p = \phi AL$ 是孔隙体积。如果流量是常数,那么其积分就是 Qt;这个处理方式还可处理变化的流量。后面用到的,就是将无量纲速度转换为无量纲体积。如果速度为

$v = x/t$,那么,通过式(17.11)和式(17.12),$v = q_t/\phi v_D$,这里,$v_D = x_D/t_D$。

将变量转换后,守恒方程变为:

$$\frac{\partial S_w}{\partial t_D} + \frac{df_w}{dS_w}\frac{\partial S_w}{\partial x_D} = 0 \tag{17.13}$$

用特征值法解方程(17.13)。这意味着,需要求出饱和度运动的无量纲速度。这可能不好理解,实际上,在给定时间,饱和度与速度函数形状和饱和度与距离的形状一致:剖面随时间线性延长。在无量纲变量与实际变量之间转换也很简单。

式(17.13)转变为:

$$\frac{\partial S_w}{\partial t_D} = \frac{dS_w}{dv_D}\frac{dv_D}{dt}\bigg|_x = -\frac{v_D}{t_D}\frac{dS_w}{dv_D} \tag{17.14}$$

$$\frac{\partial S_w}{\partial x_D} = \frac{dS_w}{dv_D}\frac{dv_D}{dt}\bigg|_t = -\frac{1}{t_D}\frac{dS_w}{dv_D} \tag{17.15}$$

整理得到:

$$\frac{dS_w}{dv_D}\left(v_D - \frac{df_w}{dS_w}\right) = 0 \tag{17.16}$$

方程(17.16)的一个解叫常数解,即饱和度不随无量纲波速变化。另一个有意义的解是:

$$v_D = \frac{df_w}{dS_w} \tag{17.17}$$

分相流动比例导数的图像如图17.6所示。

重新整理可以发现,含水饱和度是速度的函数(固定时间,可将含水饱和度表示为距离的函数),但其中部分解没有意义(图17.7)。

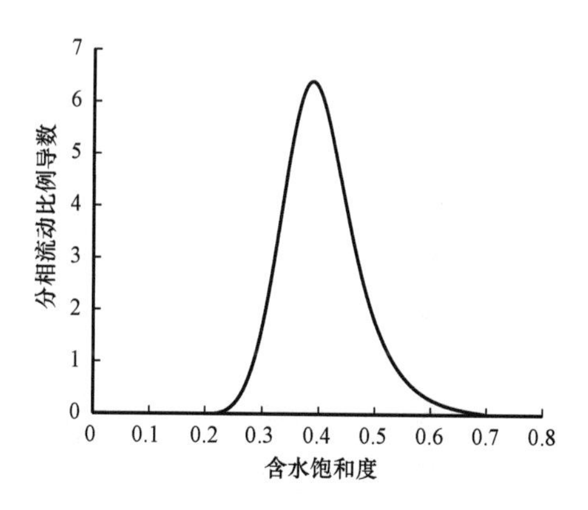

图17.6 分相流动曲线导数示意图
导数表示无量纲的波速,在中间的含水饱和度处达到最大值

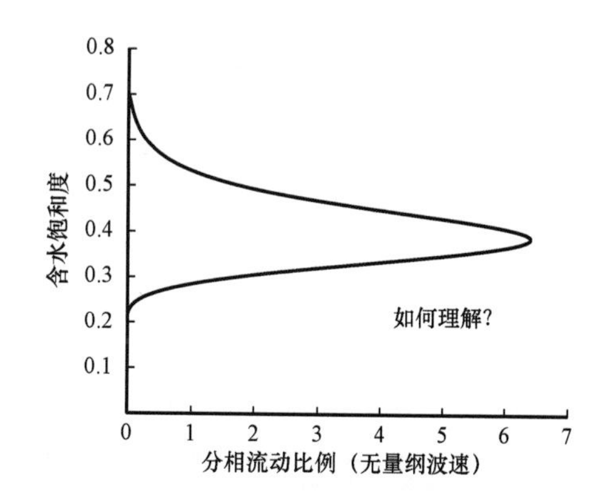

图17.7 含水饱和度与无量纲波速的函数关系曲线
表现为一个波速(如果固定时间,那就对应井间的距离)对应了两个含水饱和度值。实际情况是发生了振动,或是饱和度的不连续特征,后面将会解释

解决这个问题需要引入振动的概念,或者说是饱和度在以某一特定速度运动时,饱和度并不是连续的;因此无法得到饱和度随着无量纲速度或是距离连续变化的解。

17.2 振动

饱和度的振动是不连续的,这意味着不能够用微分方程来描述。振动是另一种物理现象,就像炸弹的爆炸,核爆炸之后的闪光,以及交通拥堵等。

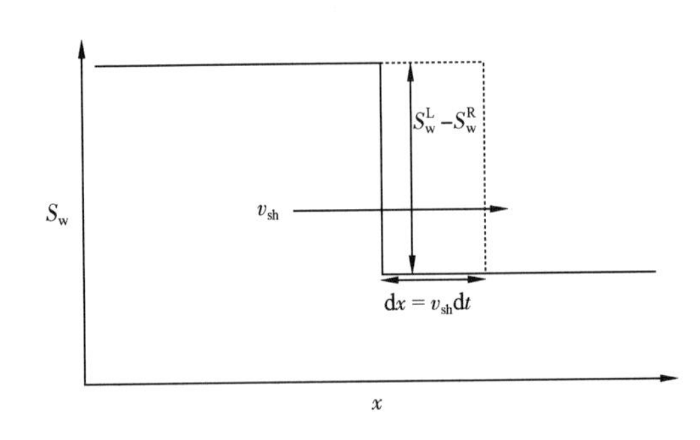

图 17.8 振动前缘处的体积守恒示意图
左侧饱和度的状态正在以特征速度 v_{sh} 替换右侧饱和度的状态

考虑图 17.8 的情况,在两种饱和度之间振动。只展示一个振动区域,在这个振动范围内,饱和度是平滑变化的。

设想振动的运动速度是 v_{sh},如图 17.8 所示。与推导的守恒方程相似,考虑随着振动运动的 dt 时间内质量的变化。与之前推导微分方程一样,流入 - 流出 = 质量的变化量:

$$\rho_w q_t(f_w^L - f_w^R) = \rho_w v_{sh}\phi(S_w^L - S_w^R) \quad (17.18)$$

$$v_{sh} = \frac{q_t}{\phi}\frac{(f_w^L - f_w^R)}{(S_w^L - S_w^R)} = \frac{q_t}{\phi}\frac{\Delta f_w}{\Delta S_w} \quad (17.19)$$

假设为不可压缩流体,无量纲形式如下:

$$v_{shD} = \frac{\Delta f_w}{\Delta S_w} \quad (17.20)$$

这是速度控制方程的微分形式。如果没有振动,波速平滑变化,那么速度变为式(17.7)。事实上,还有更加简洁快速的推导方法来求出波速。后面章节将介绍通过图示快速求出正确的振动。

17.3 Welge 结构

含油饱和度的解必须随着含水饱和度单调递减,在 $v_D=0$ 处,为 $1-S_{or}$,在 v_D 最大值处,为 S_{wc}。饱和度可以是常数[式(17.17)],或是振动的[式(17.20)]。数学上,可以存在很多方法得到解,但只有一个解是有物理意义的,比如,当毛细管压力变小时,解具有正确的物理边界条件。可以通过图示得到正确的解,如图 17.9 所示。这就是 Welge 结构,从初始条件($S_w=S_{wc}$,$f_w=0$)处,绘制分相流动曲线的切线。振动的前缘就是从原点到切点之间的位置。斜率就是分相流动曲线的差除以饱和度的差,也就是无量纲速度。数学上可以表示为:

$$v_{shD} = \left.\frac{df_w}{dS_w}\right|_{S_w^L} = \frac{\Delta f_w}{\Delta S_w} \quad (17.21)$$

含水饱和度作为无量纲速度的函数,如图 17.10 所示。曲线中的平滑部分是通过高于振动前缘含水饱和度段，分相流动曲线的斜率计算得到的。这可以通过解析方法或是图示方法得到。

图 17.10 中展示的解符合体积守恒和边界条件。气体可能的振动要么没有物理意义，要么是物理上不稳定的。正确的振动是有自锐性的。为了理解这一点，考虑具有毛细管压力的实际情况。毛细管压力具有扩散作用，从而导致振动被模糊化。在低含水饱和度前缘，波动速度小于振动速度，这里的饱和度会被后面的饱和度赶上。在振动前缘的左侧，饱和度的推进速度会减慢，但在前缘处，波动速度比振动速度高，因此饱和度会被加速。最终的结果是波动由于毛细管压力作用而变得稳定。其他的解都会导致前面讨论的振动衰变和改变。

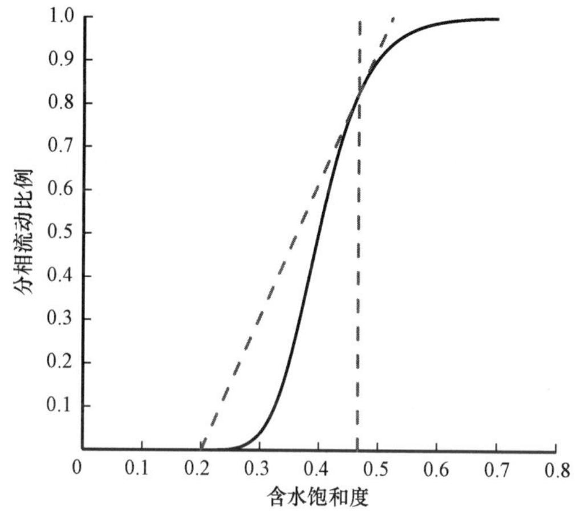

图 17.9　Welge 结构的 Buckley – Leverett 解示意图

图中虚线绘制的斜线，表示从初始条件，向分相流动曲线绘制的切线。当斜线碰到分相流动曲线时，表示的是振动左侧的状态（饱和度为如图所示垂直虚线对应的饱和度），右侧还是初始含油饱和度（本例中为 0.2）。切线的斜率为无量纲振动速度

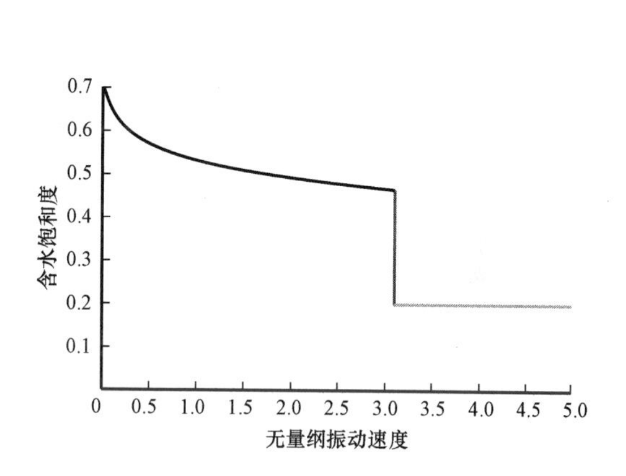

图 17.10　Buckley – Leverett 解示意图

由一段饱和度随速度缓慢变化部分和一段振动部分（垂线）组成，就如图 17.9 所述的情况

这个解就被称为 Buckley – Leverett 解；守恒方程被称为 Buckley – Leverett 方程。

17.4　波，粒子速度和定义

注意，波动速度与粒子速度不同：

$$v_{pD} = \frac{f_w}{S_w} \tag{17.22}$$

粒子速度是单个水分子在孔隙空间中的移动速度。这可以通过考虑饱和度为常数的体积守恒系统来理解。设想一下，蓝色的水驱替红色的油。如果单位时间、单位面积内注入的水量为 $q_w = f_w q_t$，那么蓝色的水会充满体积为 $f_w q_t / (\phi S_w)$ 的孔隙介质，用无量纲形式表示，就是式（17.22）给出的速度。

这与波速不同。这是饱和度移动的速度，而不是单个粒子的移动速度。为什么会有差异？理解方式可以借鉴车流。机动车道上的小汽车总是在向前运动，亦或是静止。设想这时从空

中的直升机上看,可以看到交通密度的波——这就类似于饱和度。如果发生了一起事故,碰撞点的汽车静止——即粒子速度为零,则静止汽车的波动向后运动;不动汽车的波速为负。因此,波速是饱和度运动的速度,与单个水分子的运动速度不同。

现在对这些术语进行简单的定义来帮助理解。扩散波和稀疏脉冲是饱和度的平滑变化,即波随着时间大范围扩散。

尖锐波是波扩散范围小,并形成了一次振动。

中立波是波既不发生扩散,也不尖锐的情况。

常数状态是饱和度在不同位置都一样的情况。这也是方程的一个解。

17.5　重力的影响

对得到的解析解考虑重力的影响,如图 17.11 和图 17.12 所示。如果总的流动向上,那么水的流动就会被抑制,导致饱和度的振动更强,相比于没有重力的情况,饱和度的运动更慢。即便分相流动变为负数,振动也会跳过该区域,从而看不到明确的对流现象。

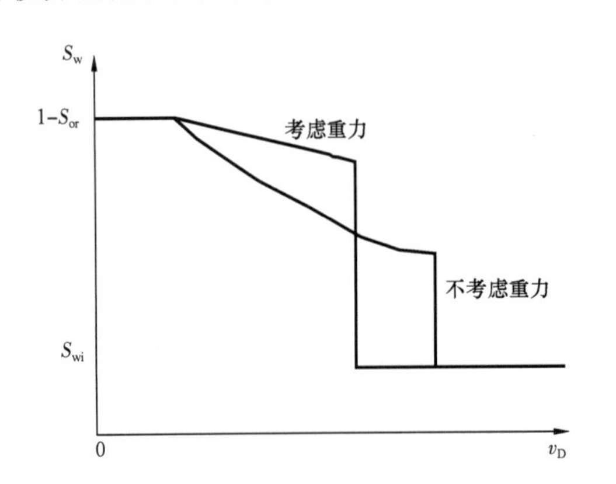

图 17.11　当水流向上时,考虑了重力的影响,Buckley – Leverett 解的情况

浮力作用减慢了水驱前缘振动的移动速度

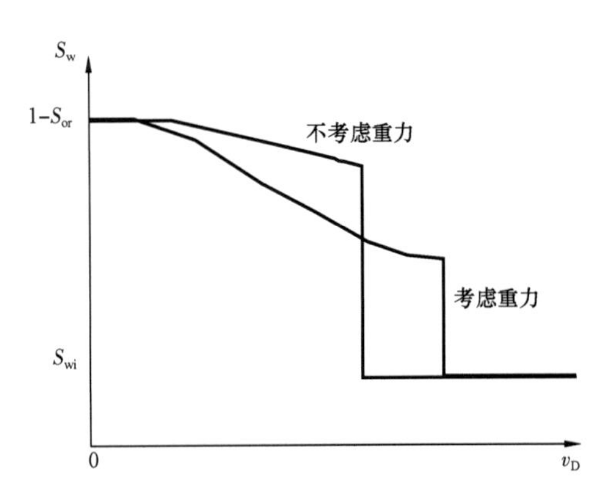

图 17.12　当水流向下时,考虑了重力的影响,Buckley – Leverett 解的情况

浮力作用加快了水驱前缘振动的移动速度

需要注意的是,在 $1-S_{or}$ 处的波速并不为零,而是分相流动曲线在 $S_w=1-S_{or}$ 处的导数。此时,从 $v_D=0$ 到计算值之间,S_w 有一段常数状态。与前面提到的一样,这是守恒方程的一个可接受的解。

如果总流动向下,水的流动更快,将会看到更快、更窄的振动。如果水的分相流动在 $v_D=0$ 时是 1,那么也看不到严格的对流现象。但是,对于发生向后流动的区域,可以得到一个解来表示分相流动曲线大于 1 的部分。

17.6　平均饱和度和采收率

分析的最后一步是饱和度与速度函数的解析解来计算采出程度。前面的讨论都是关于注水量对采出程度的影响。推导计算采出程度的方法首选是考虑平均含水饱和度。采出程度与饱和度的变化成正比,这里,饱和度从束缚水饱和度变为平均含水饱和度,就是注水突破以后的平均含水饱和度。考虑含水饱和度的示意图,如图 17.13 所示。

x_D^1 后面的饱和度的概念容易理解,但数学上很难计算:

$$\overline{S}_w(t_D) = \frac{1}{x_D^1}\int_0^{x_D^1} S_w \mathrm{d}x_D \tag{17.23}$$

分部积分得到:

$$\overline{S}_w(t_D) = \frac{1}{x_D^1}\left([x_D S_w]_0^{x_D^1} - \int_{1-S_{or}}^{S_w^1} x_D \mathrm{d}S_w\right) \tag{17.24}$$

其中,$x_D^1 = \left.\frac{\mathrm{d}f_w}{\mathrm{d}S_w}\right|_{S_w = S_w^1}$,式(17.24)可以变为:

$$\overline{S}_w(t_D) = S_w^1 - \frac{t_D}{x_D^1}\int_{1-S_{or}}^{S_w^1}\frac{\mathrm{d}f_w}{\mathrm{d}S_w}\mathrm{d}S_w = S_w^1 - \frac{t_D}{x_D^1}\int_1^{f_w^1}\mathrm{d}f_w = S_w^1 + \frac{t_D}{x_D^1}(1 - f_w^1) = S_w^1 + \frac{1 - f_w^1}{f_w^{1\prime}} \tag{17.25}$$

注意方程的关键,其对应了导数。从图 17.14 可以看出,将曲线切线延长到 $f_w = 1$ 时,对应的饱和度就是前缘后部的平均含水饱和度。实际应用中,选择曲线上高于振动前缘的任一点,绘制切线,求出 $f_w = 1$ 时对应的饱和度值。

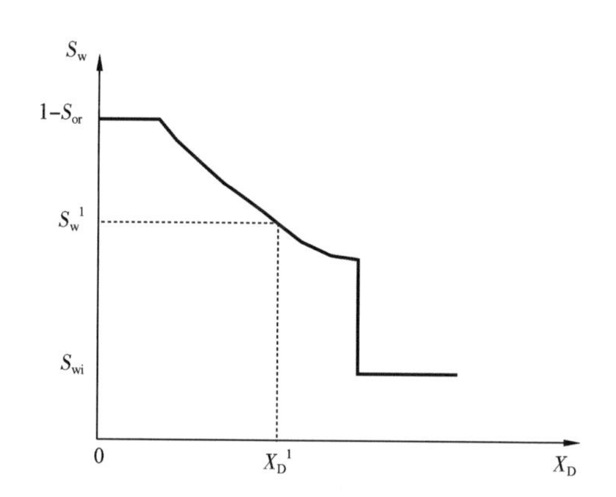

图 17.13 Buckley - Leverett 解与无量纲距离的函数关系,可用于计算平均含水饱和度和采出程度

计算的平均含水饱和度是从注水井($x_D = 0$)到 x_D^1 之间的平均含水饱和度

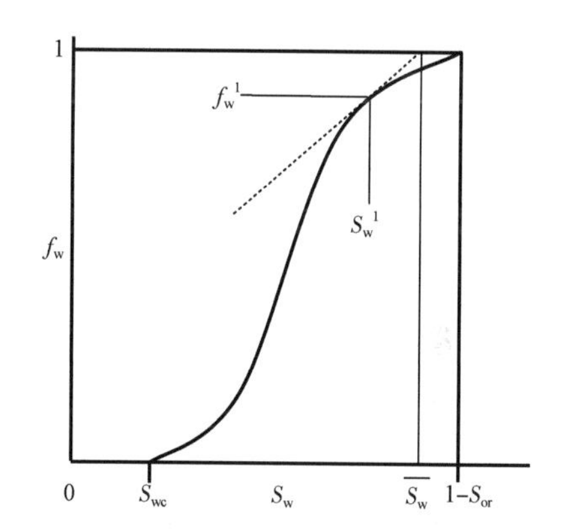

图 17.14 计算平均含水饱和度的示意图

图示中 $x_D = 1$ 位置对应的含水饱和度为 S_w^1

用 Welge 结构计算采出程度,即采出原油对应的孔隙体积,其是时间的函数,也是注水量对应孔隙体积的函数。按照定义,平均含水饱和度是初始含水饱和度加上采出原油的对应的孔隙体积 $S_{wi} + N_{pD}$。

在注水突破之前,采出原油对应的孔隙体积与注入水对应的孔隙体积相等,因此,$N_{pD} = t_D$。当振动的无量纲运动速度到达 $x_D = 1$ 时,注水突破;此时的无量纲时间为 $t_D = 1/v_{shD}$。因此,建立采出程度曲线的第一步是从 $N_{pD} = t_D = 0$ 到 $N_{pD} = t_D = 1/v_{shD}$ 绘制一条斜率为 1 的线。

突破以后,采出程度曲线斜率小于1,表示油水同时生产。最大采出程度是 $1-S_{or}-S_{wo}$;不能生产更多的原油了。什么时候达到最大采出程度呢?如果波速是零,这需要无限长时间,即在无限长时间,采出程度向最大采出程度渐近。如果波速无限小,那么在 $1/v_{Dmin}$ 时为最大采出程度。在注水突破之后任取一两个点,求出该点对应的切线。倾角就是波速 v_D,与 $f_w=1$ 的交点就是平均含水饱和度。采出程度就是平均含水饱和度减去初始含水饱和度。

本例中的结果如图17.15所示。用文字表述时,可能会有困惑,最好是自己亲手练习一下。

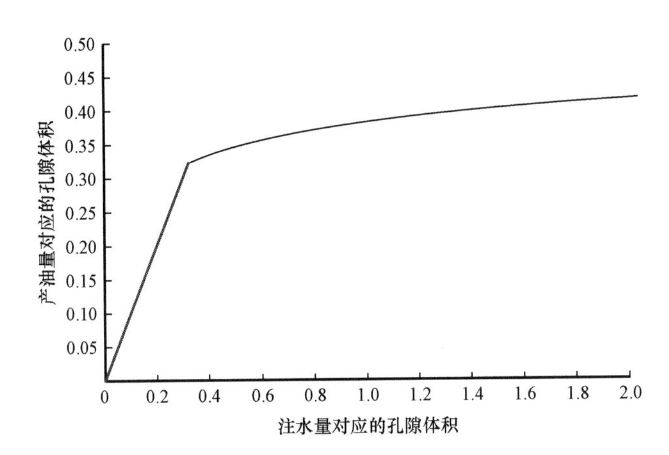

图17.15 示例中按照孔隙体积计量的油相产量与水相注入量的函数关系

直线段部分的斜率为1,对应注水突破之前。注水突破之后,只用文中介绍的方法确定。最终采收率是0.5,但这是在无限注入量的情况下的渐近结果。实际油藏中,很少注入超过1倍孔隙体积的水量,这里表示的是2倍孔隙体积注入量时的结果

简要重复一下 Buckley - Leverett 分析的步骤。

(1)给出相渗曲线,计算饱和度和分相流动曲线。

(2)绘制 Welge 结构,求出振动前缘饱和度和振动速度。

(3)绘制无量纲速度与饱和度关系曲线;在饱和度前缘后部,速度等于分相流动曲线的斜率。

(4)计算无量纲采出程度和无量纲时间的函数。在注水突破前,假设水和油都是不可压缩流体,二者的数量相同。注水突破后,产油量小于产水量。在稀疏脉冲区选若干点,延长切线至 $f_w=1$,以求得对应的平均含水饱和度,进而计算出采出程度。

这是一个重要的练习,所有油藏工程师评价水驱开发都会用到。油藏尺度的水驱行为就是由这个结论和地质认识决定的,其中地质认识决定了注水的优势通道在井间的位置,这需要通过数值模拟来评价,这一点不在本书讨论范围。

后面将讨论不同开发方式的机理及其对应的采收率。注意,这个严谨的分析可以代替前面提到的粗略的经验方法,当相渗和黏度已知时,可以评价采收率。通常有三种解。

(1)经典 Buckley - Leverett。这种情况就是之前介绍的,具有一个振动前缘和一个稀疏脉冲。主要出现在大部分的指数相渗中,反应大部分的弱水湿和混合润湿系统。需要注意的是,最小波速不必为零,在稀疏脉冲的前部,可能是常数状态。

(2)全振动。对应强水湿介质,或是水的流度非常低,振动可能会在 $1-S_{or}$ 的整个范围内延伸;此时作不出切线,分相流动曲线完全下凹。振动移动速度最简单的解是 $1/(1-S_{or}-S_{wc})$,在注水突破时,达到最大采出程度。从机理上讲,这就是水湿岩石适合水驱的原因,水在孔隙中被拖住了,油向前运动,形成一个陡峭的前缘。

(3)无振动情况。对于油湿系统或是油水黏度比非常大的情况,可能就没有振动,此时,最大波速发生在 $S_w=S_{wc}$。分相流动曲线是凸形的,只有一个稀疏解。注水突破发生在无量纲时间 $1/v_{Dmax}$。需要注意的是,最大波速不是无限的,无限的最大波速没有物理意义。

最后一点说明是,Buckley - Leverett 分析并不限于一维解析分析,还可以与油田范围的采出程度相比较。可以很直接地将地面条件下的生产数据转化为按照孔隙体积计算的产量,以及实时的注入数据。因为实际油藏是非均质的,实际采出程度总是低于 Buckley - Leverett 分析,但这之间的对比很有用。还可以帮助油藏管理:对比差异越小,说明注采连通性和波及体积越好。还可以用于估计注水量,从而得到最优的采出程度。

17.7 油的采收率和润湿性的影响

前面进行了关于相渗的分析,下文将用这些曲线来计算线性驱的采收率。需要强调的是,大部分油田中,注入量都不会超过一倍的孔隙体积。因此,即便事实上注入成百上千倍孔隙体积的水量能够得到很低的残余油饱和度,这也是不经济的,这只是在实验室条件下能够看到。更重要的是振动前缘饱和度,这通常决定了局部的驱油效率,振动前缘饱和度越高越有利。

通常,强水湿样品会发生全振动 Buckley - Leverett 驱替,在注水突破时达到最高采出程度。这样最有效,但较高的残余油饱和度使该过程往往比理想情况差。强油湿系统采收率最低,注水很快突破,大量原油在突破后产出。这种做法经济上也是不理想的。最理想的情况是介于两者之间的混合润湿或弱水湿。目前的研究热点是如何通过改变地层水的化学性质来控制润湿性。这就是低矿化度水驱旨在改变岩石润湿性以得到理想的水湿状态的原理。

下面以一些砂岩的实验数据来说明上述观点。注意,之前关于碳酸盐岩的情况讨论过,最有利于水驱的状态是混合润湿到偏油湿情况。

第一个例子是混合润湿的 Berea 砂岩的相渗计算结果(Valvatne and Blunt,2004)。一部分固定比例的孔隙在初次排驱以后,与油接触,变为了油湿特征。考虑不同初始含水饱和度;如果初始含水饱和度高,系统为偏水湿,因为保持充满水的孔隙还是水湿的。随着初始含水饱和度降低,系统变为偏油湿。这个与高度相关的趋势在油藏的过渡带中常见。

如图 17.16 所示,Jadhunandan 和 Morrow (1995)应用不同的初始含油饱和度,测试了水驱采收率剖面,并与孔隙尺度模型进行了对比。在这些砂岩样品中,可以看到最强水湿和最强油湿的样品,采出程度都不理想。最理想的是初始含水饱和度处于中等水平的样品,也就是弱水湿到混合润湿特征,这意味着 Amott - Harvey 润湿指数接近于零。

这个特征与之前提到的碳酸盐岩的情况不一样,碳酸盐岩中,大部分孔隙为油湿时获得最理想的采出程度;这个差别主要因为孔隙空间连通性不同,包括孔隙和喉道尺寸的分布特征,以及润湿性的局部变化。碳酸盐岩的连通性和孔隙尺寸的分布范围很大,在水湿的区域,采出程度很低;即便如此,要明确表征还需要与准确的润湿性表征相结合。目前,还没有手段逐个孔隙评价接触角,只能将孔隙尺度的润湿角的分布与宏观测量的润湿性进行拟合。

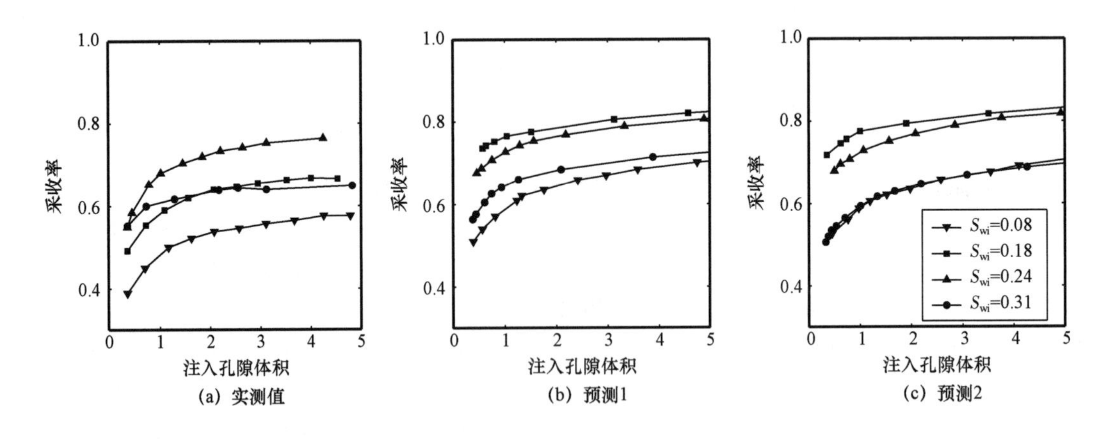

图 17.16 混合润湿的 Berea 砂岩,实验的和预测的采出程度和注入量(按孔隙体积计量)的函数关系
图中指出了不同的原始含水饱和度。原始含水饱和度处于中等水平的开发效果最好。
两个预测模型的差异是对润湿性参数进行了不同的赋值(Valuvatne and Blunt,2004)

最后一点说明,上面图中的采出程度和按照孔隙体积计算的采出量不同。采出程度是采出原油的体积与初始原油体积的比。这两个参数的关系如下。

$$R_F = N_{PD} \frac{B_{oi}}{B_o(1 - S_{wc})} \tag{17.26}$$

式中 R_F——采出程度;

N_{PD}——采出量。

第 18 章　自然渗吸的解析解

18.1　对流渗吸

图 18.1　岩心渗吸作用的照片
表面的气泡是驱替出来的非润湿相。
图片来自 drahellkat. deviantart. com

本章将介绍自然渗吸，一种受毛细管压力控制的驱油过程。这是对 Buckley – Leverett 解的有力补充。这对于确定，至少是限制毛细管压力和相渗很有实际意义。这也可以用于分析裂缝油藏的采收率。

这个方程很新颖。其解最早由 McWhorter 和 Sunada (1990)提出，后来 Schmid 等(2011)，Schmid 和 Geiger(2012)等学者将其应用于近似描述自然渗吸过程。

在数学研究之前，再重复一下物理条件。如图 18.1 所示，当润湿相从岩心各个方向侵入时，非润湿相从岩心中渗出。这与将方糖放入水中产生的气泡相似——如果忽略溶解过程。图 18.2 展示了侵入 Ketton 石灰岩的 CT 图像。

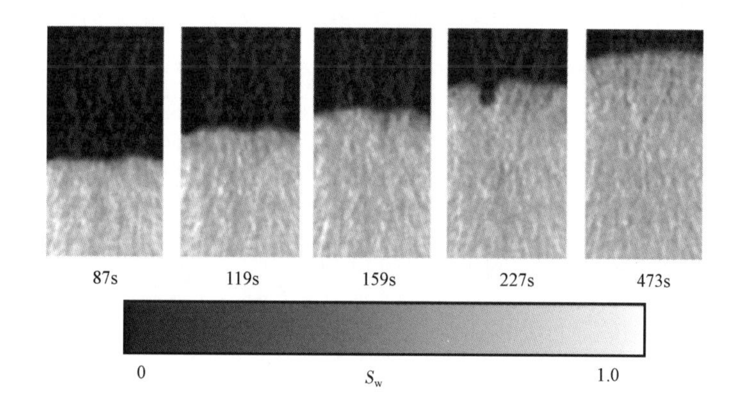

图 18.2　实验测试的渗吸作用

实验的结果与数学计算的结果很相似，只是数学计算中忽略了重力；水从储层的一端开始渗吸。饱和度剖面使用医用 CT 进行扫描。这里为 Ketton 石灰岩的干岩心，饱和空气。在文章中，考虑一种轻微的简化，将总速度近似为零。这意味着非润湿相要从注入端排出。这是一种对流渗吸。同向渗吸和对流渗吸都可在一维条件下解析分析

为了更明晰，从式(16.2)和式(16.3)的守恒方程开始，下面用达西速度表示：

$$\phi \frac{\partial S_w}{\partial t} + \frac{\partial q_w}{\partial x} = 0 \tag{18.1}$$

$$q_w = \frac{\lambda_w}{\lambda_t}\left\{q_t + K\lambda_o\left[\frac{\partial q_c}{\partial x} + (\rho_w - \rho_o)\, g_x\right]\right\} \tag{18.2}$$

对于自然渗吸，忽略重力作用和总的速度。设置总速度q_t为0，意味着没有流体注入，流动是对流的；进入孔隙中水量与排出的油量相等。表示为：

$$q_w = \frac{K\lambda_w\lambda_o}{\lambda_t}\frac{\partial q_c}{\partial x} \tag{18.3}$$

守恒方程式(18.1)变为：

$$\phi\frac{\partial S_w}{\partial t} + \frac{\partial}{\partial x}\left(\frac{K\lambda_w\lambda_o}{\lambda_t}\frac{dq_c}{dS_w}\frac{\partial S_w}{\partial x}\right) = 0 \tag{18.4}$$

假设孔隙度为常数，式(18.4)可写为非线性扩散方程：

$$\frac{\partial S_w}{\partial t} = \frac{\partial}{\partial x}\left[D(S_w)\frac{\partial S_w}{\partial x}\right] \tag{18.5}$$

非线性毛细管扩散系数为：

$$D(S_w) = -\frac{K\lambda_w\lambda_o}{\lambda_t}\frac{dq_c}{dS_w} \tag{18.6}$$

注意负号。D是正数，因此毛细管压力与水饱和度总是负相关的。到目前为止可以明确这是正确的。

边界条件是孔隙介质包含原始束缚水和非润湿相。在入口端，$x=0$，对应毛细管压力为0。在强水湿系统中，饱和度是$1-S_{or}$；其他情形也是毛细管压力为0时的饱和度，定义为S^*。

尝试找到一个解如下。

$$\omega = \frac{x}{\sqrt{t}} \tag{18.7}$$

这里将解表示为$S_w(\omega)$只是ω的函数。并可知：

$$\omega = \frac{dF}{dS_w} \tag{18.8}$$

对于一些毛细管分流量$F(S_w)$，假设F的最大值为$F^* = F(S^*)$，当为束缚水饱和度时，$F(S_{wc})=0$。

注意这里的方法。基于扩散的初始解和 Buckley - Levverett 分析，假设解具有某种函数形式。但这只是一种猜测，需要测试是否可以解出偏微分控制方程及其边界条件。测试之前难以知道正确与否。当然理论上直接解出偏微分方程更好些。

定义下面的推导：

$$\frac{\partial S_w}{\partial t} = -\frac{\partial\omega}{2t}\frac{dS_w}{d\omega} \tag{18.9}$$

$$\frac{\partial S_w}{\partial x} = \frac{1}{\sqrt{t}}\frac{dS_w}{d\omega} \tag{18.10}$$

将式(18.5)变为常微分方程：

$$\omega \frac{\mathrm{d}S_{\mathrm{w}}}{\mathrm{d}\omega} + 2\frac{\mathrm{d}}{\mathrm{d}\omega}\left(D\frac{\mathrm{d}S_{\mathrm{w}}}{\mathrm{d}\omega}\right) \tag{18.11}$$

取积分：

$$\int \omega \mathrm{d}S_{\mathrm{w}} = -2D\frac{\mathrm{d}S_{\mathrm{w}}}{\mathrm{d}\omega} \tag{18.12}$$

这里，积分常数是0，因为前面定义了 $F(S_{\mathrm{wc}})=0$，$D(S_{\mathrm{w}})=0$。然后用式(18.8)中的 F 替换可得：

$$F\frac{\mathrm{d}^2F}{\mathrm{d}S_{\mathrm{w}}^2} = -2D \tag{18.13}$$

式(18.13)是定义 F 的关键方程。

从数学意义上考虑，对式(18.13)做两次积分就可以得到其闭型表达式，Schmid 等人(2011)对其进行了推导。但问题是，式(18.13)是隐式表达式，即 F 本身还包含 F。事实上，式(18.13)意味着两个隐式积分方程，因此，定义 F 是$(1-S_{\mathrm{or}})$的函数，需要注意的是，F 具有其量纲，其值不能为1。

之前已经定义了 F 的一个边界条件，即 $F(S_{\mathrm{wc}})=0$。因为这里是 F 的二阶方程，因此需要两个边界条件。另一个边界条件通常是 $S_{\mathrm{w}}=1-S_{\mathrm{or}}$，$\mathrm{d}F/\mathrm{d}S_{\mathrm{w}}=0$(在入口端，饱和度前缘不会移动，这也有其物理意义)。

在处理之前，先来研究一下进入孔隙介质的水量的隐式方程。水的达西速度如下[式(18.3)和式(18.6)]：

$$q_{\mathrm{w}} = -\phi D\frac{\mathrm{d}S_{\mathrm{w}}}{\mathrm{d}x} \tag{18.14}$$

结合式(18.10)可得：

$$q_{\mathrm{w}} = -\frac{\phi D}{\sqrt{t}}\frac{\mathrm{d}S_{\mathrm{w}}}{\mathrm{d}\omega} \tag{18.15}$$

代入式(18.13)得到：

$$q_{\mathrm{w}} = \frac{\phi F F''}{2\sqrt{t}}\frac{\mathrm{d}S_{\mathrm{w}}}{\mathrm{d}\omega} = \frac{\phi F}{2\sqrt{t}} \tag{18.16}$$

这里定义 $F^{*}=\dfrac{\mathrm{d}\omega}{\mathrm{d}S_{\mathrm{w}}}$

注入端的流量与 F^{*} 相关。进入系统的总水量为 Q_{w}：

$$Q_{\mathrm{w}} = \int_0^t \frac{\phi F^{*}}{2\sqrt{t}}\mathrm{d}t = \phi F^{*}\sqrt{t} \tag{18.17}$$

数值上与时间的平方根成比例关系。注意这个表达式与前面的解的表达式不同，在有限尺度的样品中，运行注入量达到最大值；这里只考虑注入早期，水驱前缘还未到达样品边界的时候。

可以通过简单的数值方式求出方程的解。当给定了相渗曲线和毛细管压力曲线时，可以计算出 D 值。再进一步用数值方法，从 S^* 开始，按照小步长，逐步降低饱和度的值，解出式(18.13)。假设 $F'(S^*)=0$，并推算 F^*。通过迭代计算 F^* 的值，如当 $S_w=S_{wc}$ 时，$F=0$。这里不再进一步讨论细节，目前已经有了使用向后差分方法的计算机程序，这里只展示一些计算结果。需要注意的是，如果使用 Buckley - Leverett 类比法，由于没有考虑振动，其结果形式比较简单；饱和度剖面的形态会被平均化而不够精确，但是从技术上，可以获得所有稀疏的结果。

图 18.3 和图 18.4 分别展示了毛细管压力曲线和相对渗透率曲线，饱和度变化范围对应存在自然渗吸作用的范围。图 18.5 展示了分流量曲线，饱和度范围从 0 到 1，这里定义 $f=F/F^*$。相似地，定义无量纲波速 $w_D=w/F^*$，如图 18.6 所示。这个例子中，$F^*=2.57\times10^{-4}\mathrm{m/s}^{-2}$。将饱和度表示为 w 的函数，如图 18.7 所示。这是一个很好的解决方案，展示了不同位置上的饱和度值与时间并非线性关系，而是与时间的平方根成线性关系(与 Buckley - Leverett 的分析一致)。

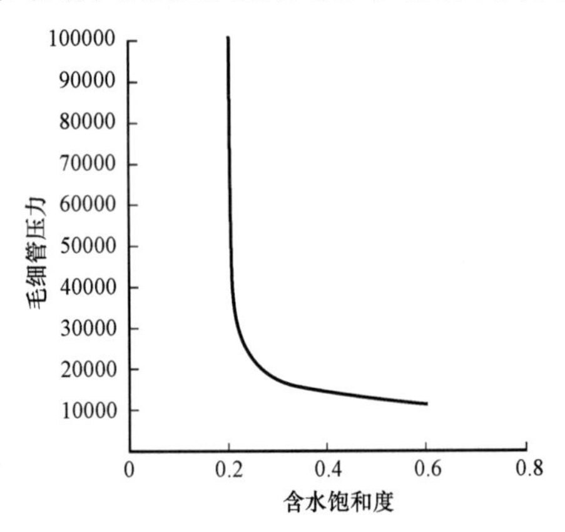

图 18.3　渗吸计算中使用的毛细管压力曲线

这类似一条初次排驱曲线，但这里是混合润湿的情况。假设在饱和度为 0.6 时，毛细管压力为负数

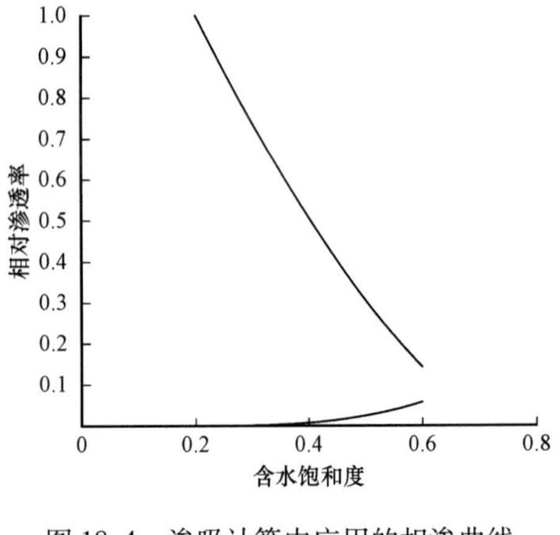

图 18.4　渗吸计算中应用的相渗曲线

当毛细管压力为零时，曲线将截断

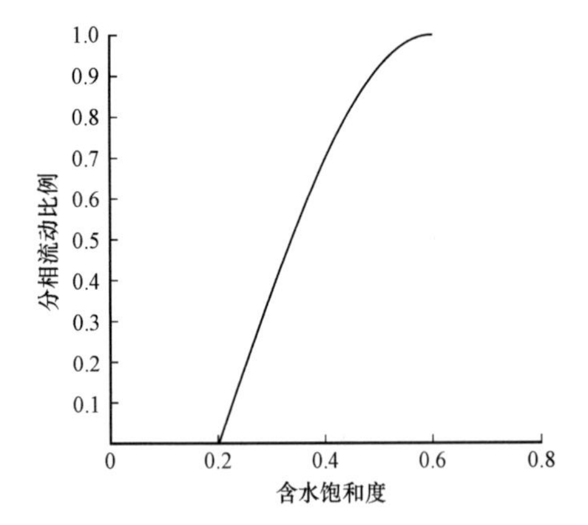

图 18.5　无量纲分相流动曲线

类比 Buckley - Leverett 解，可以看到这是一个没有振动的弥散剖面。这个例子中，使用图 18.3 中的毛细管压力和图 18.4 中的相渗，渗透率为 300mD，孔隙度为 0.2，油和水黏度皆为 1mPa·s

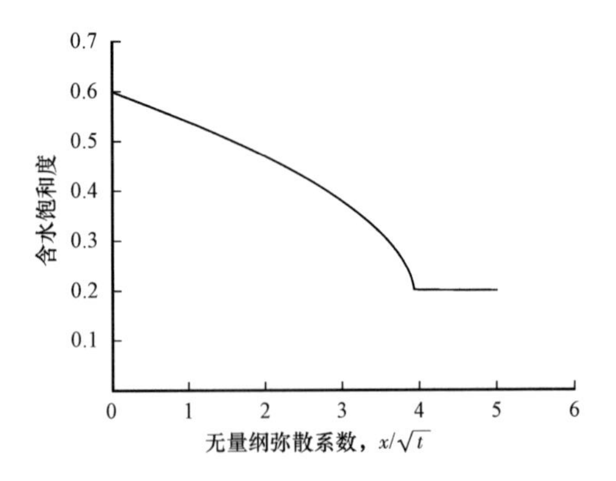

图 18.6　通过图 18.5 推导的无量纲波速曲线

如果有实验测量的结果,可以通过扫描某一位置上的饱和度变化来获得 F',从而通过式(18.13)计算 D 值。这正是接下来要研究的问题。基于 Buckley – Leverett 理论,通过图像建立孔隙尺度模型与宏观岩心驱替之间的关系。通过渗吸方程的解和稳态法相对渗透率测量,就可以迅速并可靠地确定毛细管压力和相对渗透率。但很遗憾,目前缺乏较好的实验数据;本章接下来要讨论的内容,就是一种新的,也能够得到准确可靠毛细管压力和相对渗透率的方法。

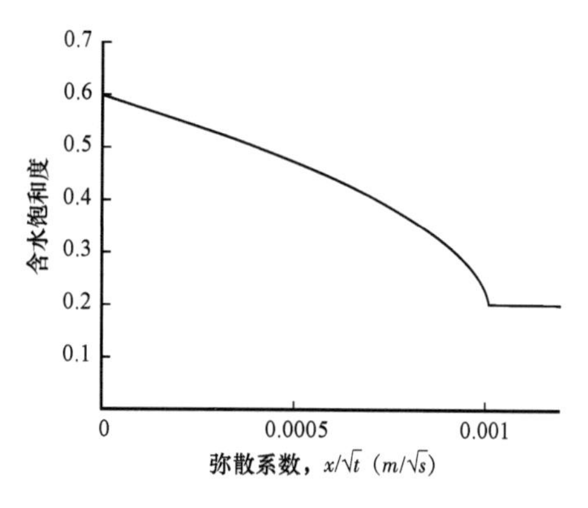

图 18.7　与图 18.6 一样,只是对无量纲速度乘了 F^*

18.2　向解析理论和油藏模拟的扩展

可将该方法扩展,研究整个一维驱替过程,包括示踪剂驱替、混相水气交替驱、聚合物驱,以及三相驱替。

完整的讨论超出了本章的范畴,但可用相同的理论推导合适的守恒方程,并定义波动速度和振动速度。

不用说,这还是一个有效的、相对简单的评价孔隙介质中开发和驱替的方法,可作为复杂数值模拟工作的补充。任何情况下,数值模拟都要求输入相渗曲线,相渗也是理解油藏流动行为的重要工具。

最后,对于非均质储层,同时具有很多井和复杂的压力、产量数据的情况,有必要开展数值模拟分析,来求出这些关于流动和传导方程在三维空间下的解。因为从方程本身很难得到解。但理解驱替和生产过程的机理,如何将岩心尺度的分析和测量与油藏尺度的研究结合,仍是非常重要的。

第19章　术语和加深阅读

下列文献为上文中提及的文章，以及有益的参考和加深阅读材料。

大部分文章可在科学和谷歌学术中找到，也可在油藏工程协会数据库中下载。

19.1　相关文章和其他参考

Akbarabadi, M. and Piri, M. (2013). Relative permeability hysteresis and capillary trapping characteristics of supercritical CO_2/brine systems: an experimental study at reservoir conditions, Adv. Water Resour., 52, 190 – 206.

Anderson, W. G. (1986). Wettability literature survey part 1: Rock/oil/brine interactions and the effects of core handling on wettability, J. Petrol. Technol., 38(10), 1125 – 1144.

Anderson, W. G. (1987). Wettability literature survey – part 6: The effects of wettability on waterflooding, J. Petrol. Technol., 39(12), 1605 – 1622.

Arns, C. H., Knackstedt, M. A., Pinczewski, V. et al. (2001). Accurate estimation of transport properties from microtomographic images, Geophys. Res. Lett., 17, 3361 – 3364.

Arns, C. H., Bauget, F., Limaye, A. et al. (2005). Pore – scale characterization of carbonates using X – ray microtomography, SPE J., 10(4), 475 – 484.

Arns, J. Y., Sheppard, A. P., Arns, C. H. et al. (2007). Pore – level validation of representative pore networks obtained from micro – CT images, Proceedings of the Annual Symposium of the society of Core Analysis, 10 – 12 September, Calgary, Canada.

Aronofsky, J. S., Masse, L. and Natanson, S. G. (1958). A model for the mechanism of oil recovery from the porous matrix due to water invasion in fractured reservoirs, *Petrol. Trans. AIME*, 213, 17 – 19.

Arps, J. J. (1956). Estimation of primary oil reserves, *Petrol. Trans. AIME*, 207, 182 – 191.

Bakke, S. andren, P. – E. (1997). 3 – D pore – scale modelling of sandstones and flow simulations in the pore networks, *SPE J.*, 2, 136 – 149.

Bartell, F. E. and Osterhoff, H. J. (1927). Determination of the wettability of a solid by a liquid. *Ind. Eng. Chem.*, 19, 1277.

Bear, J. (1972). *Dynamics of Fluids in Porous Media*, Dover Science Publications Inc., New York.

BP statistical review of world energy (2016). http://www.bp.com/en/global/corporate/energy – economics/statistical – review – of – world – energy.html

Buckley, S. E. and Leverett, M. C. (1942). Mechanisms of fluid displacement in sands, *Trans. AIME*, 146, 107116.

Carslaw, H. S. and Jaeger, J. C. (1946). *Conduction of Heat in Solids, 2nd Edition*, Oxford

Science Publications, Clarendon Press, Oxford.

Chatzis, I. and Morrow, N. (1984). Correlation of capillary number relationships for sandstone, *SPE J.*, 24(5), 555 - 562.

Craig, Jr. F. F. (1971). *The Reservoir Engineering Aspects of Waterflooding*, Society of Petroleum Engineers, ISBN 0 - 89520 - 202 - 6.

Dake, L. P. (1991). *Fundamentals of Reservoir Engineering*, Elsevier, ISBN 0 - 444 - 41830 - X.

De Gennes, P. - G., Brochard - Wyart, F. and Quéré, D. (2002). *Capillary and Wetting Phenomena: Drops, Bubbles, Pearls, Waves*, Springer. dehaanservices. ca, Accessed 1st April (2013).

DiCarlo, D. A., Sahni, A. and Blunt, M. J. (2000) The effect of wettability on three - phase relative permeability, *Transport in Porous Med.*, 39, 347 - 366.

Dullien, F. A. L. (1992). *Porous Media: Fluid Transport and Pore Structure*, 2nd Edition, Academic Press, San Diego.

Dunsmuir, J. H., Ferguson, S. R., D' Amico, K. L. et al. (1991). X - ray microtomography. A new tool for the characterization of porous media, *Proceedings of the 1991 SPE Annual Technical Conference and Exhibition*, 6 - 9 October, Dallas, TX.

Fatt, I. (1956). The network model of porous media I. Capillary pressure characteristics, *Trans. AIME*, 207, 144 - 159.

Flannery, B. P., Deckman, H. W., Roberge, W. G. et al. (1987). Three dimensional X - ray microtomography, *Science*, 237, 1439 - 1444.

Gelhar, L. W. (1993). *Stochastic Subsurface Hydrology*, Prentice - Hall, Upper Saddle River, NJ.

Jadhunandan, P. P. and Morrow, N. R. (1995). Effect of wettability on waterflood recovery for crude oil/brine/rock systems, *SPE Reservoir Eng.*, 10(1), 40 - 46.

Jadhunandan, P. P and Morrow, N. R. (1991). Spontaneous imbibition of water by crude oil/brine/rock systems, *In Situ*, 15(4), 319 - 345.

Jerauld, G. R. and Salter, S. J. (1990). Effect of pore - structure on hysteresis in relative permeability and capillary pressure: Pore - level modeling, *Transport Porous Med.*, 5, 103 - 151.

Krevor, S., Pini, R., Zuo, L. et al. (2012). Relative permeability and trapping of CO_2 and water in sandstone rocks at reservoir conditions, *Water Resour. Res.*, 48(2), W02532.

Krevor, S. C. M., Pini, R., Li, B. et al. (2011). Capillary heterogeneity trapping of CO_2 in a sandstone rock at reservoir conditions, *Geophys. Res. Lett.*, 38, L15401.

Killins, C. R., Nielsen, R. F. and Calhoun, J. C. (1953). Capillary Desaturation and Imbibition in Porous Rocks, *Producers Monthly*, 18(2), 30 - 39.

Lake, L. W. (1989). *Enhanced Oil Recovery*, Prentice Hall, Englewood Cliffs.

Land, C. (1968). Calculation of imbibition relative permeability for two and three - phase flow from rock properties, *SPE Journal*, 24, 149 - 156.

Lenormand, R., Zarcone, C. and Sarr, A. (1983). Mechanisms of the displacement of one fluid by another in a network of capillary ducts,*J. Fluid Mech.* , 135, 337 -353.

Lenormand, R. and Zarcone, C. (1984). Role of roughness and edges during imbibition in square capillaries,*Proceedings of the 59th Annual Technical Conference and Exhibition of the Society of Petroleum Engineers of AIME*, 16 -19 September, Houston, TX.

Lenormand, R. (1985). Invasion Percolation in an etched network: measurement of a fractal dimension,*Phys. Rev. Lett.* , 54(20), 2226 -2231.

McCain, W. D. (1990)*The Properties of Petroleum Fluids*, 2nd Edition, PenWell Books.

McWhorter, D. B. and Sunada, D. K. (1990). Exact integral solutions for two - phase flow, *Water Resour. Res.* , 26(3), 399 -413.

Meissner, J. P. , Wang, F. H. L. , Kralik, J. G. et al. (2009). State of the art special core analysis program design and results for effective reservoir management, Dukhan field, Qatar, *Proceedings of the International Petroleum Technology Conference*, 7 -9 December, Doha, Qatar.

Morrow, N. R. (1975). Effects of surface roughness on contact angle with special reference to petroleum recovery,*J. Can. Pet. Technol.* , 14, 42 -53.

Morrow, N. R. and Mason, G. (2001). Recovery of oil by spontaneous imbibition, *Curr. Opin. Colloid Interface Sci.* , 6(4), 321 -337.

Muskat, M. (1949). *Physical Principles of Oil Production*, McGraw Hill, New York.

Muskat, M. and Meres, M. W. (1936). The flow of heterogeneous fluids through porous media,*J. Appl. Phys.* , 7, 346 -344. doi: 10.1063/1.1745403.

Oak, M. J. , Baker, L. E. and Thomas, D. C. (1990). Three - phase relative permeability of Berea sandstone,*J. Petrol. Technol.* , 42(8), 1054 -1061.

Ren, P. -E. , Bakke, S. and Arntzen, O. J. (1998). Extending predictive capabilities to network models, *SPE J.* , 3, 324 -336.

Ren, P. -E. and Bakke, S. (2002). Process based reconstruction of sandstones and prediction of transport properties, *Transport Porous Med.* , 46(2 -3), 311 -343.

Ren, P. -E. and Bakke, S. (2003). Reconstruction of Berea sandstone and pore - scale modelling of wettability effects, *J. Petrol. Sci. Eng.* , 39, 177 -199.

Okasha, T. M. , Funk, J. J. and Rashidi, H. N. (2007). Fifty years of wettability measurements in the Arab - D carbonate reservoir,*Proceedings of the SPE Middle East Oil and Gas Show and Conference*, 11 -14 March Manama, Kingdom of Bahrain.

Patzek, T. W. (2001). Verification of a complete pore network simulator of drainage and imbibition,*SPE J.* , 6, 144 -156.

Sahimi, M. (1995). *Flow and Transport in Porous Media and Fractured Rock*, Wiley - VCH Verlag GmbH, Weinheim, Germany.

Sahni, A. , Burger, J. and Blunt, M. J. (1998). Measurement of three phase relative permeability during gravity drainage using CT scanning. SPE39655, proceedings of the SPE/DOE Improved Oil Recovery Symposium, Tulsa, OK, April.

Salathiel, R. A. (1973). Oil recovery by surface film drainage in mixed wettability rocks,*SPE*

J., 25(10), 1216 - 1224.

Schilthuis, R. J. (1936). Active oil and reservoir energy *Petrol. Trans. AIME*, 118, 33 - 52, Society of Petroleum Engineers. doi:10.2118/936033 - G.

Schmid, K. S., Geiger, S. and Sorbie, K. S. (2011). Semianalytical solutions for cocurrent and countercurrent imbibition and dispersion of solutes in immiscible two - phase flow, *Water Resour. Res.*, 47, W02550, doi:10.1029/2010WR009686.

Schmid, K. S. and Geiger, S. (2012). Universal scaling of spontaneous imbibition for water - wet systems, *Water Resour. Res.*, 48, W03507.

Terzaghi, K. and Peck, R. B. (1996). Soil mechanics in engineering practice, 1948. *Publications of the Disaster Prevention Research Institute*, 448.

Wardlaw, N. C. and Taylor, R. P. (1976). Mercury capillary pressure curves and the interpretation of pore structure and capillary behaviour in reservoir rocks, *B. Can. Petrol. Geol.*, 24 (2), 225 - 262.

Wikipedia, accessed 6th January (2015): http://en. wikipedia. org/wiki/List of oil fields.

Wilkinson, D. and Willemsen, J. F. (1983). Invasion percolation: a new form of percolation theory, J. Phys. A, 16, 3365 - 3376.

Zhou, X., Morrow, N. R. and Ma, S. (2000). Interrelationship of wettability, initial water saturation, aging time, and oil recovery by spontaneous imbibition and waterflooding, SPE J., 5 (2), 199 - 207.

Zimmerman, R. W. (1991). Compressibility of Sandstones, Elsevier Science Publishers, New York, NY, USA, ISBN 0444 - 88325 - 8, (1991).

19.2 帝国理工学院的文章

文章按照时间顺序排序。大部分文章可以从帝国理工学院学校网站下载。

http://www. imperial. ac. uk/earth - science/research/research - groups/perm/research/pore - scale - modelling/

Blunt, M. J. (1998). Physically based network modeling of multiphase flow in intermediate - wet media, J. Petrol. Sci. Eng., 20, 117 - 125.

Valvatne, P. H. and Blunt, M. J. (2004). Predictive pore - scale modeling of two - phase flow in mixed wet media, Water Resour. Res., 40, W07406.

Okabe, H. and Blunt, M. J. (2004). Prediction of permeability for porous media reconstructed using multiple - point statistics, Phys. Rev. E, 70, 066135.

Al - Gharbi, M. S. and Blunt, M. J. (2005). Dynamic network modeling of two - phase drainage in porous media, Phys. Rev. E, 71, 016308.

Piri, M. and Blunt, M. J. (2005a). Three - dimensional mixed - wet random pore - scale network modeling of two - and three - phase flow in porous media. I. Model description, Phys. Rev. E, 71, 026301.

Piri, M. and Blunt, M. J. (2005b). Three - dimensional mixed - wet random pore - scale network modeling of two – and three – phase flow in porous media. II. Results, Phys. Rev. E, 71, 026302.

Valvatne, P. H. , Piri, M. , Lopez, X. et al. (2005). Predictive pore – scale modeling of single and multi – phase flow, Transport Porous Med. , 58, 23 – 41.

Tavassoli, Z. , Zimmerman, R. W. and Blunt, M. J. (2005). Analytic analysis for oil recovery during counter – current imbibition in strongly water – wet systems, Transport Porous Med. , 58, 173 – 189.

Jackson, M. D. , Valvatne, P. H. and Blunt, M. J. (2005). Prediction of wettability variation within an oil/water transition zone and its impact on production, SPE J. , 10(2), 184 – 195.

Tavassoli, Z. , Zimmerman, R. W. and Blunt, M. J. (2005). Analysis of counter – current imbibition with gravity in weakly water – wet systems, J. Petrol. Sci. Eng. , 48, 94 – 104.

Behbahani, H. and Blunt, M. J. (2005). Analysis of imbibition in mixed – wet rocks using pore – scale modeling, SPE J. , 10(4), 466 – 474.

Bijeljic, B. and Blunt, M. J. (2006). Pore – scalemodeling and continuous time random walk analysis of dispersion in porous media, Water Resour. Res. , 42, W01202.

Juanes, R. , Spiteri, E. J. , Orr, Jr. , F. M. et al. (2006). Impact of relative permeability hysteresis on geological CO_2 storage, Water Resour. Res. , 42, W12418.

Suicmez, V. S. , Piri, M. and Blunt, M. J. (2007). Pore – scale simulation of water alternate gas injection, Transport Porous Med. , 66, 259 – 286.

Al – Kharusi, A. S. and Blunt, M. J. (2007). Network extraction from sandstone and carbonate pore space images, J. Petrol. Sci. Eng. , 56, 219 – 231.

Bijeljic, B. and Blunt, M. J. (2007). Pore – scale modeling of transverse dispersion in porous media, Water Resour. Res. , 43, W12S11.

Okabe, H. and Blunt, M. J. (2007). Pore space reconstruction of vuggy carbonates using microtomography and multiple – point statistics, Water Resour. Res. , 43, W12S02.

van Dijke, M. I. J. , Piri, M. , Helland, J. O. et al. (2007). Criteria for three – fluid configurations including layers in a pore with nonuniform wettability, Water Resour. Res. , 43, W12S05.

Suicmez, V. S. , Piri, M. and Blunt, M. J. (2008). Effects of wettability and pore – level displacement on hydrocarbon trapping, Adv. Water Resour. , 31, 503 – 512.

Spiteri, E. J. , Juanes, R. , Blunt, M. J. et al. (2008). A new model of trapping and relative permeability hysteresis for all wettability characteristics, SPE J. , 13(3), 277 – 288.

Al – Kharusi, A. S. and Blunt, M. J. (2008). Multi – phase flow predictions from carbonate pore space images using extracted network models, Water Resour. Res. , 44, W06S01.

Al – Sayari, S. S. (2009). The influence of wettability and carbon dioxide injection on hydrocarbon recovery, PhD thesis, Imperial College London.

Talabi, O. , Al – Sayari, S. S. , Iglauer, S. et al. (2009). Pore – scale simulation of NMR response, J. Petrol. Sci. Eng. , 67(3 – 4), 168 – 178.

Dong, H. and Blunt, M. J. Pore – network extraction from microcomputerized – tomography images, Phys. Rev. E, 80, 036307.

Al Mansoori, S. K., Iglauer, S., Pentland, C. H. et al. (2009). Three – phase measurements of oil and gas trapping in sand packs, Adv. Water Resour., 32, 1535 – 1542.

Al Mansoori, S. K., Itsekiri, E., Iglauer, S. et al. (2010). Measurements of non – wetting phase trapping applied to carbon dioxide storage, Int. J. Greenh. Gas Con., 4, 283 – 288.

Idowu, N. A. and Blunt, M. J. (2010). Pore – scale modelling of rate effects in waterflooding, Transport Porous Med., 83, 151 – 169.

Zhao, X., Blunt, M. J. and Yao, J. (2010). Pore – scale modeling: Effects of wettability on waterflood oil recovery, J. Petrol. Sci. Eng., 71 169 – 178.

Pentland, C. H., Itsekiri, E., Al – Mansoori, S. et al. (2010). Measurement of non – wetting phase trapping in sandpacks, SPE J., 15, 274 – 281.

Iglauer, S., Favretto, S., Spinelli, G. et al. (2010). X – ray tomography measurements of power – law cluster size distributions for the nonwetting phase in sandstones, Phys. Rev. E, 82, 056315.

Pentland, C. H., El – Maghraby, R., Iglauer, S. et al. (2011). Measurements of the capillary trapping of super – critical carbon dioxide in Berea sandstone, Geophys. Res. Lett., 38, L06401.

Bijeljic, B., Mostaghimi, P. and Blunt, M. J. (2011). The signature of non – Fickian solute transport in complex heterogeneous porous media, Phys. Rev. Lett., 107, 204502.

Iglauer, S., Paluszny, A., Pentland, C. H. et al. (2011a). Residual CO_2 imaged with X – ray micro – tomography, Geophys. Res. Lett., 38, L21403.

Iglauer, S., Wülling, W., Pentland, C. H. et al. (2011b). Capillary trapping capacity of rocks and sandpacks, SPE J., 16(4), 778 – 783.

Iglauer, S., Ferno, M. A., Shearing, P. et al. (2012). Comparison of residual oil cluster size distribution, morphology and saturation in oil – wet and water – wet sandstone, J. Coll. Interf. Sci., 375, 187 – 192.

Raeini, A. Q., Blunt, M. J. and Bijeljic, B. et al. (2012). Modelling two – phase flow in porous media at the pore scale using the volume – of – fluid method, J. Comput. Phys., 231(17), 5653 – 5668.

Mostaghimi, P., Bijeljic, B. and Blunt, M. J. (2012). Simulation of flow and dispersion on pore – space images, SPE Journal, 17, 1131 – 1141.

Gharbi, O. and Blunt, M. J. (2012). The impact of wettability and connectivity on relative permeability in carbonates: A pore network modeling analysis, Water Resour. Res., 48, W12513.

El – Maghraby, R. M. (2013). Measurements of CO_2 trapping in carbonate and sandstone rocks, PhD Thesis, Department of Earth Science and Engineering, Imperial College London.

Iglauer, S., Paluszny, A. and Blunt, M. J. (2013). Simultaneous oil recovery and residual gas storage: A pore – level analysis using in situ X – ray microtomography, Fuel, 103, 905 – 914.

Bijeljic, B., Raeini, A., Mostaghimi, P. et al. (2013a). Predictions of non – Fickian solute transport in different classes of porous media using direct simulation on pore – scale images, Phys. Rev. E, 87, 013011.

Blunt, M. J., Bijeljic, B., Dong, H. et al. (2013). Pore – scale imaging and Modelling. Adv. Water Resour., 51, 197 – 216.

Bijeljic, B., Mostaghimi, P. and Blunt, M. J. (2013b). Insights into non – Fickian solute transport in carbonates, Water Resour. Res., 49, 2714 – 2728.

Andrew, M., Bijeljic, B. and Blunt, M. J. (2013). Pore – scale imaging of geological carbon dioxide storage under in situ conditions, Geophys. Res. Lett., 40, 3915 – 3918.

Tanino, Y. and Blunt, M. J. (2013). Laboratory investigation of capillary trapping under mixed – wet conditions, Water Resour. Res., 49(7), 4311 – 4319.

Raeini, A. Q., Bijeljic, B. and Blunt, M. J. (2014). Numerical modelling of sub – pore scale events in two – phase flow through porous media, Transport Porous Med., 101, 191 – 213.

Andrew, M., Bijeljic, B. and Blunt, M. J. (2014). Pore – scale imaging of trapped supercritical carbon dioxide in sandstones and carbonates, Int. J. Greenh. Gas Con., 22, 1 – 14.

Amaechi, B., Iglauer, S., Pentland, C. H. et al. (2014). An experimental study of three – phase trapping in sand packs, Transport Porous Med., 103(3), 421 – 436.

第 20 章　家庭作业问题

1. 用一句话解释下列名词：

1）毛细管压力；

2）排驱；

3）渗吸；

4）被动注水。

2. 绘制一条孔隙度为 0.2，渗透率为 100mD 的水湿砂岩的典型油水毛细管压力曲线。绘制初次排驱、渗吸和二次排驱曲线。在图上指出残余油饱和度、束缚水饱和度、以及典型的毛细管压力值。对各值可大致估计，但需明确解释取值原因。解释初次排驱与二次排驱曲线差异的原因，以及为什么二次排驱曲线低于初次排驱曲线。

3. 假设一项表面活性剂驱方案，设计一些岩心实验来找出毛细管数对残余油饱和度的影响。得到对应关系如下：

$$S_{or} = \mathrm{Max}\left[0, 0.4 - \frac{\sqrt{N_{cap}}}{0.08}\right]$$

现在设计油藏尺度的驱替方案。注采井距 100m，压降 10atm，岩石渗透率 200mD，包含活性剂影响，油水界面张力为 0.01mN/m。预测残余油饱和度是多少？使井间所有原油流动的必要压差为多少？

4. 考虑一束不同半径的毛细管的相渗。毛细管分数 $f(r)\mathrm{d}r$ 按照定义有：

$$\int_0^{\infty} f(r)\,\mathrm{d}r = 1$$

所有毛细管水平放置，两端压差一致，长度一样。每根毛细管中的流量为：

$$Q = \frac{\pi r^4}{8\mu l}\Delta p$$

每根毛细管的体积为 $\pi r^2 L$。毛细管为水湿，初始情况下充满水。将油注入毛细管中，那么，油优先占据的毛细管是哪些？最后充满油的毛细管半径为 R，推导含油饱和度和相渗的表达式。

5. 在一个油藏局部设计示踪剂测试，该位置充满水。示踪剂溶于水，并随水一起流动。示踪剂在岩石表面发生吸附。单位体积岩石吸附的示踪剂量为：

$$\rho^a = ac$$

这里，a 是无量纲常数，c 是水中示踪剂浓度，用单位体积水中示踪剂的质量计量。

从下式开始：

$$\frac{\partial}{\partial t}(\text{油藏中单位体积的质量}) + \frac{\partial}{\partial x}(\text{单位面积的质量流量}) = 0$$

推导一维条件下的示踪剂守恒方程,这里 q 是单位面积上水的体积流量,ϕ 是岩石孔隙度。假设两个参数都是常数。

示踪剂流过岩石的速度是多少?计算下列条件下的速度:$q=10^{-6}$m/s,$\phi=0.2$,$a=3$。

6. 推导放射性示踪剂在饱和水的孔隙介质中,单向流动的守恒方程。用示踪剂浓度 c 表示。随着流体的流动,示踪剂发生扩散。按照 Fick 的扩散法则,扩散速度为:

$$F_D = -D\frac{\partial c}{\partial x}$$

这里,D 是扩散系数。因为示踪剂是放射性的,因此在静止流体中,其浓度也是随时间衰减的:

$$\frac{\partial c}{\partial t} = -\alpha c$$

7. 单位转换:

计划将北海油田的原油产量增加到1000000bbl/d。但产量单位需要更换。按照下列单位进行换算。

1)经济学家要求使用百万美元/年。油价为105美元/bbl。

2)法国人要求使用国际单位。

3)理论物理学家要求使用下列单位表示:

$h/2\pi=1$, $c=1$, $G=1$。$h/2\pi=1.055\times10^{-36}$J·s, $c=3.0\times10^{8}$m/s, $G=6.7\times10^{-11}$m^3/(kg·s^2)。

4)石油工业的代表要求使用英亩尺/月。对应到二月和十二月的数值分别为多少?

8. 原油地层体积系数。未饱和油藏中,一口生产井的井底含水率为0.12。如果 $B_w=1$,$B_o=1.3$,那么储罐内的水油比是多少?

9. 推导注水井附近极坐标下,两相流的守恒方程。按照 Buckley - Leverett 形式表示,流速为:

$$v = \frac{\partial f}{\partial S}$$

这里 f 是分相流量,S 是含水饱和度,并且:

$$v = \frac{\pi r^2 h\phi}{Qt}$$

其中,r 是距井筒的半径,h 是射孔厚度,t 是时间,ϕ 是孔隙度,Q 是井筒流量。

10. 对下面的每个例子给出图示,其中 S_w 是无量纲流速 $v_D=x_D/t_D$ 的函数,以孔隙体积计量,无量纲原油产量是无量纲时间的函数。

这里,$S_{wi}=S_{wc}=0.2$。

不考虑重力,相渗如下:

$$K_{rw} = K_{rw}^{max}\frac{(S_w-S_{wc})^a}{(1-S_{or}-S_{wc})^a},$$

$$K_{rc} = K_{rc}^{max} \frac{(1 - S_{or} - S_w)^b}{(1 - S_{or} - S_{wc})^b},$$

$$M = \frac{\mu_o}{\mu_w} \frac{K_{rw}^{max}}{K_{ro}^{Max}}$$

1）对于强水湿岩石：

$a=3, b=1, K_{rw}^{max}=0.18, K_{ro}^{max}=0.9, S_{wc}=0.2, S_{or}=0.4, \mu_w=\mu_o(M=0.2)$。

2）对于油湿岩石：

$a=1, b=3, K_{rw}^{mx}=0.9, K_{ro}^{max}=0.18, S_{wc}=0.2, S_{or}=0.1, \mu_w=\mu_o(M=5)$。

3）重复1）部分，改变流度为 $M=5$ 和 $M=50$。

4）重复2）部分，改变流度为 $M=0.2$ 和 $M=50$。

说明结果：水驱更适用于水湿油藏还是油湿油藏？流度比对采收率有什么影响？

提示：这是一个枯燥练习，但练习之后，就会了解如何做 Buckley – Leverett 分析了。绘制分相流动图，通过图示找到振动高度，或者用解析和数值的方法进行研究。对这类相渗，不可能找到解析表达式，但可以通过计算机程序自动计算。一旦解决了一个问题，那其他的就简单了。

第21章　往期试卷

油藏工程考试

石油工程300(Ⅱ)油藏工程一

(油藏机理和二次采油)

1999年5月

任选3题回答

1. 一个干气田的生产数据见下表。(50分)

压力(MPa)	压缩系数 Z	累计产气量 G_p($10^7 m^3$)
30	0.75	0
29	0.76	1.16
28	0.77	2.25
27	0.78	3.26
26	0.79	4.20
25	0.80	5.07

总的水体压缩系数为 $2\times10^{-9}Pa^{-1}$。

油藏温度为310K。

$B_w=1, p_{atm}=0.101MPa, T_{atm}=288.7K, Z_{atm}=1$。

1)假设为简单水体模型,估计水体规模和气的地质储量。忽略束缚水和岩石的压缩性。(25分)

2)预计气藏废弃压力为2MPa。大致估计2MPa时的压缩因子 Z。考虑压缩因子 Z 在低压条件下的限制条件。(5分)

3)估计2MPa时气的采出程度。(6分)

4)对3)进行说明。得到的答案是否合理,如果不合理,原因是什么?限制气藏压力达到2MPa的因素是什么?(8分)

5)评价采出程度和废弃压力还需要哪些信息?(6分)

2. 一个油藏的数据见下表。(50分)

N_p(10^7bbl)	G_p($10^9 ft^3$)	R_s(ft^3/bbl)	B_o(bbl/bbl)	p(atm)	B_g(bbl/ft^3)
0	0	600	1.653	250	0.00123
0.59	4.25	550	1.604	230	0.00137
1.38	11.50	504	1.568	210	0.00156
2.11	18.40	470	1.524	190	0.00178
2.61	23.60	450	1.498	170	0.00195

1）油藏开发过程将处于泡点之上还是泡点之下？原因是什么？（5 分）

2）应用物质平衡确定油藏类型、油的地质储量，如果有气顶，确定气顶规模。假设油藏没有水体侵入，忽略地层压缩性。（30 分）

3）油藏在 170atm 压力下的采出程度是多少？与典型的一次采油相比，这个采出程度高还是低？从机理上解释油藏会发生什么变化，进而对采出程度进行评价。（8 分）

4）如果要提高油藏采收率，可向油藏注入什么介质，为什么？（7 分）

3. 一块岩心属性如下（50 分）：

$$K_{rw} = 0.2(S_w - 0.2)^2$$

$$K_{ro} = 0.8(S_o - 0.4)^2$$

$$\mu_o = 0.0025\text{Pa} \cdot \text{s}$$

$$\mu_w = 0.0015\text{Pa} \cdot \text{s}$$

$$\phi = 0.3$$

$$L = 30\text{cm}$$

$$Q = 0.1\text{cm}^3/\text{min}$$

$$A = 1\text{cm}^2$$

1）Buckley – Leverett 分析中，需作哪些假设？（6 分）

2）绘制分相流量曲线，基于该曲线，绘制该系统含水饱和度与无量纲速度的关系。（20 分）

3）以孔隙倍数衡量，绘制注入量与采出量关系的示意图。（10 分）

4）预测该岩心的见水时间。（6 分）

5）注水 10h 后，采出程度是多少？采出的油量是多少？（8 分）

4. 分区示踪剂（50 分）

既溶于油又溶于水的示踪剂，可用于确定水驱后的残余油饱和度。从而评价提高采收率的潜力。

请推出该类导示踪剂的守恒方程，并借此来确定残余油饱和度。

示踪剂在水中的浓度为 c，表示单位体积水中示踪剂的质量。示踪剂不被岩石吸附，但溶于油。含水饱和度与残余油饱和度的关系为 $1 - S_w = S_{or}$。油不流动，示踪剂测试过程中，油水的饱和度为常数。

如果示踪剂在水中的浓度是 c，那么在油中浓度为 ac。

基于下列方程：

$$\frac{\partial}{\partial t}(\text{油藏中单位体积的质量}) + \frac{\partial}{\partial x}(\text{单位面积的质量流量}) = 0$$

1）推导示踪剂守恒方程。（25 分）

2）求出示踪剂在孔隙介质中的运移速度。（10 分）

3)在试验中,注采井距为100m。油藏经过生产后,目前已无产油量。示踪剂与水一起注入,达西速度为1m/d。油藏孔隙度为0.25,$a=5$。示踪剂在50d后从生产井产出。那么残余油饱和度是多少?(15分)

5. 在油藏中开展压力测试。(50分)

勘探阶段,有3口井。获得了如下信息。

W1井,产水,深度1350m,压力12.5MPa。

W2井,产油,深度1250m,压力11.61MPa。

W3井,产气,深度1056m,压力10.48MPa。

深度都是从潜水面开始计算的。

所有的压力都是相对于大气压的。这里大气压定义为零。

重力加速度为9.81m/s^2。

水的密度为1000kg/m^3。

油的密度为850kg/m^3。

气的密度为340kg/m^3。

1)油藏是常压系统、超压系统,还是欠压系统?(5分)

2)解释为什么油气的压力比周围水的压力高。通过示意图进行解释。(10分)

3)找出油气界面,油水界面。(25分)

4)油的泡点压力是多少?(10分)

帝国理工大学

石油工程300(Ⅱ)油藏工程一
(油藏机理和二次采油)
2000年5月

任选3题回答

1. 下表为一个气藏的生产数据。(50分)

总的水体压缩系数为$2.5\times10^{-9}Pa^{-1}$。

油藏温度为330K。

$B_w=1, p_{atm}=0.101MPa, T_{atm}=288.7K, Z_{atm}=1$。

1)假设为简单水体模型,估计水体规模和气的地质储量。可以忽略束缚水和岩石的压缩性。(25分)

2)原始油藏条件下,气的体积是多少?(4分)

3)水侵后,气藏残余气饱和度为0.35。原始含水饱和度为0.25。需要多大的水侵量才能将气藏驱扫至残余气饱和度。(10分)

4)按照估计的水体体积,达到3)计算的水侵量时,所需的压力降是多少?在这个压力下,水将驱扫整个油藏,将不会再有气体产出。(6分)

5)要估计达到4)计算的压降时的采收率,还需什么补充信息?(5分)

压力(MPa)	压缩因子Z	累计产气量$G_p(10^7m^3)$
25	0.85	0
24	0.86	6.09
23	0.87	11.80
22	0.88	17.10
21	0.89	22.10

2. 下表为一个油藏的数据。(50分)

1)应用物质平衡方法确定油藏驱动类型、油的地质储量和气顶的规模(如果存在)。假设没有水侵,且地层压缩性可忽略。(25分)

2)解释油田生产气油比的变化趋势。油田的泡点压力在290atm之上还是之下?答案中要解释临界含气饱和度的含义。为什么通常达到临界含气饱和度时就要停止生产?(10分)

3)计算油藏压力为290atm时的含气饱和度。束缚水饱和度为0.25。(5分)

4)假设临界含气饱和度为0.2,估计该饱和度时的采出程度。还需哪些参数?

5)基于其他观测数据,对该参数进行合理估计。(10分)

$N_p(10^6bbl)$	$R_p(ft^3/bbl)$	$R_s(ft^3/bbl)$	$B_o(bbl/bbl)$	$p(atm)$	$B_g(bbl/ft^3)$
0	0	500	1.514	380	0.00234
6.38	550	450	1.498	330	0.00256
10.35	520	410	1.445	310	0.00278
14.35	490	380	1.416	290	0.00289

3. 一个油藏的相渗如下:(50 分)

1)绘制分相流量曲线,基于分相流量曲线绘制该系统含水饱和度与无量纲速度的交会图。指出振动前缘饱和度和无量纲速度。(20 分)

2)以孔隙倍数衡量,绘制注入量与采出量之间的关系。(10 分)

3)井间的平均速度约为 0.1m/d。如果注采井距为 500m,那么多久后会注水突破。(6 分)

4)注水突破时,油藏中的水相分流量是多少? 如果 $B_o = 1.4$、$B_w = 0.9$,那么注水突破时,地面条件下的水相分流量是多少? (8 分)

5)注水 2 年后,按照孔隙体积,采出的油量是多少? (6 分)

$$K_{rw} = 0.3(S_w - 0.2)^2$$

$$K_{ro} = 0.8(S_o - 0.3)^2$$

$$\mu_o = 0.004\mathrm{Pa \cdot s}$$

$$\mu_w = 0.001\mathrm{Pa \cdot s}$$

$$\phi = 0.2$$

4. 相互反应型示踪剂的流动。(50 分)

两种溶于水的组分,组分 1 和组分 2。没有储层岩石的吸附。两组分反应生成组分 3。R_1 是组分 1 的反应速度,单位是单位体积水中的质量。R_2 是组分 2 的反应速率。组分 3 的质量等于组分 1 和组分 2 反应消耗的质量。

1)从下面等式开始,推导组分 1、组分 2、组分 3 浓度的一维守恒方程。(30 分)

$$\frac{\partial}{\partial t}(\text{油藏内单位体积的质量}) + \frac{\partial}{\partial x}(\text{单位面积的质量流量}) = \text{源或汇}$$

2)有人认为,研究三维非均质水体中反应型示踪剂的行为可使用流线模拟。你认为流线方法是否适用于该问题。(5 分)

3)写出组分 1、组分 2、组分 3 沿着流线的守恒方程,使用渡越时间坐标系统 τ。(15 分)

5. 流线模拟和历史拟合。(50 分)

近些年,常应用流线模拟进行历史拟合研究。本题中,请推导流线上的渗透率表达式,进而拟合示踪剂的流动。

在一个非均质油藏中开展示踪剂测试。分别注入和采出示踪剂。在井间存在一个综合的压力降。假设油藏中的流动为单相流动,并且没有储层岩石的吸附。监测的示踪剂的突破时间表示为 t_{meas},基于示踪剂测试的流线模拟还需估计渗透率在流线上的分布。预测的示踪剂的突破时间表示为 t_{pred}。

1)流线模拟是否适用于油藏尺度的示踪剂驱替研究? 模拟中有什么假设? (6 分)

2)解释渡越时间的概念。(4 分)

3)通过模拟,可以找到注采井间渡越时间最小的流线。为什么如此能够预测突破时间? 流线的长度是 L,流线上的平均渗透率为 K_{pred}。用长度 L,K_{pred} 以及井间压降 Δp 表示渡越时间

t_{pred}。（15 分）

4）实际测得的突破时间是 t_{meas}。应用 3）得出的表达式，求出真正的流线上的平均渗透率 K_{pred}。这里还需要作怎样的假设。（15 分）

5）在一次示踪剂实验中，突破时间是 $t_{meas}=250\mathrm{d}$。如果流线长度 $L=600\mathrm{m}$，$\Delta p=10^6\mathrm{Pa}$，$\phi=0.15$，$\mu=10^{-3}\mathrm{Pa\cdot s}$。通过这些数据计算 K_{meas}。（10 分）

帝国理工大学

硕士考试 2001

石油工程 300(Ⅱ)油藏工程一

(油藏机理和二次采油)

2001 年 5 月

任选 3 题回答

1. 一个大型干气气田的数据如下,气藏发育强天然水体:(50 分)

压力(MPa)	累计产气量 G_p($10^8 ft^3$)
41	0
40	0.571
39	1.123
38	1.658
37	2.175

原始含水饱和度为 0.2。

实验得到 B_g的经验公式如下:

$$B_g = 0.03/p^{1.2}$$

1)假设为简单水体模型,估计气的地质储量、水体规模和水体的压缩系数。忽略束缚水和岩石的压缩系数。(25 分)

2)基于地质信息,预计当油藏体积的 85% 被水驱扫时,会发生明显的注水突破,余下残余气饱和度为 0.3。此时,气藏将会废弃。求出此时的气藏压力和采出程度。并对论证过程进行说明。(25 分)

2. 下表为一个油藏数据。(50 分)

1)应用物质平衡方程确定油藏驱动类型、油的地质储量,以及气顶规模(如果存在)。假设没有水侵,地层压缩系数可忽略。(25 分)

2)初始条件下油藏中充满油,油藏压力为 220atm,那么,对应的平均含气饱和度是多少?束缚水饱和度为 0.25。论述具有如此气量情况下,可能会导致什么样的结果。如何防止大量产气。(13 分)

3)考虑在油藏顶部进行采出气回注。结合 2)的结论,论述其优缺点。(12 分)

N_p(10^8bbl)	R_p(ft^3/bbl)	R_s(ft^3/bbl)	B_o(bbl/bbl)	p(atm)	B_g(bbl/ft^3)
0	0	800	1.634	280	0.00345
2.33	900	700	1.603	260	0.00387
3.61	950	600	1.584	240	0.00412
4.59	970	500	1.554	220	0.00435

3. 一个油藏的相渗如下。(50 分)

$$K_{rw} = 0.4(S_w - 0.2)^2$$

$$K_{ro} = 0.6(S_o - 0.35)^2$$

$$\mu_o = 0.003\text{Pa} \cdot \text{s}$$

$$\mu_w = 0.001\text{Pa} \cdot \text{s}$$

$$\phi = 0.2$$

1)绘制分相流动曲线,通过分相流动曲线,绘制该系统含水饱和度与无量纲速度的交会图。指出前缘饱和度和无量纲速度。(20 分)

2)按照孔隙体积计算,绘制注入量与采出量之间的关系。(8 分)

3)如果注采井距为 300m,储层的平均断面面积为 1600m^2,注水速率为 120m^3/d。原始油藏压力下,$B_o = 1.3$,$B_w = 0.96$。1000d 后,$B_o = 1.4$,$B_w = 0.96$。那么,采出程度是多少(按照地面条件下的体积计算)?(12 分)

4)随后,油藏压力下降。假设 Buckley - Leverett 分析仍旧适用,求出注水 2000000m^3(地面条件)后,但 $B_o = 1.15$,$B_w = 0.96$ 时,采出程度是多少。与 3)的结论进行对比讨论。如有不一致的地方,该如何解决?(10 分)

4. 具有平衡反应的流动。(50 分)

组分 1 在饱和水的孔隙介质中流动。组分 1 反应生成组分 2。1mol 的组分 1 生成 1mol 的组分 2。两种组分都与岩石不发生吸附,且二者都溶于水。

1)从下列方程出发,推导组分 1 和组分 2 浓度的一维守恒方程。(30 分)

$$\frac{\partial}{\partial t}(\text{油藏内单位体积的质量}) + \frac{\partial}{\partial x}(\text{单位面积的质量流量}) = \text{源或汇}$$

2)两组分化学平衡,即 $c_1/c_2 = a$,这里 a 为常数。在方程中消去 c_2,推导组分 1 的传输方程。(10 分)

3)求出组分 1 运动速度的表达式。从机理上解释为何与不反应示踪剂的运动速度不同。(10 分)

5. 流线模拟。(50 分)

下面引用了一篇文章的论述,“Full - Field Modeling Using Streamline - Based Simulation: 4 Case Studies,” by R. O. Baker, F. Kuppe, S. Chugh, R. Bora, S. Stojanovic, and R. Batycky, SPE 66405, in the proceedings of the SPE Reservoir Simulation Symposium held in Houston, Texas, 11 - 14 February 2001。引用内容如下:“对于水驱,流线模拟是有效的模拟工具。流线模拟与常规模拟相比具有较多优势:

1)流动是可视的;

2)可对大型油藏或较多井进行模拟;

3)计算速度快;

4)可分离不同的拟合阶段;

5）可生成井的分配参数；

6）可定量排驱体积；

7）易于判断流动或驱替模式。

但流线模拟不是万能的。一个先决条件是油藏生产周期内注采平衡。在有些油藏中，毛细管力交换和衰竭是主要的开发机理，这时常规模拟是更优的选择。”

针对上述论述，写一篇小论文。讨论上述7个优点的不足之处，以及不适用的情况。用自己的语言表述。

帝国理工大学

石油工程 300(Ⅱ)油藏工程一
(油藏机理和二次采油)
2002 年 5 月

任选 3 题回答

1. 一个干气藏,发育强水体,生产数据见下表:(50 分)

原始含水饱和度为 0.25。

1)解释干气,湿气和凝析气的概念。(7 分)

2)假设为简单水体模型,估计气的地质储量、水体规模和压缩系数乘积的值。忽略束缚水和岩石压缩性。(25 分)

3)压力达到 24MPa 时,气藏见水,停止产气。假设此时整个气藏都被水驱扫了,那么请估计残余气饱和度。(18 分)

压力(MPa)	累计产气量 G_p(10^8ft^3)	气的体积系数 B_g(bbl/ft^3)
30	0	0.000560
29	4.52	0.000575
28	9.08	0.000595
27	13.55	0.000620
26	17.85	0.000650

2. 一个油藏的相关数据见下表:(50 分)

1)应用物质平衡方程确定油藏驱动类型、油的地质储量和气顶规模(如果发育气顶)。假设没有水侵,忽略地层压缩性。(25 分)

2)解释你的结论,根据目前的开发程度,估计油藏的驱动类型?根据物质平衡方恒,对气藏进行合理的描述。(12 分)

3)讨论油藏的管理。如果压力进一步下降,油藏会发生什么?可以考虑什么开发策略?对油藏管理作出决策之前,你还需要什么信息?(13 分)

N_p(10^6bbl)	R_p(ft^3/bbl)	R_s(ft^3/bbl)	B_o(bbl/bbl)	p(MPa)	B_g(bbl/ft^3)
0	0	500	1.453	40.0	0.000425
40.3	800	450	1.432	39.8	0.000456
69.6	900	400	1.412	39.6	0.000480
101.9	1000	350	1.395	39.4	0.000508

3. 一个储层的相渗如下:(50 分)

$$K_{rw} = 0.3(S_w - 0.25)^2$$

$$K_{ro} = 0.8(S_o - 0.30)^2$$

$$\mu_o = 0.002Pa \cdot s$$

$$\mu_w = 0.001\text{Pa} \cdot \text{s}$$

$$\phi = 0.15$$

1)绘制分相流动曲线,通过该图绘制该系统含水饱和度与无量纲速度的交会图。指出振动前缘饱和度和无量纲速度。(20 分)

2)按照孔隙体积,绘制注入量与采出量之间的关系。(10 分)

3)如果注采井距为200m,储层的平均断面面积为2000m²,注水速率为200m³/d。原始油藏压力下,$B_o = 1.5$,$B_w = 0.98$。绘制产油量(按照地面条件下的孔隙体积表示)与时间(天)的交会图。(12 分)

4)估计多久后油量会降至50m³/d(地面条件)。(8 分)

4. 双孔介质模型流动。(50 分)

模拟裂缝油藏的常规方法是双孔介质模型。模型假设为低渗透的孔隙基质之间通过高渗透的裂缝连通。所有的流动都通过裂缝发生。流体从基质流向裂缝,又通过毛细管力作用从裂缝流向基质,但在基质内部没有流动。

1)从下式开始,推导裂缝网络中含水饱和度的一维守恒方程。裂缝向基质的流动可以被看作沉没项,通过经验函数 T 表示,单位为时间的倒数。再推导基质中的守恒方程,其中基质中的流动为零。(40 分)

2)通常 T 表示为形状因子,表达式为 $T = \sigma \dfrac{K_{\text{matrix}} p_{\text{cap}}}{\mu_w}$,其中 σ 是系数,p_{cap} 是基质和裂缝间的毛管压力差,K_{matrix} 是基质有效渗透率,μ_w 是水的黏度。那么,形状因子 T 的单位是什么?(10 分)

$$\frac{\partial}{\partial t}(\text{油藏内单位体积的质量}) + \frac{\partial}{\partial x}(\text{单位面积的质量流量}) = \text{源或汇}$$

5. 流线模拟中的常见问题。(50 分)

1)在 Maureen 油田一个 10000 个网格的模型中应用流线模拟。运行时间为 35s。相同的模型,应用网格模型的运行时间是 20s。在一个更精细的模型中,流线模型的运行时间是 185s,网格模型的运行时间是 380s。假设运行时间与网格数量成指数关系,估计一下在 100000 个和 1000000 个网格时的运行时间是多少。对结论进行讨论。(15 分)

2)下面是关于流线模拟的一些常见问题。简要回答下列问题。(35 分)

a)模拟中需要多少流线?

b)应用流线模拟如何处理重力影响?

c)确定模拟时间步的标准是什么?

d)流线模拟的理想条件是什么?流线模拟在什么条件下不适用?

帝国理工大学

石油工程 300(Ⅱ)油藏工程一

(油藏机理和二次采油)

2003 年 5 月

任选 3 题回答

1. 一个天然水驱的干气藏数据见下表:(50 分)

压力(MPa)	累计产气量 $G_p(10^8 ft^3)$	气的体积系数 $B_g(bbl/ft^3)$
25.0	0	0.000167
24.5	45.8	0.000170
24.0	94.8	0.000174
23.5	143.4	0.000180
23.0	190.4	0.000186
22.5	234.0	0.000192

原始含水饱和度为 0.25。

物质平衡方程如下:

$$G_p = G\left[1 - \frac{B_{gi}}{B_g}\right] + \frac{W_e}{B_g}$$

1)假设为简单水体模型,估计气的地质储量,以及水体体积与压缩系数的乘积。忽略束缚水和岩石的压缩性。(30 分)

2)残余气饱和度为 0.3。在目前 22.5MPa 地层压力下,水侵量是多少? 被水驱扫的储层比例是多少? 如压力进一步下降,会发生什么现象? (20 分)

2. 在一个油藏中测量压力数据得到:(50 分)

井 1:水层,深度 2100m,压力 18.50MPa。水的密度为 $1030kg/m^3$。

井 2:油层,深度 2000m,压力 17.75MPa。油的密度为 $750kg/m^3$。

井 3:气层,深度 1950m,压力 17.50MPa。气的密度为 $380kg/m^3$。

所有深度都是相对于海平面的。压力都是相对于大气压力的。重力加速度为 $9.81m/s^2$。

1)油藏为常压油藏、超压油藏,还是欠压油藏? (5 分)

2)找出油水界面、油气界面位置,并进一步求出油柱高度。(30 分)

3)油藏的面积为 $1.6\times10^6m^2$,平均孔隙度为 0.16。油的地层体积系数为 1.7。求出储层中的原油体积,按照地面条件计量,其中 $S_w=0.2$。(15 分)

3. 下表为一个油藏的数据:(50 分)

$N_p(10^8 bbl)$	$R_p(ft^3/bbl)$	$R_s(ft^3/bbl)$	$B_o(bbl/bbl)$	$p(MPa)$	$B_g(bbl/ft^3)$
0	0	600	1.514	30.0	0.000576
0.563	900	550	1.502	29.0	0.000598
0.979	1500	500	1.496	28.0	0.000623
1.676	2300	450	1.480	27.0	0.000684

1)应用物质平衡方程,确定油藏驱动类型、油的地质储量和气顶规模(如果存在气顶)。假设没有水侵,忽略地层的压缩性。(25 分)

$$N_p[B_o + (R_p - R_s)B_g] = NB_{oi}\left[\frac{(B_o - B_{oi}) + (R_{si} - R_s)B_g}{B_{oi}} + m\left(\frac{B_g}{B_{gi}} - 1\right) + (1 + m)\left(\frac{c_w S_{wc} + c_f}{1 - S_{wc}}\right)|\Delta p|\right] + (W_e - W_p B_w)$$

2)有哪些处理产出气的选择,你推荐哪种选择?(8 分)

3)讨论一下,你如何把握压力的递减,并推进油藏的开发。(8 分)

4)从机理上解释一下,气顶膨胀驱油的区域,原油的采收率非常高的原因。(7 分)

4. 一块岩心样品的相渗如下:(50 分)

$$K_{rw} = 0.25(S_w - 0.25)^2$$

$$K_{ro} = 0.9(S_o - 0.3)^2$$

$$\mu_o = 0.003\text{Pa}\cdot\text{s}$$

$$\mu_w = 0.001\text{Pa}\cdot\text{s}$$

$$\phi = 0.25$$

1)绘制分相流动曲线,通过该图绘制该系统含水饱和度与无量纲速度的交会图。指出振动前缘饱和度和无量纲速度。(20 分)

2)按照孔隙体积,绘制注入量与采出量之间的关系。(8 分)

3)岩心断面面积 5cm^2,长度 15cm,完全饱和水,水的流速为 $1\text{cm}^3/\text{s}$,压差为 0.1MPa。岩心渗透率是多少?(8 分)

4)固定注入速率为 $1\text{cm}^3/\text{s}$,那么 20s 后的油采出量是多少(用孔隙体积表示)?(12 分)

5. 流线模拟。(50 分)

1)解释渡越时间的概念。(5 分)

2)从水相的体积守恒方程开始,推导沿着流线的传输方程:(20 分)

$$\frac{\partial S_w}{\partial t} + \frac{\partial f_w}{\partial \tau} = 0$$

3)从下面几个方向,对流线模拟进行评述。(25 分)

a)什么是流线模拟,流线模拟与网格模拟的差异是什么?

b)流线模拟适用于什么情况?

c)网格模拟更适用于什么情况?

d)为什么流线模拟速度更快,并且相对于网格模拟,数值离散更弱?

e)实际应用中,哪些情况下推荐使用流线模拟?

帝国理工大学

石油工程 300(Ⅱ)油藏工程一
(油藏机理和二次采油)
2004 年

任选 3 题回答

1. 气藏的物质平衡(50 分)

1)绘制一张混合烃的温度—压力相图示意图。指出临界点和两相区。在相图中指出油区、凝析气区、干气区和湿气区,并简要说明。(17 分)

2)有如下大型干气气藏数据,原始含水饱和度为 0.3。

压力(MPa)	累计产气量 G_p($10^8 ft^3$)	气的体积系数 B_g(bbl/ft^3)
30.0	0	0.000201
29.5	970	0.000206
29.0	2066	0.000213
28.5	3244	0.000222
28.0	4530	0.000234

物质平衡方程如下,假设为简单水体模型,估计气的地质储量和水体体积与压缩系数的乘积。忽略束缚水和岩石的压缩性。(20 分)

$$G_p = G\left[1 - \frac{B_{gi}}{B_g}\right] + \frac{W_e}{B_g}$$

3)残余气饱和度为 0.25。如果水驱扫了整个气藏,那么对应的压力是多少? 采出程度是多少? 提示,这里需要对一个参数进行估计——通过上表数据的插值,对该参数进行敏感性估计。(13 分)

2. 在一个油藏中测量压力数据得到:(50 分)

井 1:水层,深度 2700m,压力 30.1MPa。水的密度为 $1050kg/m^3$。

井 2:油层,深度 2300m,压力 26.4MPa。油的密度为 $650kg/m^3$。

井 3:气层,深度 2100m,压力 25.5MPa。气的密度为 $350kg/m^3$。

所有深度都是相对于海平面的。压力都是相对于大气压力的。重力加速度为 $9.81m/s^2$。

1)油藏为常压油藏、超压油藏,还是欠压油藏? (5 分)

2)找出油水界面、油气界面位置,并进一步求出油柱高度。(20 分)

3)油藏的面积为 $6.8\times10^6m^2$,平均孔隙度为 0.15。油的地层体积系数为 1.3。求出储层中的原油体积,按照地面条件计量,其中 $S_w=0.2$。(15 分)

4)解释通过压力得到的油柱高度与通过测井得到的油柱高度的差异。3)估计的储量可能偏大还是偏小? (10 分)

3. 下表为一个油藏的数据:(50 分)

$N_p(10^7 bbl)$	$R_p(ft^3/bbl)$	$R_s(ft^3/bbl)$	$B_o(bbl/bbl)$	$p(MPa)$	$B_g(bbl/ft^3)$
0	—	800	1.321	32.0	0.000341
0.996	800	800	1.356	31.0	0.000389
2.122	800	800	1.423	30.0	0.000432
3.566	800	800	1.587	29.0	0.000501

1)油藏目前处于泡点压力以上还是泡点压力以下?解释你的判断。(3分)

2)应用下式物质平衡方程,估计油的地质储量和水体体积与压缩系数的乘积。假设没有气顶,地层压缩系数可忽略。(20分)

$$N_p[B_o+(R_p-R_s)B_g]$$
$$=NB_{oi}\left[\frac{(B_o-B_{oi})+(R_{si}-R_s)B_g}{B_{oi}}+m\left(\frac{B_g}{B_{gi}}-1\right)+(1+m)\left(\frac{c_wS_{wc}+c_f}{1-S_{wc}}\right)|\Delta p|\right]+(W_e-W_pB_w)$$

3)目前的采出程度是多少?目前的开发效果如何,较好、较差,还是中等?(7分)

4)你认为后续开发有哪些选择?还需要哪些信息?(10分)

5)如果简单继续目前的压力下降趋势,油藏后续开发会遇到什么问题?(10分)

4. 有如下相渗曲线:(50分)

$$K_{rw}=0.4(S_w-0.25)^2$$

$$K_{ro}=0.8(S_o-0.3)^2$$

$$\mu_o=0.002Pa\cdot s$$

$$\mu_w=0.0005Pa\cdot s$$

$$\phi=0.18$$

1)绘制分相流动曲线,通过该图绘制该系统含水饱和度与无量纲速度的交会图。指出振动前缘饱和度和无量纲速度。(20分)

2)按照孔隙体积,绘制注入量与采出量之间的关系。(8分)

3)解释按照孔隙体积计算的采出量与采出程度的关系?(5分)

4)用该相渗估计油藏的采出特征。假设油的地质储量为 350×10^6bbl。计划注水50000bbl/d。绘制采出量与时间的交会图。$B_w=1.1$,$B_o=1.55$。(10分)

5)10000d后的采出程度是多少?(4分)

6)假设通过模拟预测10000d后的采出程度为0.3,讨论这一结果与5)的结论的关系。(6分)

5. 吸附示踪剂。(50分)

对有限速率吸附的模拟,可以通过假设吸附速率为 k_f 和脱附速率为 k_b 来模拟。吸附速率与示踪剂的浓度成正比,脱附速率与吸附浓度成正比。数学上可以表示为:

$$\phi \frac{\partial C}{\partial t} = k_b C_s - k_f C$$

这里,C 是示踪剂的浓度,用单位体积水中的质量表示,C_s 是发生吸附的示踪剂的浓度,用单位孔隙介质体积中的质量表示。

1)推导示踪剂浓度与吸附示踪剂浓度的一维守恒方程。(20 分)

2)对应化学平衡,即总反应速率为零,那么对应的 C 和 C_s 的关系是什么?(10 分)

3)对应化学平衡时,相对于达西速度,示踪剂流动的速度是多少?k_b,k_f 与阻滞系数的关系是什么?(20 分)

帝国理工大学

石油工程 300(Ⅱ)油藏工程一

(油藏机理和二次采油)

2005 年

任选 3 题回答

1. 气藏物质平衡。(50 分)

1)名词解释:湿气,凝析气,溶解气,泡点,露点。(10 分)

2)一个油藏同时产气,按照油藏条件计量,油相的分流量为 0.5。如果 $B_o=1.4$、$B_g=0.0056$,那么地面条件下的油气分流量是多少?(10 分)

3)有如下干气藏数据:原始含水饱和度为 0.4。

压力(MPa)	累计产气量 G_p($10^8 ft^3$)	气的体积系数 B_g(bbl/ft^3)
35.0	0	0.000345
34.5	87.4	0.000355
34.0	178.0	0.000367
33.5	266.0	0.000380
33.0	402.0	0.000411

假设为简单水体模型,估计气的地质储量以及水体体积与压缩系数的乘积。忽略束缚水和岩石的压缩性。

物质平衡方程如下:

$$G_p = G\left[1 - \frac{B_{gi}}{B_g}\right] + \frac{W_e}{B_g}$$

残余气饱和度为 0.3。压力达到多少时水会驱扫整个气藏?对应的采出程度是多少?要完成这个计算,需要对一个参数进行估计,请基于上表数据同时估计参数的敏感性。(30 分)

2. 一个油藏的数据如下表:(50 分)

N_p($10^6 bbl$)	R_p(ft^3/bbl)	R_s(ft^3/bbl)	B_o(bbl/bbl)	p(MPa)	B_g(bbl/ft^3)
0	—	800	1.405	45	0.000134
3.00	1000	700	1.397	44	0.000167
6.58	2000	600	1.386	43	0.000205
10.90	5000	450	1.368	42	0.000267

1)油藏目前处于泡点压力以上还是泡点压力以下?解释你的判断。(3 分)

2)应用下式物质平衡方程,油藏主要的驱动机理是什么?没有水产出,假设没有强水体。请估计油的地质储量,假设没有气顶,地层压缩系数可忽略。(20 分)

$$N_p[B_o+(R_p-R_s)B_g]$$

$$=NB_{oi}\left[\frac{(B_o-B_{oi})+(R_{si}-R_s)B_g}{B_{oi}}+m\left(\frac{B_g}{B_{gi}}-1\right)+ (1+m)\left(\frac{c_wS_{wc}+c_f}{1-S_{wc}}\right)|\Delta p|\right]+(W_e-W_pB_w)$$

3）目前的采出程度是多少？目前的开发效果如何，较好、较差，还是中等？（7分）

4）目前压力42MPa下，油藏中的平均含气饱和度是多少？束缚水饱和度为0.3。对结果进行说明，为什么会有大量气体产出。（10分）

5）你认为后续开发有哪些选择？油藏后续开发会遇到什么问题？还需要哪些信息？（10分）

3. 有如下相渗曲线：（50分）

$$K_{rw}=0.15(S_w-0.3)^2$$

$$K_{ro}=0.8(S_o-0.3)^2$$

$$\mu_o=0.004\text{Pa}\cdot\text{s}$$

$$\mu_w=0.001\text{Pa}\cdot\text{s}$$

$$\phi=0.12$$

1）绘制分相流动曲线，通过该图绘制该系统含水饱和度与无量纲速度的交会图。指出振动前缘饱和度和无量纲速度。（15分）

2）按照孔隙体积，绘制注入量与采出量之间的关系。（10分）

3）估计STOIIP为400×10^6bbl。油藏的孔隙体积是多少？$B_o=1.4$。（7分）

4）若干口井总的注水量为300000bbl/d。绘制按照孔隙体积计算的采出量与采出程度的关系？（10分）

5）1000d后的采出量和采出程度是多少？采出量按照孔隙体积计算是多少？采出程度和采出量按照孔隙体积计算的区别是什么？（8分）

4. 流线模拟。（50分）

1）简要解释流线模拟，指出其适用和不适用的条件。（15分）

2）解释为什么流线模拟适于做历史拟合。解释那些影响井动态的不同区域的储层参数该如何调整，这些区域如何在流线模拟中进行定义。（15分）

3）设想一口井生产200d后见水。模拟预测的见水时间为400d。注采井间压降固定。如何调整渗透率来拟合见水时间？需作哪些相关假设？（20分）

5. 在地层水中埋存CO_2。（50分）

一个减少CO_2向大气排放的方法是将其从燃烧化石燃料的电厂中收集起来，然后注入地下盐水中。CO_2以其自身的相态进入地层，之后溶于水中。

1）推导CO_2质量浓度守恒方程。需要注意的是，方程中既有液相，其中溶解了CO_2，浓度为C，也有CO_2自身相态形式，其饱和度为S，并有对应的密度。（35分）

2）从机理上，你认为溶解与不溶解对CO_2的注入速度会有怎样的影响？会加快注入速度，还是减慢注入速度，还是没有影响？（15分）

帝国理工大学

石油工程 300(Ⅱ)油藏工程一

(油藏机理和二次采油)

2006 年

任选 3 题回答

1. 气藏物质平衡。(50 分)

1)名词解释:干气,湿气,凝析气,溶解气油比,原油地层体积系数。(10 分)

2)讨论溶解气油比如何从无穷大变到零;不同的溶解气油比对应的油藏分类是什么,及其对应的烃类组成的不同。(10 分)

3)下表为一个干气气藏的数据:原始含水饱和度为 0.4。假设为简单水体模型,估计气的地质储量,以及水体体积与压缩系数的乘积。忽略束缚水和岩石的压缩性。(17 分)

压力(MPa)	累计产气量 G_p($10^8 ft^3$)	气的体积系数 B_g(bbl/ft^3)
35	0	0.000245
34	0.079	0.000255
33	0.158	0.000270
32	0.228	0.000285
31	0.302	0.000316

4)残余气饱和度为 0.25。压力达到多少时水会驱扫整个气藏?对应的采出程度是多少?要完成这个计算,需要对一个参数进行估计,请基于上表数据同时估计参数的敏感性。(5 分)

5)生产井已经见水。随着压力下降,预计未来还会出现什么问题?(8 分)

2. 在一个发育小气顶的油藏中测量压力数据得到:(50 分)

井 1:水层,深度 1950m,压力 22.65MPa。水的密度为 $1040kg/m^3$。

井 2:油层,深度 1900m,压力 22.25MPa。油的密度为 $650kg/m^3$。

井 3:气层,深度 1850m,压力 25.05MPa。气的密度为 $300kg/m^3$。

所有深度都是相对于海平面的。压力都是相对于大气压力的。重力加速度为 $9.81m/s^2$。

1)绘制该油藏中油和气的温压相图的示意图。用图示表示油藏所处的温压条件。并解释其原因。(10 分)

2)油藏为常压油藏,超压油藏,还是欠压油藏?(5 分)

3)找出油水界面、油气界面位置,并进一步求出油柱高度。(20 分)

4)油藏的面积为 $50 \times 10^6 m^2$,平均孔隙度为 0.13,净毛比为 0.8。原油地层体积系数为 $1.41m^3/m^3$。求出储层中的原油体积,按照地面条件计量,其中 $S_w = 0.3$。(15 分)

3. 下表为一个油藏相关数据:(50 分)

$N_p(10^6bbl)$	$R_p(ft^3/bbl)$	$R_s(ft^3/bbl)$	$B_o(bbl/bbl)$	$p(MPa)$	$B_g(bbl/ft^3)$
0	—	700	1.612	40	0.000224
33.6	800	600	1.601	39	0.000289
55.5	1800	475	1.587	38	0.000345
67.3	3000	300	1.541	37	0.000407

1)讨论物质平衡方程提供有价值信息的不同类型,以及物质平衡方程不适用的情形。(5 分)

2)油藏目前处于泡点压力以上还是泡点压力以下?解释你的判断。(4 分)

3)应用下式物质平衡方程,油藏主要的驱动机理是什么?没有水产出,假设没有强水体。请估计油的地质储量和气顶规模,地层压缩系数可忽略。(25 分)

$$N_p[B_o + (R_p - R_s)B_g]$$

$$= NB_{oi}\left[\begin{array}{l}\dfrac{(B_o - B_{oi}) + (R_{si} - R_s)B_g}{B_{oi}} + m\left(\dfrac{B_g}{B_{gi}} - 1\right) + \\ (1 + m)\left(\dfrac{c_w S_{wc} + c_f}{1 - S_{wc}}\right)|\Delta p|\end{array}\right] + (W_e - W_p B_w)$$

4)目前的采出程度是多少?目前的开发效果如何,较好、较差,还是中等?(6 分)

5)你认为后续开发有哪些选择?油藏后续开发会遇到什么问题?还需要哪些信息?(10 分)

4. 有如下相渗曲线:(50 分)

$$K_{rw} = 0.4(S_w - 0.2)^2$$

$$K_{ro} = 0.8(S_o - 0.25)^2$$

$$\mu_o = 0.0032\text{Pa}\cdot\text{s}$$

$$\mu_w = 0.0008\text{Pa}\cdot\text{s}$$

$$\phi = 0.12$$

1)绘制分相流动曲线,通过该图绘制该系统含水饱和度与无量纲速度的交会图。指出振动前缘饱和度和无量纲速度。(20 分)

2)按照孔隙体积,绘制注入量与采出量之间的关系。(8 分)

3)假设油的地质储量为 200×10^6bbl。对应的孔隙体积是多少? $B_o=1.35$。(5 分)

4)若干口井总的注水量为 50000bbl/d。绘制按照孔隙体积计算的采出量与采出程度的关系? $B_w=1.02$。(10 分)

5)10000d 后的采出量和采出程度是多少?此时估计的采出量可能偏高还是偏低,解释你的判断。(7 分)

5. 注示踪剂。(50 分)

分相示踪剂常用于确定水驱后的残余油饱和度,从而确定注气的目标区。示踪剂溶于油水两相中,如果水中的浓度是 C,那么油中浓度就是 aC。

1)推导水中示踪剂浓度的守恒方程,浓度单位是单位体积水中示踪剂的质量。(20 分)

2)示踪剂的运动速度是多少?不溶于油的恒定示踪剂速度是多少?(15 分)

3)恒定示踪剂与吸附示踪剂同时从水井注入。200d 后常数示踪剂突破,500d 后吸附示踪剂突破。如果 $a=2$,那么残余油饱和度是多少?(15 分)

帝国理工大学

石油工程 300(Ⅱ)油藏工程一

(油藏机理和二次采油)

2007 年

任选 3 题回答

1. 气藏物质平衡。(50 分)

1)名词解释:干气,湿气,凝析气。(5 分)

2)详细解释气藏管理与油藏或凝析气藏管理的差异。(5 分)

3)为什么在油藏中常考虑注水保持能量,而在气藏中却有可能担忧产水。气藏注水可能存在的问题是什么?(8 分)

4)下表为一个干气气藏的数据:原始含水饱和度为 0.3。假设为简单水体模型,估计气的地质储量,以及水体体积与压缩系数的乘积。忽略束缚水和岩石的压缩性。(20 分)

压力(MPa)	累计产气量 G_p(10^8ft^3)	气的体积系数 B_g(bbl/ft^3)
28	0	0.000578
27	1.06	0.000621
26	2.00	0.000667
25	2.88	0.000725

5)残余气饱和度为 0.3。压力达到多少时水会驱扫整个气藏?对应的采出程度是多少?要完成这个计算,需要对一个参数进行估计,请基于上表数据同时估计参数的敏感性。(8 分)

6)生产井已经见水。随着压力下降,预计未来还会出现什么问题?(4 分)

2. 在一个油藏中测量压力数据得到:(50 分)

井 1:水层,深度 1200m,压力 12.1MPa。水的密度为 $1030kg/m^3$。

井 2:油层,深度 1100m,压力 11.2MPa。油的密度为 $750kg/m^3$。

井 3:气层,深度 900m,压力 10.5MPa。气的密度为 $300kg/m^3$。

所有深度都是相对于海平面的。压力都是相对于大气压力的。重力加速度为 $9.81m/s^2$。

1)钻井中使用的是什么钻井液?为什么要使用这样的钻井液?钻进油藏过程中,需要什么防范措施?(6 分)

2)油藏为常压油藏,超压油藏,还是欠压油藏?(4 分)

3)找出油水界面、油气界面位置,并进一步求出油柱高度。(23 分)

4)油藏的面积为 $1.7km \times 3.6km$,平均孔隙度为 0.15,净毛比为 0.76。油的地层体积系数为 $1.37m^3/m^3$。求出储层中的原油体积,按照地面条件计量,其中 $S_w=0.35$。(4 分)

5)测井解释的油水界面在 3)预测油水界面以上 5m。这是什么原因?哪个油水界面的结果更适于估计油的体积?使用这些信息对储层渗透率的量级进行估计,并解释 IDE 结论。(13 分)

3. 下表为一个油藏相关数据:(50 分)

$N_p(10^6 bbl)$	$R_p(ft^3/bbl)$	$R_s(ft^3/bbl)$	$B_o(bbl/bbl)$	p(MPa)	$B_g(bbl/ft^3)$
0	—	300	1.367	39	0.000456
24.3	800	230	1.337	38	0.000518
37.6	1800	160	1.301	37	0.000587
43.6	3000	90	1.263	36	0.000665

1)讨论在数值模拟之前,开展物质平衡计算的意义。(5分)

2)油藏目前处于泡点压力以上还是泡点压力以下?解释你的判断。(4分)

3)应用下式物质平衡方程,油藏主要的驱动机理是什么?假设没有强水体。请估计油的地质储量和气顶规模,地层压缩系数可忽略。(25)

$$N_p[B_o + (R_p - R_s)B_g]$$

$$= NB_{oi}\left[\frac{(B_o - B_{oi}) + (R_{si} - R_s)B_g}{B_{oi}} + m\left(\frac{B_g}{B_{gi}} - 1\right) + (1 + m)\left(\frac{c_w S_{wc} + c_f}{1 - S_{wc}}\right)|\Delta p|\right] + (W_e - W_p B_w)$$

4)目前的采出程度是多少?目前的开发效果如何,较好、较差,还是中等?(6分)

5)讨论计算结果的准确性。为什么难以准确确定N值。(5分)

6)你认为后续开发有哪些选择?油藏后续开发会遇到什么问题?还需要哪些信息?(5分)

4. 有如下相渗曲线:(50分)

$$K_{rw} = 0.2(S_w - 0.3)^2$$

$$K_{ro} = 0.8(S_o - 0.3)^2$$

$$\mu_o = 0.002\text{Pa} \cdot \text{s}$$

$$\mu_w = 0.001\text{Pa} \cdot \text{s}$$

$$\phi = 0.15$$

1)绘制分相流动曲线,通过该图绘制该系统含水饱和度与无量纲速度的交会图。指出振动前缘饱和度和无量纲速度。(17分)

2)按照孔隙体积,绘制注入量与采出量之间的关系。(10分)

3)解释采出程度和采出量按照孔隙体积计算的区别是什么?(4分)

4)估计STOIIP为300×10^6bbl。油藏的孔隙体积是多少?$B_o = 1.4$。(7分)

5)若干口井总的注水量为300000bbl/d。绘制按照孔隙体积计算的注入量与时间的交会图。绘制按照标准桶计算的采出量与时间的交会图。$B_w = 1.04$。(4分)

6)2000d后的采出量和采出程度是多少?5000d后的采出量和采出程度是多少?此时估计的采出量可能偏高还是偏低,解释你的判断。(8分)

5. 注 CO_2。(50 分)

将 CO_2 注入水体中长期储存,从而降低温室气体排放,缓解气候变化。CO_2 一部分溶于水,一部分保持自身相态。假设两相平衡,水中的浓度为 C_s(计量单位是单位体积水中的 CO_2 质量)。假设为不可压缩流动,CO_2 的密度为 ρ_c,水的浓度为 ρ_w,皆为常数。

1)考虑小盒子中的一维流动。推导振动速度的方程,假设 CO_2 在自身相态下的饱和度是 S_c,分相流量是 f_c,原始条件油藏水中两种相都没有。用 CO_2 自身相的分相流动 f_c 表示这个最简单形式的方程。(30 分)

2)如果用这个自身相态振动推进速度除以不溶于水相的振动推进速度,得到的结果的物理含义是什么?(13 分)

3)求出不溶气体振动速度与 CO_2 振动速度的比值,其中 $\rho_c = 700\text{kg/m}^3$,$C_s = 100\text{kg/m}^3$,$S_c = 0.5$,$f_c = 0.7$。(7 分)

帝国理工大学

石油工程 300(Ⅱ)油藏工程一

(油藏机理和二次采油)

2008 年

任选 3 题回答

1. 气藏物质平衡。(50 分)

1)名词解释:干气,湿气,凝析气,露点和泡点。(10 分)

2)下表为一个干气气藏的数据:原始含水饱和度为 0.25。物质平衡方程如下,假设为简单水体模型,估计气的地质储量,以及水体体积与压缩系数的乘积。忽略束缚水和岩石的压缩性。(24 分)

压力(MPa)	累计产气量 G_p($10^8 ft^3$)	气的体积系数 B_g(bbl/ft^3)
25.0	0	0.000167
24.0	45.8	0.000170
23.0	94.8	0.000174
22.0	143.4	0.000180
21.0	190.4	0.000186
20.0	234.0	0.000192

$$G_p = G\left[1 - \frac{B_{gi}}{B_g}\right] + \frac{W_e}{B_g}$$

3)残余气饱和度为 0.3。压力达到目前的 20MPa 时,水侵量是多少?被驱扫的气藏比例是多少?压力进一步下降会发生什么情况?(16 分)

2. 在一个油藏中测量压力数据得到:(50 分)

井 1:水层,深度 3000m,压力 42.0MPa。水的密度为 $1050kg/m^3$。

井 2:油层,深度 2800m,压力 40.0MPa。油的密度为 $700kg/m^3$。

井 3:气层,深度 2600m,压力 39.0MPa。气的密度为 $350kg/m^3$。

所有深度都是相对于海平面的。压力都是相对于大气压力的。重力加速度为 $9.81m/s^2$。

1)按照$\frac{\partial p}{\partial z}=\rho g$ 的形式,分别写出油气压力与深度的关系式。(12 分)

2)钻井液是什么类型?其作用是什么?(6 分)

3)油藏为常压油藏,超压油藏,还是欠压油藏?(4 分)

4)找出油水界面、油气界面位置,并进一步求出油柱高度。(12 分)

5)气层压力的计量有个错误,压力计读值为 39.1MPa。此时估计的油柱高度是多少?解释你的结论。(10 分)

6)油藏的面积为 $3.5\times10^6m^2$,平均孔隙度为 0.15。油的地层体积系数为 1.7。求出储层中的原油体积,按照地面条件计量,其中 $S_w=0.2$。(8 分)

3. 下表为一个油藏相关数据:(50 分)

N_p(10^7bbl)	R_p(ft^3/bbl)	R_s(ft^3/bbl)	B_o(bbl/bbl)	p(MPa)	B_g(bbl/ft^3)
0	—	900	1.331	25.0	0.000785
0.922	900	900	1.356	24.0	0.000818
1.810	900	900	1.381	23.0	0.000854
2.667	900	900	1.406	22.0	0.000892
3.840	1000	800	1.356	21.0	0.000935

1)油藏目前处于泡点压力以上还是泡点压力以下？随着开发会发生变化么？解释你的判断。(8 分)

2)应用下式物质平衡方程,估计油的地质储量,假设没有气顶和水体。(16 分)

$$N_p[B_o+(R_p-R_s)B_g] = NB_{oi}\left[\begin{matrix}\dfrac{(B_o-B_{oi})+(R_{si}-R_s)B_g}{B_{oi}}+m\left(\dfrac{B_g}{B_{gi}}-1\right)+\\(1+m)\left(\dfrac{c_wS_{wc}+c_f}{1-S_{wc}}\right)|\Delta p|\end{matrix}\right]+(W_e-W_pB_w)$$

3)目前的采出程度是多少？目前的开发效果如何,较好、较差,还是中等？(6 分)

4)这是最佳的开发方案么？解释你的结论。(12 分)

5)请对一个近期发现的,低于泡点压力的油藏推荐最优开发方案。如果该油田在北海地区,那么你将如何建议？如果油田位于撒哈拉沙漠,你是否会改变建议？说明原因。(8 分)

4. 有如下相渗曲线:(50 分)

$$K_{rw}=0.6(S_w-0.2)^3$$

$$K_{ro}=0.8(S_o-0.25)^4$$

$$\mu_o=0.002\text{Pa}\cdot\text{s}$$

$$\mu_w=0.001\text{Pa}\cdot\text{s}$$

$$\phi=0.15$$

1)绘制分相流动曲线,通过该图绘制该系统含水饱和度与无量纲速度的交会图。指出振动前缘饱和度和无量纲速度。(20 分)

2)按照孔隙体积,绘制注入量与采出量之间的关系。(5 分)

3)解释按照孔隙体积计算的采储量与采出程度的关系？(5 分)

4)用该相渗估计油藏的采出特征。假设油的地质储量为 450×10^6bbl。计划注水 90000bbl/d。绘制采出量与时间的交会图。$B_w=1.05$,$B_o=1.45$。(10 分)

5)4000d 后的采出程度是多少？(4 分)

6)假设通过模拟预测 4000d 后的采出程度为 0.3,讨论这一结果与 5)的结论的关系。(6 分)

5. 聚合物驱。(50 分)

聚合物与水共同注入油藏,以增加水相黏度,从而得到更好的注采流体相流度比,提高波及体积和驱油效率。聚合物还可能吸附在岩石表面。

假设聚合物在水中的浓度为 C_p(单位为单位体积水中的质量)。单位体积岩石上的聚合物吸附质量为 aC_p。

1)推导聚合物浓度守恒方程。(25 分)

2)聚合物在孔隙介质中的传导速度是多少?(15 分)

3)求出聚合物注入前缘的流动速度,其中残余油饱和度为 0.3,$a=4$。达西速度为 10^{-7}m/s,孔隙度为 0.2。(10 分)

帝国理工大学

石油工程300(Ⅱ)油藏工程一
(油藏机理和二次采油)
2009年

任选3题回答

1. 气藏物质平衡。(50分)

1)名词解释:干气,凝析气,钻井液,水驱,压力下降。(10分)

2)下表为一个干气气藏的数据:原始含水饱和度为0.31。物质平衡方程如下,假设为简单水体模型,估计气的地质储量,以及水体体积与压缩系数的乘积。忽略束缚水和岩石的压缩性。(20分)

压力(MPa)	累计产气量 G_p($10^8 ft^3$)	气的体积系数 B_g(bbl/ft^3)
32.00	0	0.00089
31.75	358	0.00095
31.50	684	0.00102
31.25	968	0.00110

$$G_p = G\left[1 - \frac{B_{gi}}{B_g}\right] + \frac{W_e}{B_g}$$

3)压力降至31.25MPa时,发生明显见水特征。估计此时的平均含气饱和度。评述这个结果。后续还会继续大量产水么?为什么会发生明显见水?后续的开发对策是什么?(20分)

2. 在一个油藏中测量压力数据得到:(50分)

井1:水层,深度3500m,压力27.8MPa。水的密度为1060kg/m^3。

井2:油层,深度3300m,压力26.52MPa。油的密度为800kg/m^3。

井3:气层,深度3200m,压力25.57MPa。气的密度为350kg/m^3。

所有深度都是相对于海平面的。压力都是相对于大气压力的。重力加速度为9.81m/s^2。

1)钻井中需要什么防范措施?为什么要使用这样的钻井液?(4分)

2)油藏为常压油藏,超压油藏,还是欠压油藏?(4分)

3)找出油水界面、油气界面位置,并进一步求出油柱高度。(24分)

4)油藏的构造可以近似为半径为5000m的球面,构造高点为3050m。孔隙度为0.21,净毛比为0.85。油的地层体积系数为1.65m^3/m^3。求出储层中的原油体积,按照地面条件计量,其中S_w=0.28。(18分)

3. 下表为一个油藏相关数据:(50分)

$N_p(10^6 bbl)$	$R_p(ft^3/bbl)$	$R_s(ft^3/bbl)$	$B_o(bbl/bbl)$	$p(MPa)$	$B_g(bbl/ft^3)$
0	—	700	1.320	43	0.000583
58.5	900	650	1.310	42	0.000603
113.0	1200	630	1.295	41	0.000635
161.1	1500	625	1.287	404	0.000678

1)基于目前数据,油藏处于泡点压力以上还是泡点压力以下?最可能的开发机理是什么?(8分)

2)应用物质平衡方程,估计油的地质储量,假设没有水体,地层压缩性可忽略。(16分)

$$N_p[B_o+(R_p-R_s)B_g]$$
$$=NB_{oi}\left[\frac{(B_o-B_{oi})+(R_{si}-R_s)B_g}{B_{oi}}+m\left(\frac{B_g}{B_{gi}}-1\right)+(1+m)\left(\frac{c_wS_{wc}+c_f}{1-S_{wc}}\right)|\Delta p|\right]+(W_e-W_pB_w)$$

3)目前的采出程度是多少?目前的开发效果如何,较好、较差,还是中等?(6分)

4)讨论未来开发方式的选择。如果在注水、产气回注、产气销售、从邻近油田引气之间选择,你会考虑哪些因素?(12分)

5)有计划将该油田用于埋存邻近电厂产出的CO_2。忽略成本,你认为这是否是明智的选择?基于目前的数据,这是否是可行的?(8分)

4. 有如下相渗曲线:(50分)

$$K_{rw}=0.2(S_w-0.3)^2$$
$$K_{ro}=0.9(S_o-0.3)^2$$
$$\mu_o=0.003Pa\cdot s$$
$$\mu_w=0.005Pa\cdot s$$
$$\phi=0.15$$

1)绘制分相流动曲线,通过该图绘制该系统含水饱和度与无量纲速度的交会图。指出振动前缘饱和度和无量纲速度。(20分)

2)按照孔隙体积,绘制注入量与采出量之间的关系。(5分)

3)该岩石是水湿,中等润湿,混合润湿,还是油湿的?论述你的判断。(5分)

4)用该相渗估计油藏的采出特征。假设油的地质储量为300×10^6bbl。计划2000d累计注水20000bbl/d。用标准桶计量的采油量与采出程度是多少?$B_w=1.03$,$B_o=1.3$。(10分)

5)讨论如何将这些结论与油藏模拟相结合,从而预测采收率和优化注入方案。(10分)

5. 低矿化度水驱。(50分)

最近,一些石油公司计划实施低矿化度水驱,因其相对于高矿化度水驱,残余油饱和度更低。

1）推导盐浓度为 C 的守恒方程。油藏中油水共同流动，盐可视为一种只溶于水的示踪剂。示踪剂不吸附于岩石，且不发生反应。（15 分）

2）设想注入水中的盐浓度为 C_i，束缚水中盐浓度为 C_c。高矿化度水驱后的残余油饱和度为 S_{orc}，低矿化度水驱后的残余油饱和度为 S_{ori}。假设为活塞驱。绘制水驱前缘序列。在可行的位置定量水驱前缘的速度。解释你的结论，并对该现象给出机理上的解释。（25 分）

3）求出低矿化度水驱突破的时间，其中总速度为 1m/s，孔隙度为 0.2，注采井间距为 100m，束缚水饱和度为 0.3，S_{ori} 为 0.1，S_{orc} 为 0.3。（10 分）

帝国理工大学

石油工程 300(Ⅱ)油藏工程一
(油藏机理和二次采油)
2010 年

任选 3 题回答

1. 气藏物质平衡。(50 分)

1)名词解释:干气,湿气,凝析气,初次采油,二次采油,采出程度。(10 分)

2)下表为一个小型、天然水驱的干气气藏的数据:原始含水饱和度为 0.28。残余气饱和度为 0.32,物质平衡方程如下,假设为简单水体模型,估计气的地质储量,以及水体体积与压缩系数的乘积。忽略束缚水和岩石的压缩性。目前是否有明确的水侵证据?(20 分)

压力(MPa)	累计产气量 G_p(10^8ft^3)	气的体积系数 B_g(bbl/ft^3)
31.0	0	0.000123
30.6	25.0	0.000137
30.2	47.4	0.000159
29.8	66.4	0.000203

$$G_p = G\left[1 - \frac{B_{gi}}{B_g}\right] + \frac{W_e}{B_g}$$

3)目前的采出程度是多少?基于实验测得的残余气饱和度数据,估计最大的采出程度是多少?评述你的结论,后续的开发对策是什么?(20 分)

2. 在一个油藏中测量压力数据得到:(50 分)

井 1:水层,深度 2850m,压力 16.41MPa。水的密度为 1040kg/m^3。

井 2:油层,深度 2720m,压力 15.33MPa。油的密度为 820kg/m^3。

井 3:气层,深度 2690m,压力 15.12MPa。气的密度为 410kg/m^3。

所有深度都是相对于海平面的。压力都是相对于大气压力的。重力加速度为 9.81m/s^2。

1)从机理上解释为什么油和气的压力比周围水的压力高。(8 分)

2)油藏为常压油藏,超压油藏,还是欠压油藏?(5 分)

3)找出油水界面、油气界面位置,并进一步求出油柱高度。(22 分)

4)油藏的俯视形态近似为椭圆形,长轴 3450m,短轴 1680m。平均孔隙度为 0.24,净毛比为 0.79。油的地层体积系数为 1.43m^3/m^3。求出储层中的原油体积,按照地面条件计量,其中 S_w = 0.34。(15 分)

3. 下表为一个油藏相关数据:(50 分)

N_p(10^6bbl)	R_p(ft^3/bbl)	R_s(ft^3/bbl)	B_o(bbl/bbl)	p(MPa)	B_g(bbl/ft^3)
0	—	200	1.210	23	0.000983
11.2	200	150	1.200	22	0.001034
24.6	350	125	1.194	21	0.001145
37.8	550	100	1.188	20	0.001302

1）讨论物质平衡方程的作用。物质平衡方程适用于什么样的油藏和开发过程，什么情况下不适用？（8 分）

2）应用物质平衡方程，估计油的地质储量和气顶规模。假设没有水体，地层和水的压缩系数可忽略。（16 分）

$$N_p[B_o + (R_p - R_s)B_g] = NB_{oi}\left[\begin{array}{l}\dfrac{(B_o - B_{oi}) + (R_{si} - R_s)B_g}{B_{oi}} + m\left(\dfrac{B_g}{B_{gi}} - 1\right) + \\ (1 + m)\left(\dfrac{c_w S_{wc} + c_f}{1 - S_{wc}}\right)|\Delta p|\end{array}\right] + (W_e - W_p B_w)$$

3）主要的开发作用是什么，目前的采出程度是多少？目前的开发效果如何，较好、较差，还是中等？（6 分）

4）讨论未来开发方式的选择。如果在注水、产气回注、产气销售、从邻近油田引气之间选择，你会考虑哪些因素？（12 分）

5）有计划将该油田用于埋存邻近电厂产出的 CO_2。忽略成本，你认为这是否是明智的选择？基于目前的数据，这是否是可行的？（8 分）

4. 有如下相渗曲线：（50 分）

$$K_{rw} = 0.3(S_w - 0.2)^3$$

$$K_{ro} = 0.9(S_o - 0.1)^4$$

$$\mu_o = 0.002\text{Pa}\cdot\text{s}$$

$$\mu_w = 0.0005\text{Pa}\cdot\text{s}$$

$$\phi = 0.2$$

1）绘制分相流动曲线，通过该图绘制该系统含水饱和度与无量纲速度的交会图。指出振动前缘饱和度和无量纲速度。（20 分）

2）该岩石是水湿，中等润湿，混合润湿，还是油湿的？论述你的判断。需要什么实验来确定润湿性？（5 分）

3）按照孔隙体积，绘制注入量与采出量之间的关系。（5 分）

4）用该相渗估计油藏的采出特征。假设油的地质储量为 400×10^6bbl。计划 6000d 累计注水 10000bbl。用标准桶计量的采油量与采出程度是多少？$B_w = 1.01$，$B_o = 1.25$。（10 分）

5）讨论如何将这些结论与油藏模拟相结合，从而预测采收率和优化注入方案。如何估计波及体积？（10 分）

5. CO_2 埋存。（50 分）

设想将大量 CO_2 注入地层水中。其中一个问题是注入使压力升高，岩石破裂，这可能会导致 CO_2 逸散出地面。

1）如果岩石和地层水的压缩系数为 c，地层水体积为 V，压力升高 Δp，求出 CO_2 的注入体

积。(15 分)

2)这个分析中作了哪些假设?对注入井的压力进行评述。(10 分)

3)如果 $c = 10^{-9}Pa^{-1}$,水体在 2000m 深度为常压,假设埋存区厚度为 1000m,范围为 100km × 100km,那么,如果压力升高小于 10%,CO_2 密度为 600kg/m^3 时,CO_2 的埋存质量是多少?(15 分)

4)全球的 CO_2 排放量约 30Gt/a。请对 3)的结论进行评述。(10 分)

帝国理工大学

石油工程 300(Ⅱ)油藏工程一
(油藏机理和二次采油)
2011 年

任选 3 题回答

1. 气藏物质平衡。(50 分)

1)名词解释:干气,湿气,凝析气,井喷。(10 分)

2)下表为一个干气气藏的数据:原始含水饱和度为 0.26。实验室测量残余气饱和度为 0.27。物质平衡方程如下,假设为简单水体模型,估计气的地质储量,以及水体体积与压缩系数的乘积。忽略束缚水和岩石的压缩性。(18 分)

压力(MPa)	累计产气量 G_p(10^8ft^3)	气的体积系数 B_g(bbl/ft^3)
33.0	0	0.00089
32.6	290	0.00098
32.2	568	0.00113
31.8	814	0.00130

$$G_p = G\left[1 - \frac{B_{gi}}{B_g}\right] + \frac{W_e}{B_g}$$

3)目前的采出程度是多少?基于实验测得的残余气饱和度数据,估计最大的采出程度是多少?(12 分)

4)据称该气田将作为储气库,并在气水界面附近注 CO_2 或 N_2 作为“缓冲气”。评述该策略。你认为“缓冲气”是什么,起什么作用?(10 分)

2. 请通过一张素描图来展示答案。(50 分)

解释等温压缩的概念。从密度的角度来阐述定义。(10 分)

一个水体被用于埋存 CO_2。水体中有一口注入井和一口观测井,在不同的深度上做了压力测试。地层水密度为 1120kg/m^3。注入前测试了压力。求出观察井的测压深度。

井 1,注入井,深度 1120m,压力 11.2MPa。

井 2,观察井,压力 12.1MPa。

注入 1000000t CO_2,之后测试压力。计算出 CO_2—水的接触面。油藏条件下,CO_2 的密度为 600kg/m^3。观察井压力升高的原因是什么?(20 分)

井 1,注 CO_2,深度 1120m,压力 13.1MPa

井 2,观察井,压力 13.7MPa。

CO_2 的压缩系数为 10^{-8}Pa^{-1}。应用压缩性的定义,求出密度随深度变化的关系。粗略估计按照不可压缩假设时,得到的深度误差。(20 分)

3. 下表为一个油藏相关数据:(50 分)

$N_p(10^6bbl)$	$R_p(ft^3/bbl)$	$R_s(ft^3/bbl)$	$B_o(bbl/bbl)$	$p(MPa)$	$B_g(bbl/ft^3)$
0	—	300	1.451	32	0.000750
23.4	400	250	1.432	31	0.000856
55.4	550	200	1.416	30	0.001019
78.2	900	150	1.400	29	0.001230

1）比较物质平衡和数值模拟的关系。何时应用物质平衡，何时应用数值模拟，何时互补使用？（8 分）

2）应用物质平衡方程，请估计油的地质储量和气顶规模。假设没有水体，地层和水的压缩系数可忽略。（18 分）

$$N_p[B_o+(R_p-R_s)B_g]$$
$$=NB_{oi}\left[\begin{array}{l}\dfrac{(B_o-B_{oi})+(R_{si}-R_s)B_g}{B_{oi}}+m\left(\dfrac{B_g}{B_{gi}}-1\right)+\\(1+m)\left(\dfrac{c_wS_{wc}+c_f}{1-S_{wc}}\right)|\Delta p|\end{array}\right]+(W_e-W_pB_w)$$

3）主要的开发作用是什么，目前的采出程度是多少？目前的开发效果如何，较好、较差，还是中等？（9 分）

4）讨论未来开发方式的选择。还需要哪些额外数据？注意经济因素。（15 分）

4. 有如下相渗曲线：（50 分）

$$K_{rw}=0.2(S_w-0.3)^3$$
$$K_{ro}=0.6(S_o-0.25)^2$$
$$\mu_o=0.0015\text{Pa}\cdot\text{s}$$
$$\mu_w=0.0005\text{Pa}\cdot\text{s}$$
$$\phi=0.25$$

1）通过多相流达西方程定义相渗。讨论相渗如何影响油藏尺度的油相的生产。相渗曲线的哪些特征对开发具有重要影响？（7 分）

2）绘制分相流动曲线，通过该图绘制该系统含水饱和度与无量纲速度的交会图。指出振动前缘饱和度和无量纲速度。（20 分）

3）按照孔隙体积，绘制注入量与采出量之间的关系。（8 分）

4）解释按照孔隙体积计算的采出量与采出程度的关系？（5 分）

5）用该相渗估计油藏的采出特征。假设油的地质储量为 200×10^6bbl。计划 7000d 注水 45000bbl。该阶段累计采出量和采出程度是多少？$B_w=1.02$，$B_o=1.30$。（10 分）

5. 流线模拟。（50 分）

1）解释渡越时间。从不可压缩水流动的守恒方程开始，用渡越时间参数推导沿着流线的物质平衡方程。（15 分）

2）描述流线模拟的步骤。说明哪些步骤与常规模拟一样，哪些不同。（15 分）

3）讨论流线模拟的优缺点。流线模拟何时适用，何时不适用。（20 分）

帝国理工大学

石油工程 300(Ⅱ)油藏工程一

(油藏机理和二次采油)

2012 年

任选 3 题回答

1. 气藏物质平衡。(50 分)

1)绘制示意图解释干气,湿气,凝析气,黑油的区别。(10 分)

2)下表为一个干气气藏的数据:原始含水饱和度为 0.23。实验室测得残余气饱和度为 0.41。物质平衡方程如下,假设为简单水体模型,估计气的地质储量,以及水体体积与压缩系数的乘积。忽略束缚水和岩石的压缩性。(24)

累计产气量 G_p(10^8ft^3)	压力(MPa)	气的体积系数 B_g(bbl/ft³)
0	34	0.00234
72	33	0.00298
112	32	0.00345
129	31	0.00354
155	30	0.00399

$$G_p = G\left[1 - \frac{B_{gi}}{B_g}\right] + \frac{W_e}{B_g}$$

3)目前的采出程度是多少?平均含气饱和度是多少?基于实验测得的残余气饱和度数据,估计最大的采出程度是多少?评述你的结论。(16 分)

4)该气藏是否存在强水驱?讨论天然水驱的优缺点。(10 分)

2. 压力分析。(50 分)

1)写出理想气体方程。推导出气体密度与摩尔质量和压力的关系。(8 分)

2)推导恒定温度下,理想气体气藏中,压力随深度的变化表达式。(20 分)

3)一个含气高度很大的大型气藏中有一口井。气层顶深 2780m,底深 3650m。顶部压力为 31.43MPa。摩尔质量为 0.023kg/mol。绝对温度为 350K。理想气体常数为 8.314J/(K·mol)。重力加速度为 9.81m/s^2。利用 2)推导的表达式,求出气层底部的压力。(12 分)

4)气藏中的第二口井在深度 3450m 处,压力为 32.48MPa。这与第一口井测试的压力一致么?如果不一致,这意味着什么情况?(10 分)

3. 开发机理。(50 分)

1)写出多相流扩展的达西公式,并定义相渗。绘制典型水湿,混合润湿,油湿岩石的相渗曲线,要体现出差异。(19 分)

2)解释什么是采出程度,波及体积,局部驱油效率。波及体积的控制因素是什么?局部驱油效率的控制因素是什么?(12 分)

3)下图为两个相渗曲线。第一张图是砂岩,第二张图是碳酸盐岩。两个样品的润湿性可能是什么?哪个样品更适用水驱?解释你的判断。(19 分)

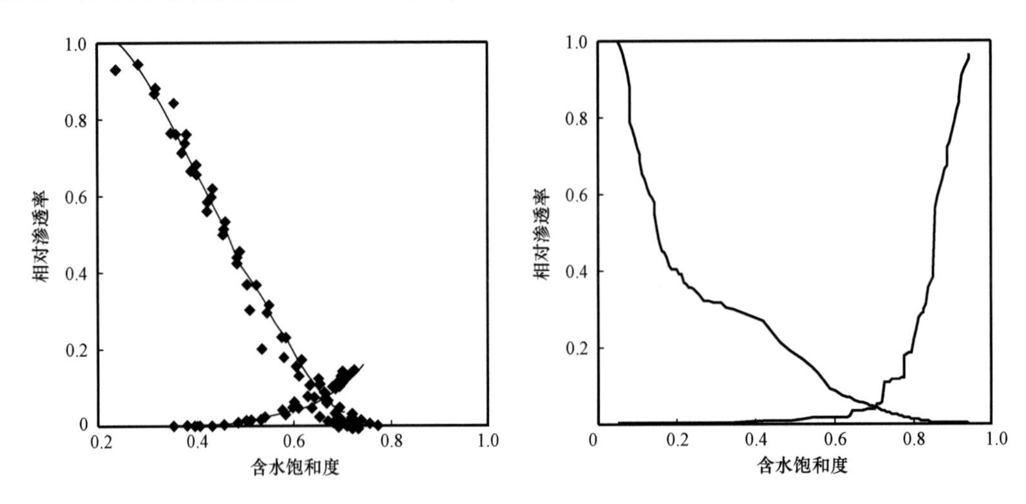

4. 黏性指进分析。(50 分)

1)混相气驱中,注入气比油黏度低。在油气共存区会发生黏性指进,在细通道中,气运动得比油快。气的平均行为可用下列分相流动描述:

$$f_g = \frac{c}{c + (1 - c)/M^{1-\omega}},\ M = \frac{\mu_o}{\mu_g}$$

$\mu_o = 0.0020\text{Pa}\cdot\text{s}$; $\mu_g = 0.0002\text{Pa}\cdot\text{s}$;$\phi = 0.25$;$S_{wc} = 0$;$\omega = 2/3$。

气在油中的浓度为 c。按照定义,注入气的浓度 $c = 1$。解释注气混相的含义,存在什么相和什么组分?气注入油和束缚水中。这里可以假设束缚水为零。那么,注入的是什么,流动的是什么,采出的是什么?(8 分)

2)绘制分流量曲线,基于该曲线,绘制该系统中气浓度与无量纲速度的关系曲线。(22 分)

3)气体运动的最大无量纲速度是什么?最小无量纲速度是什么?(10 分)

4)绘制按照孔隙体积表示的,产油量与注气量的关系曲线。(10 分)

5. 流线模拟。(50 分)

1)描述流线模拟的步骤。说明哪些步骤与常规模拟一样,哪些不同。(14 分)

2)描述流线在计算域内是如何追踪的。为什么半解析操作很重要。(12 分)

3)对下列例子,选择合适的研究方法,并给出说明,方法包括物质平衡、常规模拟、流线模拟。(24 分)

a)复杂水驱老油田的历史拟合。

b)评估一个一次开发小油田的储量。

c)模拟一个复杂构造凝析气田的产量和水侵特征。

d)为一个混相注气方案,对大量模型进行排序和筛选。

e)为一个水驱模型,评价粗化模型的质量。

f)对一个大型油藏进行历史拟合和模拟。该油藏发育活动气顶和水体,井史复杂。

帝国理工大学

石油工程 300(Ⅱ)油藏工程一

(油藏机理和二次采油)

2014 年

任选 3 题回答

1. 气藏物质平衡。(50)

1)名词解释:凝析气,页岩气,储罐桶,原油地层体积系数。可绘制示意图说明。(10 分)

2)下表为一个干气气藏的数据:原始含水饱和度为 0.25。实验室测得残余油饱和度为 0.31。物质平衡方程如下,假设为简单水体模型,估计气的地质储量,以及水体体积与压缩系数的乘积。忽略束缚水和岩石的压缩性。(10 分)

累计产气量 G_p(10^8ft^3)	压力(MPa)	气的体积系数 B_g(bbl/ft^3)
0	32	0.000134
26	31	0.000146
63	30	0.000176
85	29	0.000201
105	28	0.000228

$$G_p = G\left[1 - \frac{B_{gi}}{B_g}\right] + \frac{W_e}{B_g}$$

3)目前的采出程度是多少?平均含气饱和度是多少?压力降至多少时,水会驱扫整个气藏?基于实验测得的残余气饱和度数据,估计最大的采出程度是多少?(20 分)

4)预计该气藏将用于埋存 CO_2。请评述该建议。注入 CO_2 对产量和最终采收率是促进作用还是阻碍作用?(10 分)

2. 在一个油藏中测量压力数据得到:(50 分)

深度(m)	压力(MPa)	流体和密度(kg/m^3)
1235	12.32	气,250
1356	12.67	油,750
1467	13.79	水,1055

所有深度都是相对于海平面的。压力都是相对于大气压力的。重力加速度为 $9.81m/s^2$。

1)从机理上解释为什么油和气的压力比周围水的压力高。(8 分)

2)油藏为常压油藏,超压油藏,还是欠压油藏?(6 分)

3)找出油水界面、油气界面位置,并进一步求出油柱高度。(18 分)

4)解释什么是一次采油和二次采油。(4 分)

5)生产一段时间以后,气层、油层、水层的压力分别降至 11.54MPa、11.79MPa、13.27MPa。这意味着什么样的原油生产方式。你推荐什么样的二次采油方式。(14 分)

3. 开发机理和 Buckley - Leverett 分析。(50 分)

1)写出达西公式的多相扩展形式,解释所有的参数及其单位,并以此来定义相渗。(5 分)

2)绘制下式的相渗曲线,以及对应的分相流动图。岩石的润湿性可能是什么情况的?(12 分)

$$K_{rw} = \frac{(S_w - 0.2)^6}{0.6^5}$$

$$K_{ro} = 0.8\frac{(S_o - 0.2)^4}{0.6^4}$$

$$\mu_o = 0.03\text{Pa}\cdot\text{s}$$

$$\mu_w = 0.001\text{Pa}\cdot\text{s}$$

3)计算饱和度,其是无量纲速度的函数,计算产出量对应的孔隙体积,其是注入量对应孔隙体积的函数。将结果绘制成图。(15 分)

4)本油藏预计实施低矿化度水驱。这将使润湿性向水湿转变。通过 1)和 2)得到的图示,解释低矿化度水驱如何影响分相流动,并确定采收率。在该实例中,你是否推荐低矿化度水驱?(18 分)

4. 下表为一个油藏相关数据:(50 分)

N_p(10^6bbl)	G_p(10^6ft^3)	p(MPa)	R_s(ft^3/bbl)	B_o(bbl/bbl)	B_g(bbl/ft^3)
0	0	32	400	1.356	0.000187
1.41	480	30	400	1.361	0.000199
1.98	1568	28	370	1.355	0.000213
3.41	3016	26	345	1.349	0.000251
5.78	6890	24	295	1.335	0.000302

1)从机理上定义气体重力驱过程。在什么开发阶段会发生?为什么会得到很高的驱替效率?(10 分)

2)应用物质平衡方程,估计油的地质储量和气顶规模。假设没有水体,地层和水的压缩系数可忽略。(18 分)

$$N_p[B_o + (R_p - R_s)B_g] = NB_{oi}\left[\begin{aligned}&\frac{(B_o - B_{oi}) + (R_{si} - R_s)B_g}{B_{oi}} + m\left(\frac{B_g}{B_{gi}} - 1\right) + \\ &(1 + m)\left(\frac{c_w S_{wc} + c_f}{1 - S_{wc}}\right)|\Delta p|\end{aligned}\right] + (W_e - W_p B_w)$$

3)对比原油膨胀和气体膨胀,相对定量求出气体膨胀贡献的产量和原油膨胀贡献的产量。对答案进行说明。(12 分)

4)目前的采出程度是多少?作为最终采收率,是否合适?对油藏的相对压降进行评述。

你认为后续的开发选择是什么?(10 分)

5. 流线模拟。(50 分)

1)描述流线模拟的步骤。解释渡越时间的概念,展示如何将守恒方程转换为渡越时间表示的方程。可用图示回答。(20 分)

2)描述流线模拟适用的油藏情况和不适用的油藏情况。(10 分)

3)对下列例子,选择合适的研究方法,并给出说明,方法包括物质平衡、常规模拟、流线模拟。(20 分)

a)分析一个页岩气藏。

b)预测 CO_2 在埋存水体中数千年的运移情况。

c)耦合对流与地球化学反应,从而了解污染物在地下水中的运动。

d)模拟实验室中的岩心驱替过程。

e)阐述一个大型油藏的开发机理,该油藏已开发数十年,且未能保持压力水平。

孔隙介质中的流动
ERE 202 环境和油藏物理
2000 年

1. 毛细管压力和油水界面。(20 分)

1)解释油藏中油水界面的含义。(2 分)

2)绘制油藏中含水饱和度与深度关系的示意图,指出油水界面位置。(3 分)

3)评价油藏时,需要估计油的地质储量。通常假设油水界面之下 $S_o=0$,界面之上,$S_o=1-S_w$。基于此估计的地质储量是否正确,偏低还是偏高?对判断进行说明。(2 分)

4)为了确定含水饱和度与深度的关系,需要在实验室中测量毛细管压力。这是初次排驱,渗吸还是二次排驱?解释你的答案。(2 分)

5)应用下表测试结果,绘制含水饱和度与深度的关系图。水的密度为 1050kg/m^3,油的密度为 750kg/m^3,重力加速度为 9.81m/s^2。孔隙度为 0.25,渗透率为 500mD。油藏平均孔隙度为 0.2,渗透率为 200mD。(10 分)

含水饱和度	毛细管压力(Pa)
1.0	0
1.0	15000
0.5	18000
0.3	24000
0.3	50000

2. 设计一项注水方案。(20 分)

1)采用垂直注入,井距为 200m,油藏渗透率为 200mD。含油高度 50m,储层宽度 200m。平均孔隙度 0.15。油和水黏度皆为 10^{-3}Pa·s。井间压差为 5atm。假设为简单线性流动,估计产量是多少(m^3/s)?(6 分)

2) 1)的结果是地下条件还是地面条件?如果 $B_o=1.5$,那么对应的地面产量是多少?(2 分)

3)注水保持压力。如果 $B_w=0.98$,那么地面注水量是多少?(2 分)

4)大致估计注水突破的时间(d)。(4 分)

5)想要细致分析该问题,需测试相渗数据。简要解释油湿岩石与水湿岩石相渗的三个不同点。(6 分)

ERE 202 环境和油藏物理
2001 年

任选 2 题回答

1. 计算渗透率。(20 分)

1)一项实验,岩心如下图放置。截面积 $10cm^2$,水的流速 $20cm^3/min$,注入端压力为 1.1atm,出口端压力为 1atm。岩心孔隙度为 0.25。岩心长度为 20cm。水的密度为 $1000kg/m^3$,重力加速度为 $9.81m/s^2$。水的黏度为 $10^{-3}Pa \cdot s$。岩心渗透率是多少?(15 分)

2)水流过岩心的速度是多少?多长时间注水突破?(5 分)

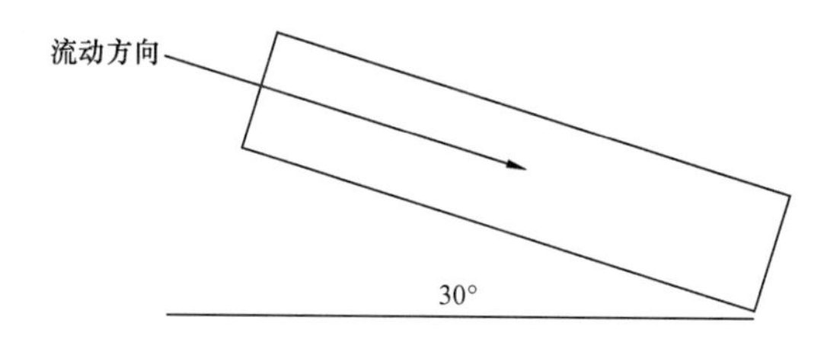

2. 润湿性和毛细管压力。(20 分)

1)描述 Amott 润湿性试验,解释 Amott 油水润湿指数 A_w 和 A_o。(4 分)

2)绘制下列条件下,饱和水和饱和油的毛细管压力曲线示意图。不必明确毛细管压力数值,但须指出毛细管压力、束缚水饱和度、残余油饱和度数值的变化方向。对每种情况,是否可以认为是“水湿”“油湿”“混合润湿”或是“中间润湿”?简要解释你的判断。

(a)$A_w = 1, A_o = 0$。

(b)$A_w = 0.1, A_o = 0$。

(c)$A_w = 0.3, A_o = 0.2$。

(d)$A_w = 0, A_o = 0.6$。

3. 三相流动。(20 分)

1)考虑水湿系统中的油气水流动。测量了两类相渗:一是没有气存在的常规水驱相渗;二是有油和束缚水存在时的注气相渗。通过考虑不同相占据不同尺度孔隙,判断水驱后和气驱后,哪个残余油饱和度更高。(6 分)

2)除了 1)提到的角度,是否还有其他因素会导致气驱后的残余油饱和度较低?(4 分)

3)推导三相流动中,水和气的守恒方程——建立水气饱和度变化与水气达西速度之间的关系。假设水气都是不可压缩的。可以从下式开始。(10 分)

$$\frac{\partial(\text{单位体积质量})}{\partial t} + \frac{\partial(\text{质量流量})}{\partial x} = 0$$

水文地质学考试
2004 年

任选 5 题

1. 水文地质循环。(20 分)

1)解释水循环,并用图示说明组分的变化。(10 分)

2)一条河流的流域为 $100km^2$,年降水量 800mm,蒸发量 100mm,径流量约 $4\times10^7 m^3/a$。计算每年进入地下的水量。(5 分)

3)这里你作了哪些假设,需要做哪些观测来减少假设?(5 分)

2. 测试渗透率。(20 分)

1)解释水力传导率和绝对渗透率的概念和单位。(5 分)

2)描述如何测量砂岩的渗透率。(5 分)

3)应用下表渗透率测试结果,计算一个砂岩样品的水力传导率。样品直径 20mm。(10 分)

流量(mm^3)	时间(s)	水力梯度(mm/mm)
180	20	0. 09
400	25	0. 16

流量(mm^3)	时间(s)	水力梯度(mm/mm)
360	15	0. 24
4200	60	0. 70
800	10	0. 80

3. 孔隙度和单位产水量。(20 分)

1)解释总孔隙度和有效孔隙度。解释孔隙度单位。(5 分)

2)对于一个取至地面的样品,如何测量这些数值。(5 分)

3)一个非饱和水体,潜水面每降低 0. 1m,对应的产水量为每平方米 $0.02m^3$。那么,该水体的单位产水量是多少?(5 分)

4)单位产水量和孔隙度的区别是什么?(5 分)

4. 储集系数。(20 分)

1)解释储集系数及其计量单位。(5 分)

2)一个承压含水层压力发生压降时,对应的储集系数会如何变化?(5 分)

3)一个承压、饱和含水层储集系数为 0. 002。那么水头下降 1m,面积 $1000m^2$ 的水体,产水量是多少?(5 分)

5. 达西公式。(20 分)

1)解释达西公式。(5 分)

2)传导率及其单位是什么。(5 分)

3)一个承压水体,深度 15m,水头梯度为 0. 001m/m,宽度为 150m,平均渗透率为 $10^{-12}m^2$。

那么水的流速是多少？用 m^3/d 表示。假设水的密度乘以重力加速度除以黏度等于 9.81×10^6 $(m\cdot s)^{-1}$。(10 分)

6. 毛细管边缘。(20 分)

1)绘制示意图指明地下水的分层情况。解释水头和毛细管边缘的概念。(8 分)

2)这里钻了一口井。在地下 6m 处钻遇了潮湿的粉砂。在 10m 处,井筒出现积水。按照 1)的答案,这意味着什么情况?(4 分)

3)在 12m 深度处测压,高出大气压 30kPa。那么,地下水的流动方向是什么?(8 分)

7. 水体的排出和再充注。(20 分)

1)一个非承压水体。解释束缚水饱和度的概念。解释束缚水饱和度如何测量。(6 分)

2)水体有效孔隙度为 0.25,束缚水饱和度为 0.2。水体深度 40m,面积 $1.4km^2$。如果完全饱和,那么水体中的水量是多少?单位产水量是多少?完全排空可以获得的水量是多少?(10 分)

3)年降水为 600mm。忽略蒸发和溢流,重新充满水体需多长时间?(4 分)

8. 水质。(20 分)

1)讨论评价非承压水体水质的注意事项。(10 分)

2)需要如何采样,如何保证采样的代表性,不同测量的意义是什么?(10 分)

水文地质和流体流动
2005 年

任选 5 题回答

1. 达西公式。(20 分)

对一个长 30cm,截面积 $3cm^2$ 的圆柱形填砂管进行实验。压降 6000Pa,流速 $0.1cm^3/s$。假设水的黏度为 $10^{-3}Pa \cdot s$。填砂管与水平面成 30°角放置。水流向上。水的密度为 $1000kg/m^3$,重力加速度为 $9.81m/s^2$。

1)写出达西公式。解释方程中的参数和单位。(4 分)

2)填砂管的渗透率是多少?(6 分)

3)孔隙度为 0.35,水的达西速度和粒子速度是多少?(4 分)

4)注入吸附性示踪剂,阻滞系数为 5。示踪剂多久后达到末端?(6 分)

2. 三相相渗。(20 分)

1)三相流发生的物理条件是什么?(4 分)

2)解释油的扩散系数。参数的物理意义是什么?(4 分)

3)在低含油饱和度,当气存在时,油的相渗与含油饱和度的平方成正比的原因是什么?(6 分)

4)为什么鸭子不会变湿?(6 分)

3. 溶解。(20 分)

发生了 DNAPL 泄漏。在潜水面之下,泄漏区横截面为 $20m^2$,沿水流方面长度 5m,平均饱和度 0.01。土壤孔隙度 0.4。DNAPL 溶解度为 $0.2kg/m^3$,地下水流速为 $10^{-7}m/s$。DNAPL 密度为 $1200kg/m^3$。

1)DNAPL 指代什么?(2 分)

2)DNAPL 的初始质量是多少?(4 分)

3)DNAPL 的溶剂速率是多少?(7 分)

4)DNAPL 全部溶解需要多长时间,这里作了哪些假设?(7 分)

4. 分区。(20 分)

发生了原油泄漏。原油密度为 $700kg/m^3$,溶解度为 $0.12kg/m^3$,饱和蒸汽密度为 $0.06kg/m^3$。油气位置土壤面积为 $5m \times 40m$,深度 3m,土壤不饱和。平均含水饱和度为 0.3,平均含油饱和度为 0.02。阻滞因子为 20,孔隙度为 0.3。

1)溶于水中、溶于气中、吸附在土壤上,以及保留自身相态的最大油量分别是多少?泄漏的总油量是多少?(14 分)

2)如何清理泄漏?提出不同的方法,并讨论最可能奏效的方法。(6 分)

5. 三相流守恒方程。(20 分)

1)从下列方程开始,推导油气水三相流守恒方程。假设流体不可压缩。提示:只需考虑气和水的守恒方程。(8 分)

$$\frac{\partial}{\partial t}(\text{油藏内单位体积的质量}) + \frac{\partial}{\partial x}(\text{单位面积的质量流量}) = 0$$

2）假设溶解度只是速度 $v = x/t$ 的函数。求出波速表达式。（8 分）

3）对于恒定的饱和度，可能存在多少对应的波速？哪些波速可能对应了物理现象？我们是否总是能够得到有意义的解？（4 分）

6. 毛细管压力和 Leverett J 函数。（20 分）

1）写出毛细管压力与 Leverett J 函数的关系。（4 分）

2）在一块岩心上开展初次压汞实验。注入压力 10000Pa。岩石渗透率 500mD，孔隙度 0.35。汞—空气界面张力为 140mN/m。请估计对应的油水系统中的毛细管压力，其中油水界面张力为 30mN/m，渗透率 80mD，孔隙度 0.18。（8 分）

3）绘制水湿系统初次排驱、渗吸、二次排驱的毛细管压力曲线示意图，并解释其差异。（8 分）

7. 水体。（20 分）

1）名词解释：单位产水量，储集系数，过滤系数。（6 分）

2）一个非承压水体，面积 $10000m^2$，深度 15m。如果单位产水量为 0.15，那么水体的总产水量是多少？（10 分）

3）孔隙度是 0.4。束缚水饱和度是多少？（4 分）

8. 相渗和有效流量。（20 分）

1）写出多相流达西公式，并对相渗进行定义。（5 分）

2）解释毛细管数的概念，其物理意义是什么？（5 分）

3）绘制示意图说明，毛细管数对相渗和残余油饱和度的影响。（10 分）

水文地质和流体流动

2005 年

任选 5 题回答

1. 达西公式。(20 分)

对一个长 1m,截面积 $2cm^2$ 的圆柱形填砂管进行实验。压降 10000Pa,流速 $0.072cm^3/s$。假设水的黏度为 $10^{-3}Pa \cdot s$。填砂管水平放置。

1)写出达西公式。解释方程中的参数和单位。(4 分)

2)填砂管的渗透率是多少?(6 分)

3)孔隙度为 0.4,水的达西速度和粒子速度是多少?(4 分)

4)注入非吸附性示踪剂。示踪剂多久后达到末端?(6 分)

2. 吸附作用。(20 分)

在一个长土壤管中开展实验,管中装有有机物,测试甲苯的移动速度。甲苯的阻滞系数为 25。

1)从机理上解释,为什么吸附会使污染物在孔隙介质中的运动速度减慢。(5 分)

2)如果粒子速度为 v,阻滞系数为 R,那么污染物的移动速度是多少?(2 分)

3)管中水的达西速度是 1mm/s,孔隙度是 0.3。那么甲苯的速度是多少?(5 分)

4)开展另外两个实验。第一个实验,用相同的管柱测试辛烷的移动速度,相比于甲苯,辛烷的溶解度低得多。第二个实验,同样测试甲苯,但土壤中不包含有机物。在这两个实验中,哪个的阻滞系数更大,或是相同?解释你的判断。(8 分)

3. 扩散和弥散。(20 分)

1)从机理上解释分子扩散和弥散的含义。(5 分)

2)如果扩散系数是 D,污染物在时间 t 内的扩散距离是多少?如果流速是 v,那么污染物在时间 t 内,通过对流作用的移动距离是多少?(5 分)

3)$D=10^{-9}m^2/s$,$v=10^{-5}m/s$。在 $t=1s$ 和 $t=10^5s$ 时,对流运动与扩散运动的比是多少?说明你的结论。(10 分)

4. 分区。(20 分)

发生了原油泄漏。原油密度为 $700kg/m^3$,溶解度为 $0.45kg/m^3$,饱和蒸汽密度为 $0.25kg/m^3$。油气位置土壤面积为 $10m \times 10m$,深度 5m,土壤不饱和。平均含水饱和度为 0.2,平均含油饱和度为 0.01。阻滞因子为 1,孔隙度为 0.4。

1)溶于水中、溶于气中、吸附在土壤上,以及保留自身相态的最大油量分别是多少?泄漏的总油量是多少?(14 分)

2)如何清理泄漏?提出不同的方法,并讨论最可能奏效的方法。(6 分)

5. 分相示踪剂的守恒方程。(20 分)

分相示踪剂溶于油水两相中,常用于确定水驱后的残余油饱和度。本题要求推导该类示踪剂的守恒方程,并借此来确定残余油饱和度。如果水中的浓度是 C,那么油中浓度就是 aC,单位是单位体积水中示踪剂的质量。示踪剂不吸附于岩石,但溶于油。含水饱和度为 S_w,含油饱和度为 $S_o=1-S_w$。油不能流动,油水饱和度为常数。

1）推导水中示踪剂浓度的守恒方程。（10 分）

$$\frac{\partial}{\partial t}(\text{油藏内单位体积的质量}) + \frac{\partial}{\partial x}(\text{单位面积的质量流量}) = 0$$

2）示踪剂在孔隙介质中的运动速度是多少？（5 分）

3）注入两种示踪剂，一种不溶于油，$a=0$，另一种溶于油，$a=5$。不溶于油的示踪剂运动速度是溶于油示踪剂运动速度的 4 倍，求此时油的饱和度是多少？（5 分）

6. 相渗。（20 分）

1）写出多相流达西方程。定义参数并指明合适的单位。（5 分）

2）从机理上解释，土壤和岩石接触了油以后，润湿性从水湿转变为油湿或混合润湿的原因。（5 分）

3）分别绘制水湿、混合润湿系统的相渗曲线，解释二者的区别。（10 分）

7. 水体存储。（20 分）

1）解释储集系数的概念，并说明其计量单位。（5 分）

2）机理上，如果承压水体压力下降时会发生什么现象，此时储集系数如何定义？为什么在非承压水体中，储集系数远低于单位产水量？（10 分）

3）承压饱和水体中，储集系数为 0.001。如果水体面积为 $2000\mathrm{m}^2$，水头下降 1m，对应的排水量是多大？（5 分）

8. 毛细管压力和污染。（20 分）

1）绘制示意图说明地下水的分层特征，指出毛细管边缘的位置。（5 分）

2）解释 LNAPL 和 DNAPL 分别指代什么？（4 分）

3）当 LNAPL 和 DNAPL 到达毛细管边缘时，会发生什么情况？（5 分）

4）两类污染物对清理方案有什么影响？（6 分）

水文地质和流体流动

2007 年

任选 4 题回答

1. 毛细管压力和 Leverett J 函数。(25 分)

实验室得到的水驱毛细管压力数据见下表。岩心渗透率为 500mD,孔隙度为 0.25,界面张力为 50mN/m。

压力(Pa)	饱和度
0	1.00
8000	1.00
12000	0.50
15000	0.35
20000	0.25
30000	0.25

1)写出考虑毛细管压力的 Leverett J 函数方程。定义参数并指明合适的单位。(5 分)

2)油田平均渗透率为 200mD,孔隙度为 0.15,界面张力为 25mN/m。绘制含水饱和度与毛细管压力的函数。地层水密度为 1100kg/m^3,原油密度为 800kg/m^3,重力加速度为 9.81m/s^2。(15 分)

3)分析中作了哪些近似,作了哪些假设?(5 分)

2. 相渗。(25 分)

1)写出多相流达西方程。定义参数并指明合适的单位。(5 分)

2)绘制水湿砂岩的水驱相渗曲线,指出其中的特征值。(7 分)

3)绘制与 2)结构相似,但为混合润湿系统的水驱相渗曲线。指出两者的区别。(7 分)

4)如果地层水密度为 1050kg/m^3,原油密度为 700kg/m^3,渗透率为 100mD,油的黏度为 2.5mPa·s,相渗为 0.05,重力加速度为 9.81m/s^2,那么受重力控制垂向流达西速度是多少?(6 分)

3. Young - Laplace 方程和接触角。(25 分)

1)写出 Young - Laplace 方程,并定义其中参数和单位。(3 分)

2)推导相距为 d 的平行管的毛细管压力,接触角为 θ。(4 分)

3)求出平行玻璃板之间流体的毛细管压力,其中玻璃板距离为 1μm,接触角为 40°,界面张力为 40mN/m。(3 分)

4)推导平板表面两相流体界面张力与接触角的 Young 方程,两相流体分别用 1 和 2 表示,接触角为 θ_{12},接触角测量时通过 2 相。(3 分)

5)如果存在三相流体 1,2,3 平衡,写出彼此之间的 Young 方程。(3 分)

6)用 5)的结论,推导三相流体界面张力与接触角的关系方程,也叫 Bartell - Osterhof 方程。(6 分)

7)如果 1 和 2 之间的界面张力为 30mN/m,接触角为 50°,2 和 3 之间的界面张力为

20mN/m,接触角为150°。如果1和3之间的界面张力为45mN/m,那么它们的接触角是多少?(3分)

4. 树是如何蒸发的。(25分)

树通过蒸发将水提升至树冠,需要依托毛细管作用。有一个未解决的问题是,最高的提升可以到什么程度。树可以看作是孔隙介质,水通过导管向上运动,到达树叶,之后被蒸发。

1)假设在水面处气压与水压相等。忽略空气密度,写出水压与水柱高度的关系方程。(5分)

2) 1)的结论是否适用于树内部的流体系统?解释你的结论。(4分)

3)在半径为 r 的圆形管中的两相毛细管压力是多少?(3分)

4)假设树内部的水气接触角为零,求出能够支撑50m水柱的脉管半径。水的密度为 $1000kg/m^3$,界面张力为70mN/m,重力加速度为 $9.81m/s^2$。(7分)

5)该高度上的水压是多少?大气压为 10^5Pa。评述你的结论。(6分)

5. 混相WAG的守恒方程。(25分)

水气交替驱常用于提高采收率。这里假设注气完全混相,只有烃和水两相。烃相中,气的浓度为 c,单位是单位体积的烃内对应溶剂的质量。

1)推导一维不可压缩情况下,含水饱和度和溶剂浓度的守恒方程。(11分)

2)通过写出所有参数来简化溶剂浓度方程。(5分)

3)溶剂的运动速度是多少?(4分)

4)求出溶剂的运动速度,假设只有溶剂注入储层中,其中束缚水饱和度为0.3,总速度为1m/d,孔隙度为0.2。(5分)

水文地质和流体流动
2009 年

任选 4 题回答

1. 毛细管压力和 Leverett J 函数。(25 分)

实验室得到的压汞毛细管压力数据见下表。岩心渗透率为 600mD,孔隙度为 0.20,界面张力为 487mN/m,接触角为 140°。

压力(Pa)	饱和度
0	1.0
50000	1.0
74000	0.6
150000	0.4
350000	0.3
300000	0.3

1)写出考虑毛细管压力的 Leverett J 函数方程。定义参数并指明合适的单位。(5 分)

2)油田平均渗透率为 200mD,孔隙度为 0.15,界面张力为 25mN/m。绘制含水饱和度与毛细管压力的函数,地层水密度为 $1050kg/m^3$,原油密度为 $700kg/m^3$,重力加速度为 $9.81m/s^2$。(15 分)

3)分析中作了哪些近似,作了哪些假设?(5 分)

2. 相渗。(25 分)

1)写出多相流达西方程。定义参数并指明合适的单位。(5 分)

2)绘制水湿砂岩的水驱和气驱相渗曲线,指出其中的特征值,并说明两者的差异。(6 分)

3)简要讨论如何估计油气水三相流的相渗。(6 分)

4)如果储层横截面积为 1km ×5km,气的密度为 $300kg/m^3$,原油密度为 $700kg/m^3$,渗透率为 50mD,油的黏度为 1.5mPa · s,相渗为 0.01,重力加速度为 $9.81m/s^2$,油在重力作用下向下流动,估计油的产量是多少?评述你的结论,以及阐明相渗如此低的原因。(8 分)

3. 润湿性和接触角。(25 分)

1)名词解释:固有润湿角,前进润湿角,后退润湿角。(3 分)

2)解释前进润湿角高于后退润湿角的所有原因。(3 分)

3)绘制细砂岩初次排驱毛细管压力示意图。如果初期排驱后,岩样变为油湿,绘制水驱毛细管压力示意图。解释水驱毛细管压力低于排驱压力的原因。(4 分)

4)求出进入锥形管内流体的毛细管压力,锥形管截面上,边缘角度为 α,流体接触角为 θ,界面张力为 σ,如下图所示。(10 分)

5)对 4)的结论进行评述。如何用其解释毛细管压力的滞后现象,类似于孔隙介质中,孔隙的发散和收敛的情形。(5 分)

4. 气体存储。(25 分)

下面是关于将一个衰竭的气藏用于埋存 CO_2 的相关问题。

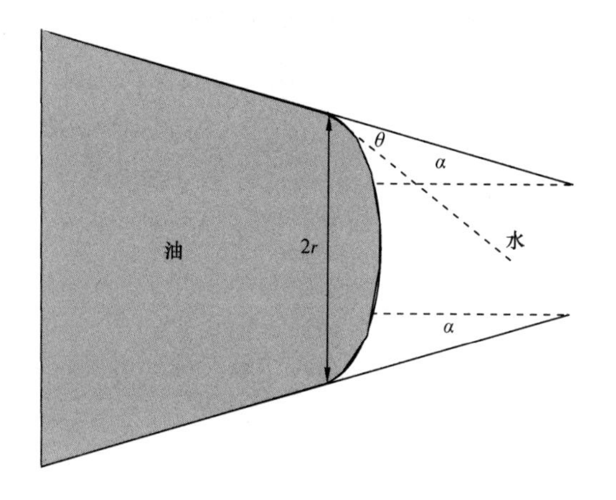

1)气藏中原油的天然气密度为 300kg/m³。地层水密度为 1100kg/m³。盖层孔隙度为 0.1,渗透率为 0.01mD。气水界面张力为 50mN/m。大致估计气体进入盖层所需克服的毛细管压力,对计算结论进行说明。(10 分)

2)应用 1)的答案,估计盖层能够封闭的最大气柱高度。(7 分)

3)如果 CO_2 埋存于同一地层,那么 CO_2 的气柱高度是多少?地下条件下,CO_2 的密度为 700kg/m³,界面张力为 20mN/m。评述你的结论。如果 CO_2 代替天然气存储于气藏中,是否安全?(8 分)

5. 分相示踪剂的守恒方程。(25 分)

水驱之后,残余油不能流动。一种示踪剂与水一同注入油藏,如果水中的浓度是 C,那么油中浓度就是 aC。

1)推导一维不可压缩示踪剂浓度的守恒方程,解释相关参数。(10 分)

2)示踪剂在孔隙介质中的运动速度是多少?不溶于油的示踪剂的运动速度是多大?(5 分)

3)注入两种示踪剂,一种不溶于油,$a=0$,另一种溶于油,$a=5$。不溶于油的示踪剂突破时间为 100d,溶于油的示踪剂突破时间为 150d,求此时油的饱和度是多少?(10 分)

水文地质和流体流动
2011 年

任选 4 题回答

1. 毛细管压力和 Leverett J 函数。(25 分)

实验室得到的水驱毛细管压力数据见下表。岩心渗透率为 50mD,孔隙度为 0.20,界面张力为 50mN/m。岩心来自裂缝性碳酸盐岩油田。

压力(Pa)	饱和度
300000	0.35
200000	0.40
15000	0.50
0	0.60
-15000	0.65
-100000	0.75
-300000	0.80

1)写出考虑毛细管压力的 Leverett J 函数方程。定义参数并指明合适的单位。(5 分)

2)油田平均渗透率为 1mD,孔隙度为 0.15,界面张力为 25mN/m。绘制含水饱和度与毛细管压力的函数。(10 分)

3)储层为水驱。基质被裂缝包围,岩块高度约 6m。地层水密度为 $1050kg/m^3$,原油密度为 $800kg/m^3$。估计最终的含水饱和度。(10 分)

2. 相渗。(25 分)

1)写出多相流达西方程。定义参数并指明合适的单位。(5 分)

2)分别绘制水湿、油湿、混合润湿岩石的水驱相渗曲线,须体现区别。(7 分)

3)关于相渗对水驱采收率的影响。对于一个黏度小于水的轻质油藏来说,哪种润湿性对开发最有利?(6 分)

4)在一个老油田实施聚合物驱。在注入水中添加聚合物以增加其黏度。只有在常规水驱基础上增加了采出量才算是起到了作用。为什么聚合物驱会起作用?哪种润湿类型对开发最有利?对判断进行解释。(7 分)

3. 孔隙尺度驱替。(25 分)

1)解释截断型封闭和活塞型驱替的概念。这对孔隙充填过程有何影响?对控制非润湿相封闭程度的过程进行解释。(7 分)

2)对于圆柱形喉道,半径为 r,润湿角为 θ 的储层,推导活塞驱替过程中,进入压力的方程。(4 分)

3)对于等边三角形喉道,内切半径为 r,润湿角为 θ 的储层,推导发生截断型封闭时,门限毛细管压力的方程。发生截断型封闭时与发生活塞驱时的门限毛细管压力比值是多少?(8 分)

4)说明 3)的结论。应用该结果解释,当接触角小于 90°时,残余非润湿相饱和度随接触角

的变化。(6 分)

4. 重力驱和三相流。(25 分)

1)解释三相流中层状驱替的概念,详细解释层状流区域相渗与含油饱和度的平方成正比的原因。(7 分)

2)在重力驱油藏中,油的相渗是 $K_{ro}=0.1\times S_o^2$。写出含油饱和度的守恒方程,用重力作用下的垂向达西速度表示。基于此求出含油饱和度的垂向推进速度。(9 分)

3)估计含油饱和度降至 0.2 所需的时间。油柱高度为 50m,原油密度为 850kg/m^3,气的密度为 350kg/m^3,油的黏度为 0.3mPa·s,垂向渗透率为 50mD,孔隙度为 0.2。并对结论进行评述。(9 分)

5. 裂缝介质中 CO_2 埋存守恒方程。(25 分)

大型水体可用于埋存电厂或工厂排放的 CO_2。CO_2 通过裂缝流入,溶解于地层水中。饱和 CO_2 的地层水可以进入基质中。

1)CO_2 以气相形式存在于裂缝中。从机理上解释什么阻止了 CO_2 以气相形式进入基质中。(4 分)

2)是什么机理使 CO_2 溶于地层水后可以进入基质中。(4 分)

3)如果裂缝是封闭空间,那么裂缝与基质中将有相同的 CO_2 浓度,都等于溶解度。如果溶解度为 C_s,请写出 CO_2 流动的守恒方程。假设流动只发生在裂缝中,并忽略裂缝中的水。为了简化分析,可以假设 CO_2 的达西流动为 $S_c\times q_t$,这里 S_c 是饱和度,q_t 是总的达西速度。ϕ_f 是裂缝孔隙度,ϕ_m 是基质孔隙度。如果裂缝中的饱和度是 1,推导 CO_2 速度的表达式。绘制 CO_2 流动的示意图帮助解释答案。(13 分)

4)求出裂缝中携带了溶剂的 CO_2 的速度,如果总的达西速度是 10^{-7} m/s,$\phi_f=0.05\%$,$\phi_m=30\%$,$C_s=40$kg/m^3,CO_2 处于自身相态时的密度是 600kg/m^3。(3 分)

水文地质和流体流动

2013 年

任选 4 题回答

1. 孔隙尺度驱替。(25 分)

1)解释孔隙尺度饱和过程中,水驱替油时发生孔隙尺度封闭的控制作用。什么情况下会发生明显的毛细管封闭情况。绘图说明你的结论。(7 分)

2)明确解释两相流中油膜的概念。什么情况下可以观察到油膜?油膜如何影响油非封闭?(4 分)

3)推导喉道界面半径为 r,接触角为 θ 情况下,截断封闭发生时的门限毛细管压力方程。发生截断封闭的最大接触角是多少?(10 分)

4)对 3)的答案进行说明。如果接触角超过 3)得到的结果,储层中会发生什么现象?(4 分)

2. 二氧化碳埋存。(25 分)

1)写出多相流达西公式。对参数进行定义,并指明其单位。(5 分)

2)写出一种流体存在时,另一种流体只受重力影响的达西流动方程。写出驱替流体流度远大于被驱替流体流度情况下的方程。(7 分)

3)在二氧化碳埋存中,写出 CO_2 受重力影响的达西流速,其中 CO_2 的密度是 $600kg/m^3$,地层水密度为 $1050kg/m^3$,CO_2 黏度为 $2\times10^{-5}Pa\cdot s$。渗透率为 $2\times10^{-13}m^2$,CO_2 的相渗为 0.8。忽略水的流动。CO_2 的流动方向是什么?(8 分)

4)CO_2 从水体底部注入,水体高度为 200m。应用 3)的结论,估计多久后 CO_2 到达地层顶部。假设 CO_2 的饱和度为 1,孔隙度为 0.25。什么作用阻止 CO_2 逃逸到地面?(5 分)

3. 相渗。(25 分)

1)解释相渗的概念。(4 分)

2)解释润湿性的概念。为什么在油田中经常见到油湿界面?(5 分)

3)下图的相渗来自中东一个巨型油田。该样品的润湿性如何?说明你的结论。(5 分)

4)该油田注水驱油。如果油水黏度相似,大致估计一下,含水饱和度达到多少时,产水量超过产油量。按照油藏初始条件,多少油能够被采出?(7 分)

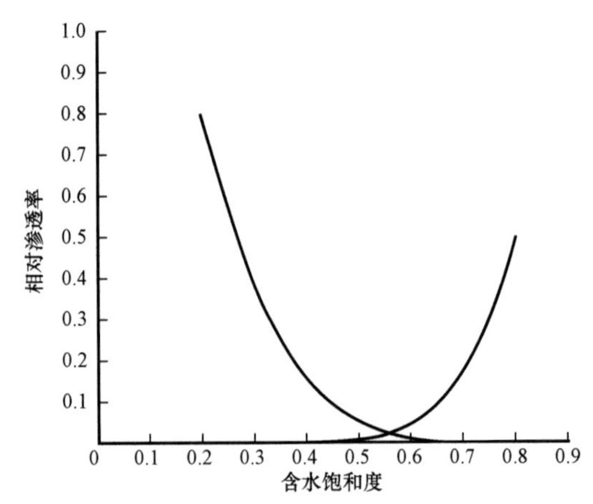

4. 毛细管控制的驱替。(25 分)

1)写出 Young - Laplace 方程。定义参数并指明单位。(4 分)

2)岩心样品中,孔隙半径为 1μm,界面张力为 25mN/m,大致估计其毛细管压力。(4 分)

3)另一块岩心,孔隙尺寸是上一块的两倍,那么毛细管压力变为多少? 渗透率变为多少?(5 分)

4)半径 1cm 的样品渗吸饱和水需要 1000s,如果其他因素一样,那么半径 1m 的样品需要多长时间? 解释你的结论。(6 分)

5)对于油藏尺度的基质岩块,如果孔隙尺寸为岩心样品尺寸的一半,那么渗吸需要多长时间? (6 分)

5. 毛细管压力和 Leverett J 函数

实验室得到的水驱毛细管压力数据见下表。岩心渗透率为 50mD,孔隙度为 0.25,界面张力为 50mN/m。

压力(Pa)	饱和度
200000	0.30
100000	0.35
10000	0.45
0	0.50
-10000	0.55
-100000	0.75
-200000	0.85

1)写出考虑毛细管压力的 Leverett J 函数方程。定义参数并指明合适的单位。(5 分)

2)油田平均渗透率为 20mD,孔隙度为 0.15,界面张力为 20mN/m。绘制含水饱和度与毛细管压力的函数。(10 分)

3)岩心样品是水湿,油湿,还是混合润湿? 解释原因。Amott 水相润湿指数是多少? (10 分)

国外油气勘探开发新进展丛书（一）

书号：3592
定价：56.00元

书号：3663
定价：120.00元

书号：3700
定价：110.00元

书号：3718
定价：145.00元

书号：3722
定价：90.00元

国外油气勘探开发新进展丛书（二）

书号：4217
定价：96.00元

书号：4226
定价：60.00元

书号：4352
定价：32.00元

书号：4334
定价：115.00元

书号：4297
定价：28.00元

国外油气勘探开发新进展丛书（三）

书号：4539
定价：120.00元

书号：4725
定价：88.00元

书号：4707
定价：60.00元

书号：4681
定价：48.00元

书号：4689
定价：50.00元

书号：4764
定价：78.00元

国外油气勘探开发新进展丛书（四）

书号：5554
定价：78.00元

书号：5429
定价：35.00元

书号：5599
定价：98.00元

书号：5702
定价：120.00元

书号：5676
定价：48.00元

书号：5750
定价：68.00元

国外油气勘探开发新进展丛书（五）

书号：6449
定价：52.00元

书号：5929
定价：70.00元

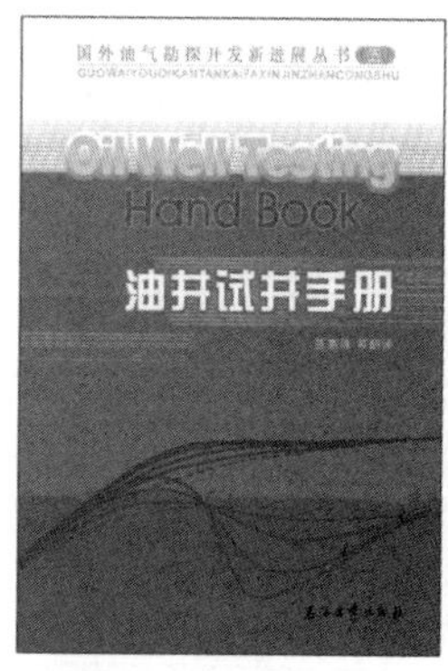

书号：6471
定价：128.00元

书号：6402
定价：96.00元

书号：6309
定价：185.00元

书号：6718
定价：150.00元

国外油气勘探开发新进展丛书（六）

书号：7055
定价：290.00元

书号：7000
定价：50.00元

书号：7035
定价：32.00元

书号：7075
定价：128.00元

书号：6966
定价：42.00元

书号：6967
定价：32.00元

国外油气勘探开发新进展丛书（七）

书号：7533
定价：65.00元

书号：7802
定价：110.00元

书号：7555
定价：60.00元

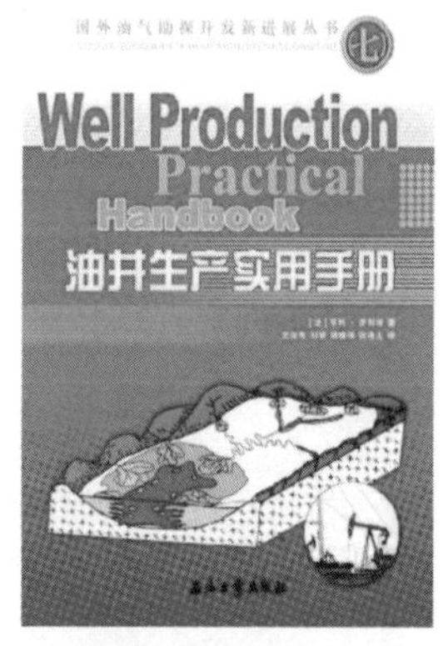

书号：7290
定价：98.00元

书号：7088
定价：120.00元

书号：7690
定价：93.00元

国外油气勘探开发新进展丛书（八）

书号：7446
定价：38.00元

书号：8065
定价：98.00元

书号：8356
定价：98.00元

书号：8092
定价：38.00元

书号：8804
定价：38.00元

书号：9483
定价：140.00元

国外油气勘探开发新进展丛书（九）

书号：8351
定价：68.00元

书号：8782
定价：180.00元

书号：8336
定价：80.00元

书号：8899
定价：150.00元

书号：9013
定价：160.00元

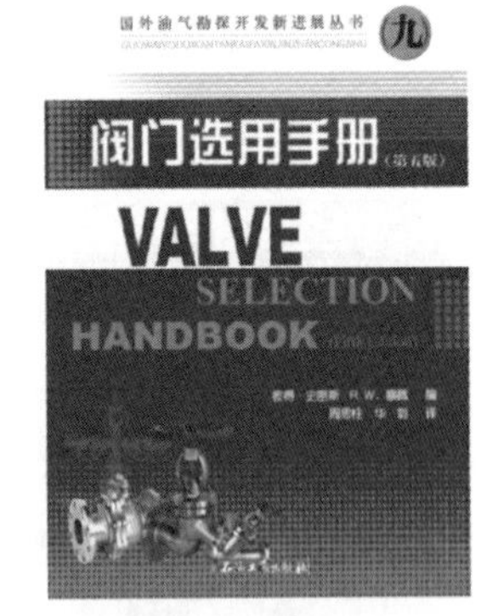

书号：7634
定价：65.00元

国外油气勘探开发新进展丛书（十）

书号：9009
定价：110.00元

书号：9989
定价：110.00元

书号：9574
定价：80.00元

书号：9024
定价：96.00元

书号：9322
定价：96.00元

书号：9576
定价：96.00元

国外油气勘探开发新进展丛书（十一）

书号：0042
定价：120.00元

书号：9943
定价：75.00元

书号：0732
定价：75.00元

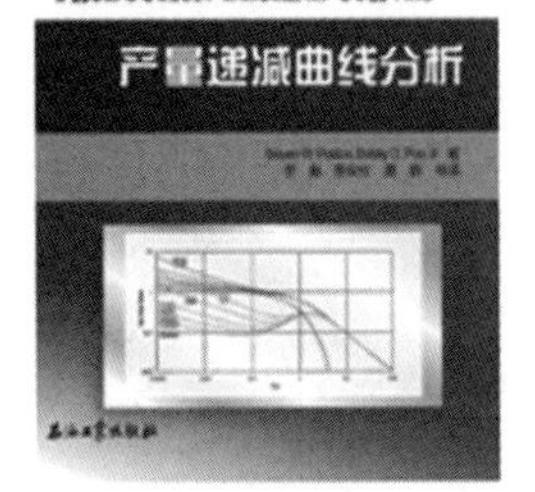

书号：0916
定价：80.00元

书号：0867
定价：65.00元

书号：0732
定价：75.00元

国外油气勘探开发新进展丛书（十二）

书号：0661
定价：80.00元

书号：0870
定价：116.00元

书号：0851
定价：120.00元

书号：1172
定价：120.00元

书号：0958
定价：66.00元

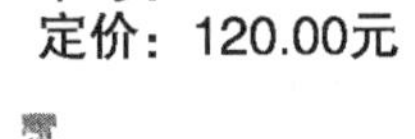

书号：1529
定价：66.00元

国外油气勘探开发新进展丛书（十三）

书号：1046
定价：158.00元

书号：1167
定价：165.00元

书号：1645
定价：70.00元

书号：1259
定价：60.00元

书号：1875
定价：158.00元

书号：1477
定价：256.00元

国外油气勘探开发新进展丛书（十四）

书号：1456
定价：128.00元

书号：1855
定价：60.00元

书号：1874
定价：280.00元

书号：2857
定价：80.00元

书号：2362
定价：76.00元

国外油气勘探开发新进展丛书（十五）

书号：3053
定价：260.00元

书号：3682
定价：180.00元

书号：2216
定价：180.00元

书号：3052
定价：260.00元

书号：2703
定价：280.00元

书号：2419
定价：300.00元

国外油气勘探开发新进展丛书（十六）

书号：2274
定价：68.00元

书号：2428
定价：168.00元

书号：1979
定价：65.00元

书号：3450
定价：280.00元

书号：3384
定价：168.00元

国外油气勘探开发新进展丛书（十七）

书号：2862
定价：160.00元

书号：3081
定价：86.00元

书号：3514
定价：96.00元

书号：3512
定价：298.00元

FLUID PHASE BEHAVIOR FOR CONVENTIONAL AND UNCONVENTIONAL OIL AND GAS RESERVOIRS
油气藏流体相态特征

书号：3980
定价：220.00元

国外油气勘探开发新进展丛书（十八）

书号：3702
定价：75.00元

MULTIPHASE FLOW IN PERMEABLE MEDIA
A Pore-Scale Perspective
孔隙尺度多相流动

书号：3734
定价：200.00元

书号：3693
定价：48.00元

书号：3513
定价：278.00元

书号：3772
定价：80.00元

书号：3792
定价：68.00元

国外油气勘探开发新进展丛书（十九）

书号：3834
定价：200.00元

书号：3991
定价：180.00元

书号：3988
定价：96.00元

书号：3979
定价：120.00元

书号：4043
定价：100.00元

书号：4259
定价：150.00元

国外油气勘探开发新进展丛书（二十）

书号：4071
定价：160.00元

书号：5318
定价：118.00元

书号：5299
定价：80.00元

书号：4770
定价：118.00元

书号：4192
定价：75.00元

书号：4764
定价：100.00元